石油教材出版基金资助项目

石油高等院校特色规划教材

工程流体力学

（第二版）

马贵阳 ◎ 主编

石油工业出版社

内 容 提 要

工程流体力学是工科类的一门重要基础课程。全书内容包括流体力学基本概念、流体静力学、流体动力学、理想不可压缩流体平面无旋流动、黏性不可压缩流体运动、相似原理及量纲分析、管流水力计算、一维不稳定流动、气体动力学基础、湍流射流等。书中各章都配有例题和习题。

本书可作为能源、机械和动力工程类专业本科生的教材,也可作为相关专业工程科技工作者和教师的专业基础参考用书。

图书在版编目(CIP)数据

工程流体力学/马贵阳主编. —2 版. —北京:石油工业出版社,2020.6

石油高等院校特色规划教材

ISBN 978 - 7 - 5183 - 3947 - 1

Ⅰ. ①工… Ⅱ. ①马… Ⅲ. ①工程力学—流体力学—高等学校—教材 Ⅳ. ①TB126

中国版本图书馆 CIP 数据核字(2020)第 066077 号

出版发行:石油工业出版社
　　　　　(北京市朝阳区安华里 2 区 1 号楼　100011)
　　　　　网　　址:www. petropub. com
　　　　　编辑部:(010)64256990
　　　　　图书营销中心:(010)64523633　(010)64523731
经　　销:全国新华书店
排　　版:北京密东文创科技有限公司
印　　刷:北京晨旭印刷厂

2020 年 6 月第 2 版　2020 年 6 月第 1 次印刷
787 毫米 × 1092 毫米　开本:1/16　印张:14
字数:357 千字

定价:32.00 元
(如出现印装质量问题,我社图书营销中心负责调换)

第二版前言

《工程流体力学》自 2009 年出版以来,得到了相关院校的大力支持,在多所石油院校的油气储运和石油工程等专业的课堂中使用,受到了广大教师和学生的欢迎。该教材在 2012 年被评为辽宁省"十二五"规划教材。

为了更好地适应高等教育发展的需求,我们结合多年来在该课程教学中的体会和经验及广大读者对第一版教材提出的改进意见,对原教材的第一版进行了必要的修订补充。本次修订是按照简明、易读和突出实用性的原则,在保持第一版基本结构和篇幅的基础上进行的。修订中对部分内容进行了删减,也根据有关专业教学过程的需要增加了部分理论内容和例题及习题。

本书由辽宁石油化工大学组织相关教师编写,由马贵阳担任主编。具体编写分工如下:第一章、第二章、第六章由马贵阳和郑平编写,第三章、第九章由马贵阳和潘振编写,第四章、第五章、第十章由马贵阳和鹿钦礼编写,第七章、第八章由马贵阳和王卫强编写。全书由马贵阳统稿。

本书在编写过程中参阅了大量资料,主要参考书目附于书后;同时,本书在编写过程中得到了同行专家的大力支持,并提出了许多宝贵意见;另外,本书的出版得到了"石油教材出版基金"的资助,在此一并表示感谢。

由于编者水平所限,书中难免存在不妥之处,敬请读者批评指正。

编 者
2020 年 2 月

第一版前言

流体力学是研究流体受力及其宏观运动规律的一门学科,是长期以来人们在利用流体的过程中逐渐形成的,既有基础学科的性质,又有鲜明的应用学科的特点。而工程流体力学更侧重于应用,是一门重要的技术基础学科。随着石油工业的发展,涉及流体流动的问题越来越多,石油院校有关专业教学过程中所涉及工程流体力学的内容也在不断扩充。

本教材内容包括流体力学基本概念、基本原理、研究方法和工程应用四个方面,共十章。第一章介绍流体力学基本概念,是工程流体力学课程必要的预备性知识。第二章重点讲述静止条件下的流体受力、流体静力学方程及静止流场特性,该章知识可直接应用于工程实际,也是后续动力学问题中流体受力分析的基础。第三章介绍研究流体流动的基本方法,介绍了流体运动的一些概念,应用质量守恒定律、牛顿第二定律、动量定理和动量矩定理等,推导出控制流体流动的连续方程、运动微分方程、伯努利方程、动量方程和动量矩方程等。第四章介绍理想不可压缩流体平面无旋流动,主要讲述流体微团基本运动、势流理论以及求解不可压缩无旋流场的基本方法。第五章介绍具有黏性的实际流体运动的基本微分方程、流态的变化、运动参量的变化规律和边界层内流体运动规律等。第六章介绍模型实验基础——相似原理,以及建立相似准则的方法和工程模型研究方法,还介绍了指导实验和处理实验数据的量纲分析方法。第七章介绍流体力学的基本理论与经验公式在工程实际中的应用,重点介绍管内流动时,沿程阻力和局部阻力在工程中的计算方法与减少阻力的措施。第八章介绍了一些典型的一维不稳定流动,包括流动基本方程、管路中的水击压力、装卸液体所需时间的计算等。第九章介绍可压缩气体的一维稳定流动及其在工程中的应用,包括气体动力学基本概念和基本方程、一元等熵气流和实际气体低速管流中流动参数的计算等。第十章介绍湍流射流的运动规律,主要内容包括确定射流扩展的范围、射流中的速度分布、温度分布、浓度分布规律等。

本书可作为能源、机械和动力工程类专业本科生的教材,也可作为相关专业工程科技工作者和教师的专业基础参考用书。

本书是按照简明、易读和突出实用性的原则编写的,在编写过程中注重基本概念、基本理论的描述,为使后续专业课与其教学内容更好地衔接,增加了基础理论在部分相关专业的应用实例,以加深学生对基础理论在工程实际中应用的理解。

本书第一、二、三、六章由辽宁石油化工大学马贵阳和郑平编写,第四、五、十章由马贵阳和鹿钦礼编写,第七、八、九章由马贵阳和王卫强编写,全书由马贵阳担任主编并负责统稿,王卫强、郑平担任副主编。

本书在出版过程中,得到了石油工业出版社的大力支持,在此表示衷心的感谢。同时本书在编写过程中参阅了大量资料,主要参考书目附于书后,在此向有关作者表示衷心的感谢。由于编者水平所限,书中难免存在不妥之处,敬请读者批评指正。

编　者

2009 年 5 月

目　　录

第一章　流体力学基本概念

第一节　流体力学的发展、应用及其研究方法

一、流体力学发展简史

　　流体力学是研究流体的平衡及运动规律、流体与固体之间的相互作用规律,以及流体机械运动与其他形式运动之间的相互作用规律的一个学科。

　　流体力学是长期以来在人类同自然界作斗争和生产实践中逐步发展起来的。古时中国有大禹治水、疏通江河的传说;秦朝李冰父子带领劳动人民修建的都江堰,至今还在发挥着作用;大约与此同时,古罗马人建成了大规模的供水管道系统等等。

　　流体力学属于力学范畴,是力学的一个重要分支。其发展和数学、普通力学的发展密不可分。对流体力学学科的形成作出第一个贡献的是古希腊的阿基米德(Archimedes,公元前 278 年—公元前 212 年),他建立了包括物理浮力定律和浮体稳定性在内的液体平衡理论,奠定了流体静力学的基础。此后千余年间,流体力学没有重大发展。

　　1500 年前后,达·芬奇(D. Vinci,1452 年—1519 年)的著作才谈到水波、管流、水力机械、鸟的飞翔原理等问题。

　　1643 年,伽利略的学生托里拆利(E. Tollichelli)通过对容器孔口出流现象的观察与测量,提出了托里拆利公式,它说明了容器中液体从孔口射出的速度与液体深度的关系。翌年,他与伽利略的另一个学生维维尼亚(J. Vivinia)将一端封闭并充满水银的玻璃管倒立于水银槽中,发现管中水银高度与大气压强有关,据此发明了水银气压计,并利用它第一次测出了大气压强。

　　1647 年,帕斯卡(B. Pascal)利用水银气压计在山上进行现场测量,发现大气压强随高度的增加而减小。结合在液体中压强随深度的变化的观察,他提出了流体静力学基本关系式,并由此进一步导出连通器原理和帕斯卡定律。至此,流体静力学理论已完整地建立起来。

　　与此同时,流体运动学与动力学的研究也有了较大发展。1686 年,马利奥特(G. Mariotte)

利用自制的直流风洞来测量流动阻力,并发明了一种测量流动阻力的天平。1687年,牛顿(Newton)用摆和垂直落球在水和空气中进行阻力实验,同时提出了牛顿内摩擦定律,即运动流体的阻力(剪切力)与速度梯度成正比。1732年,皮托(Pitot)发明了测量流动速度的"皮托管"。1905年,普朗特(Prandtl)对皮托管做了改进,成为现在的皮托—普朗特测速管。1915年,泰勒(Taylor)设计了多管口测速管。1929年,范德(Fand)设计了五孔探针,不但可以测量速度的大小,而且还能测出流速的方向。

1738年,伯努利(Bernoulli)通过对变截面管流实验,得出流体流动的能量守恒方程,即伯努利方程。1799年,文丘里(Venturi)在实验中发现,在变截面管道的最小截面处压力急剧下降,并可将该处垂直旁管内的液体吸吮上升,后来称这种收缩—扩散变截面管道为文丘里管,由此发明了文丘里流量计。

1755年,欧拉(Euler)在忽略流体黏性的情况下,导出了理想流体运动微分方程。1827年,纳维埃(Navier)开始了在欧拉方程中加上黏性项的研究工作,经过柯西(Cauchy)、泊松(Poisson)、维纳特(Venant)等人的继续研究,最后由斯托克斯(Stokes)于1845年完成,建立了黏性流体运动微分方程,该方程称为纳维埃—斯托克斯方程(N—S方程)。N—S方程的建立,标志着流体力学理论体系的完成。

1883年,英国物理学家雷诺(Reynolds)采用苯胺染液作为示踪剂以观察流态变化,揭示了流体流动的层流、湍流两种流动状态。

19世纪末到20世纪中期,工业叶轮机、航空航天飞行器和各种推进技术的发展,要求在设计流体动力机器和在判断它们的性能时不断地提高科学预见性,减少对经验和实验的依赖程度。这种要求促进了20世纪前50年内流体动力学的蓬勃发展。

1904年,普朗特提出了边界层理论,把不可压缩流体的N—S方程简化为附面层方程,从而把黏性流体动力学的研究转向应用,在数学和工程应用之间搭起了一座桥梁。

1908年,普朗特的学生勃拉修斯(Blasius)把附面层偏微分方程转化为常微分方程,得出均匀流动下平板附面层的相似性解。

1938年,卡门(Karman)和钱学森用动量积分方程求解了可压缩流体平板附面层问题。

从20世纪60年代起,流体力学开始了和其他学科的互相交叉渗透,形成新的交叉学科或边缘学科,如物理—化学流体动力学、磁流体力学等;原来基本上只是定性描述的问题,逐步得到定量的研究,生物流变学就是一个例子。同期,计算机已逐渐应用于流体力学的研究之中。这不仅给流体力学研究开辟了新的途径,大大改变了流体力学实验的面貌,同时也推动了计算流体力学的快速发展。

随着科学技术的不断进步,流体力学的研究领域和应用范围将不断加深和扩大。从总的发展趋势来看,随着工业应用日益扩大,生产技术飞速发展,不仅可以推动人们对流动现象深入了解,为科学研究提供丰富的课题内容,而且也为验证已有的理论、假设和关系提供机会。理论和实践密切结合,科学研究和工业应用相互促进,必将推动本学科逐步成熟并趋于完善。

二、流体力学在石油工业和化学工业中的应用

流体力学是一门重要的工程学科,它的应用几乎遍及国民经济的各个部门,尤其在石油工

业和化学工业中,流体力学是其重要的理论核心之一。

我国的石油工业正在飞速向前发展,同时也面临着严峻的挑战。在石油工业中,钻井、采油工艺,炼油设备,油品储存和运输都离不开管、罐、塔、泵的设计与使用,这就涉及流体力学的许多方面的知识。诸如分析流体在管内的流动规律,压力、阻力、流速和输量的关系,据此设计管径,校核管材强度,布置管线及选择泵的类型和大小,设计泵的安装位置等;在校核油罐和其他储液容器的结构强度,估算容器、油槽车、油罐的装卸时间,解释气蚀、水击等现象时,都要用到流体力学原理。

在化学工业中,20世纪三四十年代流体流动只是化学工程中的一个单元操作,其内容主要是阻力计算、流量测量等。随着化工技术的发展,愈益要求阐明化工过程的机理,分析影响设备性能的因素,因而需要了解化工设备中介质流动的详细情况。于是,不仅物理化学,而且流体力学也成了化学工程的重要理论支柱。20世纪50年代以来,有关化工设备中流动特点以及流动对化工过程影响的研究蓬勃开展起来,几乎涉及了所有化工过程和设备。

三、流体力学的研究方法

流体力学的研究方法主要有理论分析方法、实验研究方法和数值计算方法。

1. 理论分析方法

理论分析方法一般是以实际流动问题为对象建立数学模型,将流动问题转化为数学问题,然后通过数学方法求出理论结果,达到揭示流体运动规律的目的。应用理论分析方法解决一个较完整的涉及流体流动的实际问题,一般需要经历以下几个环节:

(1)分析问题。深入细致地分析所要解决问题的工作背景与状况,找出影响因素及这些因素对问题的影响程度。由于实际问题往往十分复杂,这就需要抓住主要矛盾,忽略次要矛盾,从而提炼出一个能反映事物本质特征的简化模型。

(2)建立控制方程。对于所提炼出的简化模型,利用相关的物理基本定律,建立描述所研究问题的控制方程。这些方程主要有反映质量守恒的连续性方程,反映动量守恒的运动方程,反映能量守恒的能量及反映有组分变化时质量守恒的扩散方程等。除此之外,有时还需要借助于实验的方法或理论分析的方法,建立一些补充方程,例如描述流体压力、密度与温度等参数关系的状态方程,描述流体黏度与温度关系的关联式及揭示黏性流体应力与应变速度关系的本构方程等。最后,为对所建立的方程求出确定的解,还需要按照给定的几何形状及尺寸,由问题的物理特征出发,确定求解区域,并给出合理的边界条件和初始条件。

(3)对方程求解。有了基本控制方程和初边值条件后,下一步的任务是解方程。解方程的方法一般有两种:第一种是分析解法,即根据所给问题的特点,做出一些假设,用以简化流体运动方程组和初始条件与边界条件,再用分析方法求此简化后的初值问题或边值问题的分析解。分析解法的优点是分析解明确地给出了各流动参量之间的变化关系,有较好的普适性。它的缺点是数学上的困难很大,能获得的分析解的数量有限。第二种求解方程组的方法是数值解法,即首先利用数值分析方法,将方程组离散化,变成代数方程组,编制程序,然后用计算机求解。

2. 实验研究方法

实验研究方法一般是通过实验测定实际流动中的物理量和准则数,抓住主要因素,通过对实验数据的归纳和分析找出准则方程式,推广和应用到相似的流动中。

在流体力学发展过程中,实验方法是最先使用的一种,起到了关键性的作用。一方面,它用精细的观察和测量手段揭示流动过程中在流场各处的流动特征;另一方面,通过流动参量的直接测量提供了各种特定流动的物理模型。

应用实验研究方法解决实际问题的主要步骤如下:

(1)对于所给定的问题,分析其影响因素,选择适当的物理参数,用因次分析方法将这些参数无量纲化,并确定其取值范围。

(2)设计制造实验模型,准备实验仪器。

(3)制定实验方案并进行实验。

(4)整理和分析实验结果。

实验研究方法的优点是能直接解决生产中的复杂问题,能发现流动中的新现象。它的结果往往可作为检验其他方法是否正确的依据。这种方法的缺点是对不同情况,需进行不同的实验,因此所得结果的普适性较差。

理论分析和实验研究这两种方法是相辅相成、相互促进的,因此,两者都不可缺少。实验可检验理论结果的正确性和可靠性,并能提供建立运动规律和理论模型的根据。这样的作用不管理论发展得多么完善都是不可替代的。当然,理论能指导实验,它能使实验进行得更科学和完善,并能帮助推广实验结果的正确运用。

3. 数值计算方法

流体力学和其他学科一样,是通过理论分析和实验研究两种手段发展起来的。很早就已有理论流体力学和实验流体力学两大分支。理论分析是用数学方法求出问题的定量结果。但能用这种方法求出结果的问题毕竟是少数,数值计算方法正是为弥补理论分析方法的不足而发展起来的。

数值计算方法是按照理论分析方法建立数学模型,在此基础上选择合理的计算方法,如有限差分法、特征线法、有限元法、边界元法、谱方法等,将方程组离散化,变成代数方程组,编制程序,然后用计算机计算,得到流动问题的近似解。计算机技术的快速发展,大大推动了流体力学数值计算的发展,现已形成了流体力学的一个重要分支学科——计算流体力学(CFD)。数值解法的优点是,许多分析解法无法求解的问题,用此法可以求得它的数值解。但应注意,数值解法仍是一种近似解法,它的结果仍应与实验或其他精确结果进行比较。数值解法的缺点是,对复杂而又缺乏完善数学模型的问题,仍无能为力。数值计算方法是理论分析方法的延伸和拓展。

解决流体力学问题时,现场观测、实验室模拟、理论分析和数值计算几方面是相辅相成的。实验需要理论指导,才能从分散的、表面上无联系的现象和实验数据中得出规律性的结论。反之,理论分析和数值计算也要依靠现场观测和实验室模拟给出物理图案或数据,以建立流动的力学模型和数学模式。最后,还须依靠实验来检验这些模型和模式的完善程度。此外,实际流动往往异常复杂(例如湍流),理论分析和数值计算会遇到巨大的数学和计算方面的困难,得不到具体结果,只能通过现场观测和实验室模拟进行研究。

第二节　流体的特征和连续介质模型

一、流体的特征

物质通常有三种存在状态,即固态、液态和气态,处于这三种状态的物质分别称为固体、液体和气体。流体是气体和液体的总称。流体同固体相比较,分子间引力较小,分子运动较强烈,分子排列松散,这就决定了液体和气体具有相同特性,即不能保持一定的形状,而且有很大流动性。因流体不能保持一定的形状,所以它只能抵抗压力而不能抵抗拉力和切向力。在物理性质上,流体具有受到任何微小剪切力都能产生连续变形的特性,即流体的流动性。

二、流体的连续介质模型

无论是液体还是气体,都是由大量的分子组成的,这些分子之间保留着一定的空隙,而且大量分子在做随机运动。因此流体的物理量在空间和时间上的分布是不连续的,而且具有随机性。从研究每一个分子的运动出发来研究整个流体的平衡和运动规律是很困难的。

流体力学的任务是研究流体宏观运动规律和流体与固体间的相互作用规律,研究中考虑大量分子的宏观机械运动和宏观物理参量,而不是从微观角度考虑单个粒子的运动及其物理参量。这些宏观物理量是众多流体分子平均运动的效果。因此在流体力学研究中引入了一种简化的物理模型——流体的连续介质模型。这种模型认为流体由流体质点组成,流体质点充满所占空间,质点之间无任何空隙存在,而流体质点就是假定的微观上充分大、宏观上充分小的分子团。微观上充分大是认为流体质点的尺寸远大于分子自由行程,也就是流体质点包含足够多的分子,使其具有分子的统计平均特性,即具有流体的宏观特性;宏观上充分小即认为流体质点的尺寸远小于放置在流体中的实物或流体所处空间的尺寸,在宏观上可把流体质点认为是流体空间中的一个点。流体的连续介质模型在绝大多数流体力学问题中都是适用的,例如在标准状态下,$1mm^3$ 气体中有 2.69×10^{16} 个分子,分子之间在 $10^{-6}s$ 内碰撞 10^{20} 次,这么多分子足可以得到与分子数无关的流体分子的统计平均特性。一般研究的工程问题的特征长度远大于 $1mm$,特征时间远大于 $10^{-6}s$,所以有足够的理由将流体看作是由连续分布的流体质点组成的,即在流体力学中将流体假设为由连续分布的流体质点组成的连续介质。

把流体看成连续介质的单元体,则表征流体性质和运动特性的物理量(如速度、压强、温度、密度等)一般可以看作是时间和空间的连续函数,因此可以用数学中连续函数的解析法来分析和解决流体力学问题。实践表明采用流体的连续介质模型,解决一般工程中的流体力学问题是可以满足要求的。

但是,在一些特殊场合,比如研究高空中稀薄气体中飞行的物体,连续介质假设不能适用,必须考虑分子的运动特性,不能把流体视为连续介质。

第三节　流体的主要物理性质

流体的物理性质是流体运动状态变化的内因,研究流体的平衡与运动规律,必须首先了解流体的主要物理性质。

一、流体的密度、重度和相对密度

1. 流体的密度

流体与固体一样具有质量和重量。单位体积流体所具有的质量称为流体的密度,用 ρ 来表示,其国际单位为 kg/m^3。对于均质流体,设其体积为 V,质量为 M,则密度为

$$\rho = \frac{M}{V} \tag{1-1}$$

对于非均质流体,因为各点处密度不同,则某一点处密度为

$$\rho = \lim_{\Delta V \to 0} \frac{\Delta M}{\Delta V} = \frac{dM}{dV} \tag{1-2}$$

在气体中,常用比体积这一物理量,流体的比体积是指单位质量流体的体积,所以它是密度的倒数,用 v 表示,其国际单位是 m^3/kg。

$$v = \frac{1}{\rho} \tag{1-3}$$

流体温度和压强对其密度影响较大。表 1-1 给出了标准大气压下水、空气和水银的密度随温度变化的数值。

表 1-1　标准大气压下水、空气和水银的密度随温度变化的数值

温度,℃	水的密度,kg/m^3	空气的密度,kg/m^3	水银的密度,kg/m^3
0	999.87	1.293	13600
4	1000.00	—	—
5	999.99	1.273	—
10	999.73	1.248	13570
15	999.13	1.226	—
20	998.23	1.205	13550
25	997.00	1.185	—
30	995.70	1.165	—
40	992.24	1.128	13550
50	988.00	1.093	—
60	983.24	1.060	13450
70	977.80	1.029	—
80	971.80	1.000	13400
90	965.30	0.973	—
100	958.40	0.946	13550

2. 流体的重度

物体之间具有相互吸引的性质,这种吸引力称为万有引力。在流体运动中,如仅考虑地球对流体的引力,表征地球引力大小的物理量就是重力。流体在重力作用下便显示出重量。单位体积流体所具有的重量称为流体的重度,用 γ 表示,其国际单位为 N/m^3。

对于均质流体,设其体积为 V,重量为 G,则重度为

$$\gamma = \frac{G}{V} \tag{1-4}$$

对于非均质流体,因为各点处重度不同,则某一点处重度为

$$\gamma = \lim_{\Delta V \to 0} \frac{\Delta G}{\Delta V} = \frac{dG}{dV} \tag{1-5}$$

质量和重量的关系为

$$G = Mg$$

对此式两边同除以体积 V 后则得

$$\gamma = \rho g \tag{1-6}$$

式中,g 为重力加速度,在国际和工程单位制中其数值均约为 $9.80 m/s^2$。

3. 流体的相对密度

在实际应用中,经常要用到相对密度这个概念。液体的相对密度是指液体的密度与温度为 $4\,℃$ 时的蒸馏水的密度之比。相对密度是一个比值,是个无因次数。相对密度一般用 δ 表示,就液体来说,它与重度或密度有以下关系

$$\delta = \frac{\gamma}{\gamma_{水}} = \frac{\rho}{\rho_{水}} \tag{1-7}$$

表 1-2 给出了某些常见液体的相对密度。

表 1-2　某些常见液体的相对密度

液体	相对密度	温度,℃	液体	相对密度	温度,℃
蒸馏水	1.00	4	航空汽油	0.65	15
海水	1.02~1.03	4	轻柴油	0.83	15
重质原油	0.92~1.03	15	润滑油	0.89~0.92	15
中质原油	0.88~0.90	15	重油	0.89~0.94	15
轻质原油	0.86~0.88	15	沥青	0.93~0.95	15
煤油	0.79~0.82	15	甘油	1.26	0
航空煤油	0.78	15	水银	13.6	0
普通汽油	0.70~0.75	15	酒精	0.79~0.80	15

气体的相对密度是指在同样压强和温度条件下,气体重度与空气的重度之比。

二、流体的压缩性和膨胀性

1. 流体的压缩性

在一定温度下,作用在流体上的压强增高时流体的体积将减小,这种特性称为流体的压缩

性。压缩性的大小用体积压缩系数 β_p 来表示,β_p 表示在温度不变时,每增加一个大气压,单位体积流体的体积变化量,其表达式为

$$\beta_p = -\frac{1}{V}\frac{dV}{dp} \tag{1-8}$$

式中　β_p——体积压缩系数,m^2/N;

　　　V——流体的初始体积,m^3;

　　　dV——流体体积的改变量,m^3;

　　　dp——流体压强的改变量,N/m^2。

由于流体随着压力增加体积将减小,dV 与 dp 异号,故在上式右端加一负号,以使系数 β_p 永为正值。由式(1-8)可以看出,β_p 值越大,流体的压缩性越大,越容易压缩;β_p 值越小,流体的压缩性越小,越不易压缩。水在 0℃ 时的体积压缩系数见表1-3。

表1-3　水的体积压缩系数

压强,$\times 10^5 Pa$	4.9	9.8	19.6	29.2	78.4
β_p,m^2/N	5.18	5.16	5.11	5.03	4.95

在工程上,流体的压缩性也常用 β_p 的倒数即体积弹性模量来描述,公式如下:

$$K = \frac{1}{\beta_p} = -\frac{dp}{dV/V} \tag{1-9}$$

式中 K——体积弹性模量,N/m^2。

流体的压缩性及相应的体积弹性模量是随流体的种类、温度和压力而变化的。当压缩性对所研究的流动影响不大,可以忽略不计时,这种流动称为不可压缩流动,反之称为可压缩流动。通常,液体的压缩性不大,所以工程上一般不考虑液体的压缩性,把液体当作不可压缩流体来处理。当然,研究一个具体流动问题时,是否考虑压缩性的影响不仅取决于流体是气体还是液体,而更主要是由具体条件来决定。例如在标准大气压条件下,当空气的流速等于 68m/s 时,不考虑压缩性所引起的相对误差约等于 1%,这在工程计算中一般可以忽略不计。所以低速流动的气体可以认为是不可压缩流体,气体在高速流动时,它的体积变化不能忽略不计,必须作为可压缩流体来处理。在研究高压锅炉或管道中水击等现象时,则必须把水作为可压缩流体来处理。水的压缩性虽然小,但在这类问题中却不能忽视。

2. 流体的膨胀性

在压强一定的条件下,随着流体温度升高,其体积增大的性质称为流体的膨胀性。膨胀性的大小用体积膨胀系数 β_t 来表示,它表示在压力不变条件下,单位温升引起的流体体积相对变化量,其表达式为

$$\beta_t = \frac{1}{V}\frac{dV}{dt} \tag{1-10}$$

式中　β_t——体积膨胀系数,$℃^{-1}$ 或 K^{-1};

　　　dt——温度改变量,$℃$。

由式(1-10)可以看出,β_t 值大的流体,在相同温升情况下,其体积增量大,膨胀性大;β_t 值小的流体,膨胀性小。水在不同温度、压强下的体积膨胀系数见表1-4。

表 1 - 4 水在不同温度、压强下的体积膨胀系数　　　　　　　　单位:℃⁻¹

压强, ×10⁵Pa	温度,℃				
	0 ~ 10	10 ~ 20	40 ~ 50	60 ~ 70	90 ~ 100
0.98	1.4×10^{-5}	1.5×10^{-4}	4.22×10^{-4}	5.56×10^{-4}	7.19×10^{-4}
98	4.3×10^{-5}	1.65×10^{-4}	4.22×10^{-4}	5.48×10^{-4}	7.04×10^{-4}
490	1.49×10^{-4}	2.36×10^{-4}	4.29×10^{-4}	5.23×10^{-4}	6.61×10^{-4}

从表 1 - 4 可以看出,随着温度的改变,水的体积相对改变量很小,其他液体也有类似的性质,所以在一般工程计算中不考虑液体的膨胀性。

3. 气体状态方程

气体与液体不同,具有较明显的压缩性和膨胀性,温度和压力的变化均会显著影响其压缩和膨胀。从气体热力学研究中已经知道,气体的可压缩性与压缩的热力学过程有关。它的体积随压力的变化关系由气体状态方程来描述,完全气体(在热力学中称为理想气体,因理想这一名称被无黏性流体占用,故改称完全气体)的状态方程为

$$p = \rho RT \tag{1 - 11}$$

式中　T——绝对温度,K;

　　　R——气体常数,N·m /(kg·K),气体不同,R 取值也不同,对于空气,$R = 287.06$ N·m/(kg·K)。

气体在高速流动时,它的体积变化不能忽略不计,必须作为可压缩流体来处理。

三、流体的黏性

1. 概述

当流体运动时,流体微团间发生相对滑移运动,在流体内部会产生切向阻力,也叫内摩擦力,内摩擦力具有抵抗流体剪切变形的特性。流体内部微团之间或流层间因相对运动而产生内摩擦力(切向阻力),从而抵抗相对运动的性质称为流体的黏性。

为了能更好地理解黏性,先观察一个流动现象。如图 1 - 1 所示,取两块宽度和长度都足够大的平板,其间充满某种液体。下板固定不动,当以力 F 拉动上板并以 u_0 的速度平行于下板运动时,黏附在上板下面的流体层以 u_0 的速度运动,且速度大的带动速度小的流体层运动,越往下速度越小,直到附在固定板上流体层的速度为零。两板间流体沿 y 方向的速度呈线性分布。

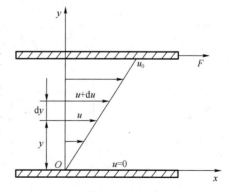

图 1 - 1　平板间速度分布规律

上面的现象说明,当流体中发生了层与层之间的相对运动时,速度快的流体层对速度慢的流体层产生了一个拉力使它加速,而速度慢的流体层对速度快的流体层有一个阻止它向前运动的阻力,拉力和阻力是大小相等方向相反的一对力,分别作用在两个流体层的接触面上,这就是流体黏性的表现,这种力称为内摩擦力或黏性力。

由于黏性的存在,流体在运动中因克服摩擦阻力必然要做功,所以黏性也是流体发生机械

能量损失的主要原因。黏性是流体的固有属性,在流体处于静止或各部分之间的相对速度为零时不表现出来。

2. 牛顿内摩擦定律

流体不同,在相同运动状态下其内摩擦力也不同。牛顿经过大量实验研究在 1686 年提出了一个确定流体内摩擦力的内摩擦定律。该定律指出:对于给定的流体,作用于速度为 u 和 $u + du$ 的相邻两流层上的内摩擦力 T 的大小与流体的性质有关,并与两流层的接触面积 A 和速度梯度 du/dy 成正比,而与接触面上压力无关,即

$$T = \pm \mu A \frac{du}{dy} \qquad (1-12)$$

式中,μ 是反映流体黏性大小的物理量,它与流体的种类、温度有关,称为动力黏性系数或动力黏度。

设 τ 代表单位面积上的内摩擦力,即黏性切应力,则

$$\tau = \pm \mu \frac{du}{dy} \qquad (1-13)$$

式(1-12)和式(1-13)中的"$\pm$"号是为 T、τ 永为正值而设的,即 $du/dy > 0$ 时取正号,$du/dy < 0$ 时取负号。可以看出,当 $du/dy = 0$ 时,$T = \tau = 0$,这说明流体质点间没有相对运动时,流体内没有摩擦力,流体的黏性这一固有属性不表现出来。

3. 速度梯度

速度梯度对流动内摩擦力影响很大,下面对其进行讨论。

如图 1-2 所示,在运动流体中取一微小矩形 $ABCD$,AB 层速度为 u,CD 层速度为 $u + du$,两层间垂直距离为 dy,经过 dt 时间后,A、B、C、D 点分别运动至 A'、B'、C'、D' 点,则有

$$ED' = DD' - AA' = (u + du)dt - udt = dudt$$

由上式可得

$$du = \frac{ED'}{dt}$$

因此可得速度梯度

$$\frac{du}{dy} = \frac{ED'}{dydt} = \frac{\tan d\theta}{dt} = \frac{d\theta}{dt}$$

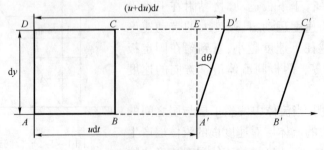

图 1-2　速度梯度

可以看出,$d\theta$ 为矩形 $ABCD$ 在 dt 时间后剪切变形角度,这就表明速度梯度实质上就是流体运动时剪切变形角速度。

4. 黏性的表示方法

由式(1-13)知,动力黏性系数在数值上等于速度梯度为1时单位面积上内摩擦力的大小。对相同速度梯度的流体,μ 大则 τ 大,μ 小则 τ 小,亦即 μ 表征流体黏性的大小。

在国际单位制中 τ 的单位是 N/m^2,du/dy 的单位是 $1/s$,故 μ 的单位为 $N/m^2 \cdot s$,称为"帕斯卡·秒",简称"帕·秒",并以"$Pa \cdot s$"表示。而在过去广泛应用的厘米克秒($c \cdot g \cdot s$)单位制中,μ 的单位为达因·秒/厘米^2,称为"泊",用"P"表示,"P"与"$Pa \cdot s$"的关系为

$$1P = 0.1Pa \cdot s$$

因为"泊"单位有时用之过大,常用泊的百分之一来表示黏度,也叫"厘泊",用 cP 表示。

在流体力学的分析和计算中,动力黏度 μ 与流体密度 ρ 经常结合在一起以 μ/ρ 的形式出现,为简化起见,人们常以 ν 表示,即

$$\nu = \frac{\mu}{\rho} \tag{1-14}$$

ν 的量纲为 L^2T^{-1},即仅有运动学要素长度和时间,而没有力的量纲,故 ν 称为运动黏性系数或叫运动黏度。在国际单位制中,ν 的单位为 m^2/s,在 $c \cdot g \cdot s$ 单位制中,ν 的单位为 cm^2/s,称为斯,用"St"表示。St 与 m^2/s 之间的关系为

$$1St = 10^{-4}m^2/s$$

工程实际中常用斯的百分之一作计量单位,称为"厘斯",用 cSt 表示。

5. 温度对黏度的影响

流体的黏度主要与流体的种类及温度有关。在通常压强范围内,压强对流体的黏性影响很小,可忽略不计。温度对黏度的影响比较显著,液体温度升高时 μ 值降低;而气体的 μ 值随温度升高反而增大。这是由于液体和气体的微观分子结构不同所造成的。流体的黏性力主要是由分子间引力和分子热运动引起的。液体的分子间距离较小,相互间的引力起主要作用,当温度升高时,间距增大,吸引力减小,因而黏性减小;气体分子间距离较大,吸引力影响很小,根据分子运动理论,分子之间因自由碰撞而产生的动量交换随温度升高而加剧,其宏观表现则是黏性增大。水和空气在不同温度下的动力黏度和运动黏度值见附录一和附录二。

6. 牛顿流体与非牛顿流体

前面在式(1-13)的基础上介绍了流体的黏滞性,但需要指出的是,式(1-13)是建立在流体做层流运动(即流体是分层运动的,层与层之间只做相对的滑动而彼此互不渗混)的条件上的,如果流体不是层流运动,则式(1-13)就不能直接应用。即使在层流条件下,也并非所有流体都遵从这个规律,于是通常把满足式(1-13)的流体称为牛顿流体,把不满足该式的流体称为非牛顿流体。非牛顿流体的黏性应力一般表示为

$$\tau = \eta \left(\frac{du}{dy}\right)^n + k \tag{1-15}$$

式中　η——流体的表观黏度;

k——常数;

n——指数。

实验证明:自然界中大部分的流体,如空气、水和许多润滑油以及低碳氢化合物均属牛顿流体,它们的共性是当温度一致时,μ 为常数,内摩擦力 τ 和速度梯度 du/dy 呈线性关系;而另有一些液体,如泥浆、有机胶体、油漆、纸浆液、高分子溶液等则属于非牛顿流体,它们的特性是

τ 和 du/dy 的关系是非线性的,而且有的非牛顿流体在恒定速度剃度 du/dy 条件下,其 τ 随时间而变化。

7. 实际流体与理想流体

实际流体都具有黏性,因此在流体流动时都产生内摩擦力。考虑黏性来研究流体运动是很复杂的。当研究某些流动问题时,其中黏性力与其他力(压力、惯性力、重力等)相比很小,可以忽略,此时假设 $\mu = 0$,即流体没有黏性,这种忽略黏性或假定没有黏性的流体称为理想流体。对多数工程流动问题,特别是管道流动,可以先研究简化了的理想流体,待得出结果后,再考虑实际流体的黏性对所得理论结果进行相应的修正。

四、表面张力

大量观察表明,液体与气体接触的自由表面上液体分子都有向内部收缩的趋势,如空气中的自由液滴总是趋于球形。液体表面有收缩的趋势表明,液体表面各部分间存在着相互作用的拉力,从而使液面处于张紧状态,这种使液体表面收缩的力叫作液体的表面张力。

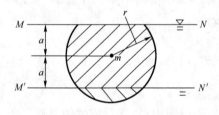

图 1 – 3 分子引力作用半径

下面分析表面张力产生的原因。在静止的流体中,每一个流体分子都受到周围分子的吸引力的作用。分子间吸引力的作用半径 r 约为 $10^{-10} \sim 10^{-8}\,\mathrm{m}$。在液体内部的任意一点,周围分子对它的吸引力是相互抵消的,该点处于分子引力平衡状态。但是对于液体表面附近的分子,受分子引力的情况就不同了。如图 1 – 3 所示,m 为距液面为 a 的一个分子,若以 m 为中心,以引力作用半径 r 为半径作一球面,可见在 MN 和 $M'N'$ 平面之间的全部流体分子对 m 质点的吸引力相互抵消,而 $M'N'$ 平面以下的流体分子对 m 的吸引力无法平衡。因此 m 受到一个向下的拉力。显然,只有当 m 点离液面的距离 $a \geq r$ 时,周围分子对它的吸引力才能互相平衡,而在 $a < r$ 的表面层内的分子都受到大小不同的、方向向下的拉力的作用。表面张力就是液体表面层内的分子互相吸引力不平衡的表现,它把液体表面层的分子紧紧地拉向液体内部。

如果在液面上任意作一长为 l 的线段,由于液体自由表面有表面张力存在,所以线段两边的液面将以一定的拉力相互作用。这个拉力的方向垂直于线段且与液面相切,其大小与线段长度 l 成正比,即

$$f = \sigma l \tag{1 – 16}$$

式中 σ——液体的表面张力系数,N/m。

例如,将一滴水放在无油脂的玻璃板上,水将沿板面展开,附着于板上;放在有油脂的玻璃上水则收缩成团而不沿固体表面展开,如在玻璃板上放一滴水银,它将近似收缩成球形,且极易在板面上滚动而不附着其上。我们称前者为润湿现象(水润湿玻璃),称后者为不润湿现象(水银不润湿玻璃)。同一种液体能润湿某些固体的表面,而不能润湿另一些固体的表面,例如水能润湿玻璃而不能润湿石蜡;水银不能润湿玻璃但能润湿干净的锌块。能否润湿是由所涉及的液体与固体分子间的相互引力(附着力)是大于或小于液体分子之间的相互引力(内聚力)来决定的。

由于液面与固面的润湿效应,将引起液面的弯曲,在毛细管中正是弯曲面存在表面张力才引起管内液面的上升或下降。因此在用某些玻璃管制成的水力仪表中,必须注意到表面张力

的影响。当玻璃管插入水中时,由于水的内聚力小于水同玻璃间的附着力,水将润湿玻璃管的内外壁面,水的表面张力使水面向上弯曲并升高[图 1-4(a)];当玻璃管插入水银中时,由于水银的内聚力大于水银同玻璃的附着力,水银不能润湿玻璃,水银面向下弯曲,表面张力将使管内的液柱下降[图 1-4(b)]。

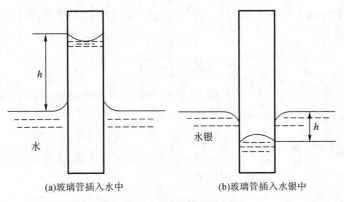

(a)玻璃管插入水中　　　　　　(b)玻璃管插入水银中

图 1-4　表面张力的影响

下面以水为例,推导毛细管中液面上升高度和表面张力系数的关系。如图 1-5 所示,表面张力拉动液面向上,直到表面张力在垂直方向的分力与升高液柱的重量相等时,液柱受力平衡静止。假设 D 为管径,θ 为液体与玻璃的接触角,γ 为液体重度,h 为液柱上升高度,则管壁周边的表面张力为

$$F = \pi D \sigma$$

其垂直分力方向向上,大小为

$$f = F\cos\theta = \pi D \sigma \cdot \cos\theta$$

上升液柱重量为

$$G = \gamma \frac{\pi}{4} D^2 h$$

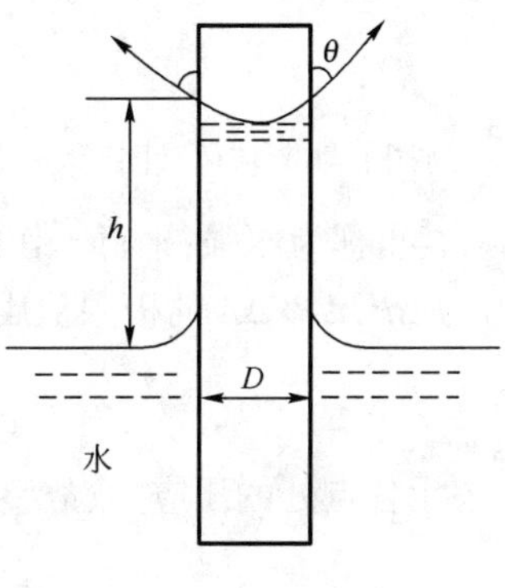

图 1-5　液柱受力平衡

表面张力的垂直分力 f 将与上升液柱的重量 G 相平衡,即有

$$\pi D \sigma \cdot \cos\theta = \gamma \frac{\pi}{4} D^2 h$$

因此可解得上升的液柱高

$$h = \frac{4\sigma\cos\theta}{\gamma D} \tag{1-17}$$

从上式可以看出,液柱上升高度与管子直径成反比,并与液体种类及管子材料有关。例如,在 20℃ 时,水与玻璃的接触角 $\theta = 8° \sim 9°$,水银与玻璃的接触角 $\theta = 139°$,考虑到水与水银的 σ 及 γ 值后,即可得出 20℃ 时水在玻璃毛细管中上升的高度为 $h = 29.8/D$,水银在玻璃毛细管中下降的高度为 $h = 10.15/D$,其中 D 的单位为 mm。

第四节　作用在流体上的力

流体的每一质点无论处于运动或静止状态,都受到力的作用。为了能正确表达作用在流

体上的力,从流体中任取一个流体微团,如图 1 – 6 所示,其体积为 V,表面积为 A,外界作用于这一流体微团上的力可分为两大类:表面力、质量力(或体积力)。

一、 表面力

流体界面上受到的力称为表面力。如图 1 – 6 所示,设 ΔF 为作用在法线为 n 的微元面积 ΔA 上的表面力,则有

$$F_n = \lim_{\Delta A \to 0} \frac{\Delta F}{\Delta A} \tag{1 – 18}$$

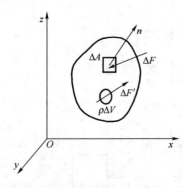

图 1 – 6　流体微团受力

F_n 表示以 n 为法线方向的单位面积上所受到的表面力,或称面应力。一般取外法线方向为 ΔA 面的 F 方向,表明法线 n 指向的那一边流体作用在 ΔA 面上的应力以 F_n 表示。位于 $-n$ 方向的流体作用 ΔA 面上的面应力以 F_{-n} 表示,根据牛顿第三定律有

$$F_n = F_{-n}$$

在流体内部不出现表面力,只在所观察的流体界面上才出现表面力。在一般情况下,表面力 F_n 的作用方向不与作用面垂直,它的大小与方向均与作用面所处的位置有关。表面力 F_n 可分解成两部分,垂直于作用表面的法向分量 p,称为压应力,也称为压强;平行于作用表面的切向分量 τ,称为切应力。设作用在微元面积 ΔA 上的压力为 ΔP,$\Delta P/\Delta A$ 的极限值用 p 表示

$$p = \lim_{\Delta A \to 0} \frac{\Delta P}{\Delta A} \tag{1 – 19}$$

p 表示各点处的压应力,故整个流体表面 A 上的压力为

$$P = \int_A p \cdot \mathrm{d}A \tag{1 – 20}$$

同时在微小面积上的切力为 ΔT,$\Delta T/\Delta A$ 的极限值用 τ 表示

$$\tau = \lim_{\Delta A \to 0} \frac{\Delta T}{\Delta A} \tag{1 – 21}$$

τ 表示各点处的切应力,故整个流体表面 A 上的切力为

$$T = \int_A \tau \cdot \mathrm{d}A \tag{1 – 22}$$

二、 质量力

直接作用在流体中各个质点上的非接触力称为质量力,质量力与流体的质量成正比,因为在均质流体中,质量力与受作用的流体体积成正比,所以也叫体积力或砌体力,例如重力、惯性力是质量力。如图 1 – 6 所示,在流体中取一微元体积 ΔV,其所受的质量力为 $\Delta F'$,用 f 代表单位质量所受的质量力,则有

$$f = \lim_{\Delta V \to 0} \frac{\Delta F'}{\rho \Delta V} \tag{1 – 23}$$

设 $\Delta F'$ 在直角坐标系各坐标轴上的分力为 ΔF_x、ΔF_y、ΔF_z,单位质量力在各个坐标轴上的分力为 f_x、f_y、f_z,则有

$$f_x = \frac{\Delta F_x}{\Delta M}$$

$$f_y = \frac{\Delta F_y}{\Delta M}$$

$$f_z = \frac{\Delta F_z}{\Delta M}$$

$$\boldsymbol{f} = f_x\boldsymbol{i} + f_y\boldsymbol{j} + f_z\boldsymbol{k} \qquad (1-24)$$

则作用于质量为 M、体积为 V 的整个流体团的总质量力为

$$F = \int_V \rho \cdot f \cdot \mathrm{d}V \qquad (1-25)$$

从以上分析知道,流体受表面力和质量力两类力的作用,在一般运动中,这些力都存在,但在一些特例中,可能只存在其中的某几个。正确分析作用在流体上的力,是研究流体平衡和运动规律的基础。

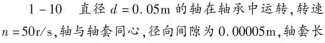 习题一

1-1 什么是连续介质模型?引入连续介质模型的目的是什么?

1-2 水的弹性系数为 $1.96 \times 10^9 \mathrm{N/m^2}$,问压强改变多少时,它的体积相对压缩为 1%?

1-3 在温度不变的情况下,容积为 $2\mathrm{m^3}$ 的液体,当压强增加一个大气压时容积减少 $0.5\mathrm{m^3}$,求该液体的体积弹性系数和压缩系数。

1-4 用 100L 的汽油桶装相对密度为 0.7 的汽油。灌装时液面上压强为 0at。封闭后由于温度升高了 20℃,此时汽油的蒸气压为 0.18at。若汽油的膨胀系数为 0.0006/℃,弹性系数为 $1.4 \times 10^8 \mathrm{kgf/m^2}$,试计算由于压力及温度变化而引起的体积变化量。另外求灌装时每桶最多不超过多少千克汽油为宜。

1-5 压缩机向气罐充气,绝对压强从 0.1MPa 升到 0.5MPa,温度从 20℃升到 65℃,求空气体积缩小百分数。

1-6 说明动力黏度和运动黏度的定义和量纲。

1-7 某种油品的密度为 $850\mathrm{kg/m^3}$,运动黏度为 $3.40 \times 10^{-6} \mathrm{m^2/s}$,求该油品的动力黏度。

1-8 设有黏性系数为 $\mu = 0.05 \mathrm{Pa \cdot s}$ 的流体沿壁面流动,如图所示,其速度分布呈抛物线型,抛物线顶点为 A 点,坐标原点为 O, $y_1 = 0.06\mathrm{m}$, $u_{max} = 1.20\mathrm{m/s}$,求 $y = 0.02\mathrm{m}$、$0.04\mathrm{m}$、$0.06\mathrm{m}$ 各处的切应力。

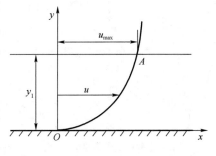

1-9 上下两平行圆盘的直径均为 d,圆盘面之间的距离为 δ,其中充满了动力黏度为 μ 的油品,若下盘不动,上盘以角速度 ω 旋转,求所需力矩 M。

习题 1-8 图

1-10 直径 $d = 0.05\mathrm{m}$ 的轴在轴承中运转,转速 $n = 50\mathrm{r/s}$,轴与轴套同心,径向间隙为 $0.00005\mathrm{m}$,轴套长为 $0.07\mathrm{m}$,测得摩擦力矩为 $1.20\mathrm{N \cdot m}$,试确定轴与轴套间润滑油的动力黏性系数。

1-11 如图所示为一活塞油缸,其直径为0.20m,活塞直径为0.1996m,活塞长度为0.15m,油的相对密度为0.9,油的运动黏度为0.65St,当活塞运动速度为0.8m/s时,所用的拉力 F 为多少?

1-12 有一底面积为0.6m×0.6m的平板,质量为5kg,沿一与水平面成20°角的斜面下滑,平板与斜面之间的油层厚度为0.0006m,若下滑速度0.84m/s,求油的动力黏度 μ。

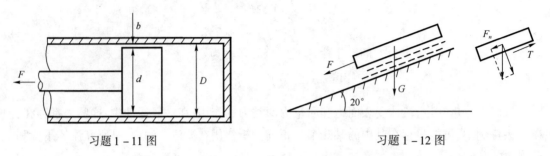

习题1-11图   习题1-12图

1-13 为使导线表面绝缘,将导线从充满绝缘涂料的模具中拉过。已知导线直径0.0012m,与绝缘涂料接触长度0.2m,涂料的黏度 $\mu=0.02$Pa·s。若导线以速率40m/s拉过模具,试求所需拉力。

1-14 为了防止水银蒸发,在水银槽中放一层水,用一根直径为6mm的玻璃管插入后,又向玻璃管中加一点水,如图所示。已知 $h_1=30.5$mm, $h_2=3.6$mm,水银相对密度为13.6,空气与水的表面张力系数为0.073N/m,水和玻璃的接触角为9°,假定水银、水与玻璃管的接触角为140°,求水与水银表面张力系数为多少?

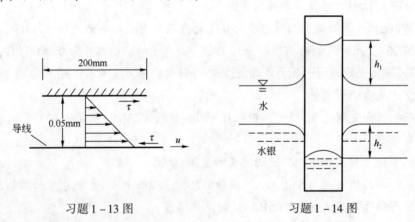

习题1-13图   习题1-14图

第二章 流体静力学

　　流体有运动和静止两种状态,不同状态受力状况不同。流体静力学主要研究流体在静止状态下的平衡条件及其内部的压力分布规律。

　　静止是一个相对概念,是指流体对所选的参考坐标系无相对运动。处于静止或相对静止状态的流体对参考坐标系没有运动,流体质点之间不存在相对运动,此时不产生切应力,黏性不表现出来。所以本章讨论的流体平衡规律对理想流体和实际流体都是适用的。本章将分析静止流体的平衡规律,研究静止流体内部压强计算方法和静止流体作用于物面的合力及合力矩的计算方法等。

第一节　静止流体的压强

　　在静止流体中,流体处于静平衡状态,流层间没有相对运动,因此,静止流体内部不出现切应力,因而没有平行于流体表面的切应力,作用于静止流体表面上的力只有垂直于流体表面的压应力。作用于静止流体某一点的压应力可表达为

$$p = \lim_{\Delta A \to 0} \frac{\Delta P}{\Delta A} \qquad (2-1)$$

式中　p——压应力值,常称为压强,N/m^2 或 Pa;

　　　ΔP——作用于 ΔA 面积上的总压力,N。

一、静止流体的压强特征

　　压强是流体力学中的重要参数,静止流体内部的压强有两个重要特性。

　　(1)流体静压强方向沿着作用面内法线方向,即垂直指向作用面。下面用反证法对这个重要特性进行证明。如图 2-1 所示,在静止流体中取一部分流体,用任一个平面将静止流体分为两部分,取阴影部分为隔离体,如果切割平面上某一点 m 处静压强方向不是内法线方向而是任意方向的,则静压强 p 可分解为切向分力 τ 和法向分力 p_n。静止流体既不能承受切应力,也不能承受拉力,如果有拉力或切应力则将破坏其平衡,引起流体运动。所以静压强唯一可能的方向就是和作用面内法线方向一致。

（2）静止流体中任意一点的静压强与作用面方位无关，即在静止流体中的任意点上，受到来自各个方向的静压强大小均相等。

如图 2 - 2 所示，在静止流体中任取一个微元四面体，以 O 为坐标原点，相应的坐标轴为 x、y、z，四面体的三条边 OA、OB、OC 的长度分别为 dx、dy、dz。

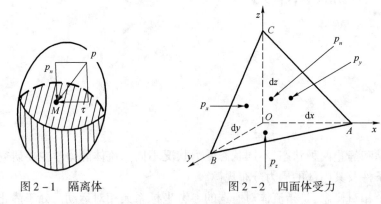

图 2 - 1　隔离体　　　　　　　　　图 2 - 2　四面体受力

p_x、p_y、p_z 和 p_n（n 方向是任意的）分别表示坐标面 BOC、COA、AOB 和任意斜面 BAC 上的平均静压强，用 P_x、P_y、P_z 和 P_n 分别表示相应平面上的总压力，则有

$$P_x = \frac{1}{2}p_x dy dz$$

$$P_y = \frac{1}{2}p_y dx dz$$

$$P_z = \frac{1}{2}p_z dx dy$$

$$P_n = p_n \triangle ABC$$

四面体体积是 $\frac{1}{6}dx dy dz$，质量是 $\frac{1}{6}\rho dx dy dz$，设单位质量力在各坐标轴方向的分量分别是 f_x、f_y、f_z，则质量力在坐标轴方向分量是

$$F_x = \frac{1}{6}\rho dx dy dz f_x$$

$$F_y = \frac{1}{6}\rho dx dy dz f_y$$

$$F_z = \frac{1}{6}\rho dx dy dz f_z$$

因为流体处于静止平衡状态，所以作用在微元四面体上外力的矢量和应等于零。以在 x 方向为例分析力平衡关系可得

$$\frac{1}{2}p_x dy dz - p_n S_{\triangle ABC} \cdot \cos(n,x) + \frac{1}{6}\rho dx dy dz f_x = 0 \qquad (2 - 2)$$

式中，(n,x) 表示斜面法向 n 与 x 轴的夹角，则 $S_{\triangle ABC} \cdot \cos(n,x)$ 为 $\triangle ABC$ 在 yOz 平面上的投影面积，则有

$$p_n S_{\triangle ABC} \cdot \cos(n,x) = \frac{1}{2}p_n dy dz$$

于是式（2 - 2）变为

$$\frac{1}{2}p_x \mathrm{d}y\mathrm{d}z - \frac{1}{2}p_n \mathrm{d}y\mathrm{d}z + \frac{1}{6}\rho \mathrm{d}x\mathrm{d}y\mathrm{d}zf_x = 0 \qquad (2-3)$$

当 $\mathrm{d}x$、$\mathrm{d}y$、$\mathrm{d}z$ 趋于零时,式(2-3)中的质量力和前两项表面力相比为高阶小量,可以忽略不计,则有

$$p_x = p_n \qquad (2-4)$$

同理可得 y 方向与 z 方向的力平衡关系

$$p_y = p_n, p_z = p_n \qquad (2-5)$$

因此,当所考察的四面体向 M 点收缩时,四面体的四个面上的表面力必然有

$$p_x = p_y = p_z = p_n = p$$

上式说明在静止流体内部任一点上的压强值是唯一的,它与所考察的流体面的取向无关。所以在静止流体内部的同一位置上,压强值一定,在不同位置上压强值可以不同,因此,流体的静压强仅是空间坐标的连续函数。

二、压强的表示方法和压强的度量

1. 压强的表示方法

根据压强的计量基准和使用范围的不同,流体的压强可分为绝对压强、相对压强(表压)和真空压强(真空度)。

(1)绝对压强。绝对压强是指以绝对真空为基准来计量的压强,常用符号 $p_{绝}$ 来表示。

(2)相对压强(表压)。以大气压为基准计量的压强称为相对压强,相对压强和绝对压强的关系为

$$p_{表} = p_{绝} - p_a$$

式中 p_a——大气压强,Pa。

在许多工程设备中所受压强中,大气压部分都是相互抵消不起作用的,所以在大多数压力仪表中都是以大气压为起点而计量的。因此在开口容器中及不可压缩流体静压强计算问题中,一般都用表压来表示压强。

(3)真空压强(真空度)。当绝对压强小于大气压强时,该处的相对压强就为负值,这时称该处存在着真空压强或真空度。真空压强是指流体的绝对压强小于大气压强而产生真空度的程度,用当地大气压 p_a 减去绝对压强来表示

$$p_{真} = p_a - p_{绝}$$

如果以液柱高度表示就称为真空高度,则有

$$h_{真} = \frac{p_{真}}{\rho g} = \frac{p_a - p_{绝}}{\rho g}$$

可以看出这样定义的真空压强总是正的。

图2-3表示绝对压强、相对压强和真空压强之间的相互关系,从图中可以看出,绝对压强的基准和相对压强的基准相差一个当地大气压 p_a。绝对压强永为正值,最小为零;相对压强的数值可正可负。当绝对压强小于大气压时,相对压强为负值,所以,相对压强和真空压强是数值相等、符号相反的两个量。

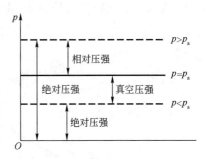

图2-3 绝对压强、相对压强和真空压强的关系

2. 压强的度量

压强的度量有应力单位、大气压单位和液柱高度单位三种单位。

(1)应力单位。应力单位是指用单位面积承受的力表示压强,在国际单位制中是 N/m^2 (Pa),在工程单位制中用 kgf/cm^2。

(2)大气压单位。大气压单位是指用大气压表示压强大小。1 个标准大气压(atm) = $1.013 \times 10^5 N/m^2$ = 760mmHg。在工程计算中,为方便起见,常取 $1kgf/cm^2$ 作为一个工程大气压(at),相当于 $9.8 \times 10^4 N/m^2$。

(3)液柱高度单位。液柱高度单位是指用液柱的高度表示压强大小,由于

$$p_表 = \rho g h$$

则有

$$h = \frac{p_表}{\rho g}$$

可以看出一定的压强 $p_表$ 就相当于一定的液柱高,如果取不同密度 ρ 的液体,则 h 值不同,即一定的压强可以用不同的液柱高来表示,1 工程大气压相应的液柱高度为

$$h = \frac{9.8 \times 10^4}{13.6 \times 9800} = 0.735(mHg)$$

$$h = \frac{9.8 \times 10^4}{9800} = 10(mH_2O)$$

第二节　流体平衡微分方程

一、流体平衡微分方程的建立

建立流体静力学基本方程首先要研究静止流体所遵循的平衡规律。从前面分析可知,作用在流体上的力有表面力和质量力,下面分析平衡状态下这些力应满足的关系,建立流体平衡条件下的微分方程。

如图 2-4 所示,在静止流体中取一个微小六面体形状的流体微团作为分析对象,流体微团中心为 $M(x,y,z)$,其边长为 dx、dy、dz,分别平行于 x、y、z 轴。

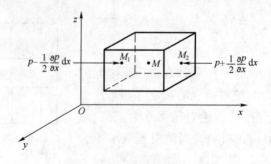

图 2-4　六面体上所受的压力

1. 作用于流体微团上的表面力

所取流体微团处于静平衡状态,在流体微团的六个侧面上一定作用有表面力,根据静压强特性,此表面力的作用方向一定垂直于流体微团的各个侧面。

首先分析流体微团所受的沿 x 轴方向的表面力。设在流体微团中心位置上的压强为 $p(x,y,z)$,把作用在流体微团左侧面中心 $M_1\left(x-\dfrac{1}{2}\mathrm{d}x,y,z\right)$ 点的压强 p_1 用泰勒(Taylor)级数展开:

$$p_1 = p\left(x-\frac{1}{2}\mathrm{d}x,y,z\right)$$

$$= p(x,y,z) + \frac{\partial p}{\partial x}\left(-\frac{1}{2}\mathrm{d}x\right) + \frac{1}{2}\frac{\partial^2 p}{\partial x^2}\left(-\frac{1}{2}\mathrm{d}x\right)^2 + \cdots + \frac{1}{n!}\frac{\partial^n p}{\partial x^n}\left(-\frac{1}{2}\mathrm{d}x\right)^n$$

略去级数中二阶以上无穷小量得

$$p_1 = p - \frac{1}{2}\frac{\partial p}{\partial x}\mathrm{d}x \qquad (2-6)$$

式中 $\partial p/\partial x$——压强沿 x 方向的变化率,称为压强梯度;

$\dfrac{1}{2}\dfrac{\partial p}{\partial x}\mathrm{d}x$——$x$ 方向的位置变化引起的压强差。

同理可得流体微团右侧面中心 M_2 点处的压强:

$$p_2 = p + \frac{1}{2}\frac{\partial p}{\partial x}\mathrm{d}x \qquad (2-7)$$

由于流体微团是无限小的,所以可以用中心点的压强代表该面上的平均压强。因此作用在流体微团左右两个微元面积上的总压力分别为 $\left(p-\dfrac{1}{2}\dfrac{\partial p}{\partial x}\mathrm{d}x\right)\mathrm{d}y\mathrm{d}z$ 和 $\left(p+\dfrac{1}{2}\dfrac{\partial p}{\partial x}\mathrm{d}x\right)\mathrm{d}y\mathrm{d}z$。

同理,可以写出作用于相应表面上 y、z 轴方向上的表面力表达式。

2. 作用于流体微团的质量力

流体微团内部受到质量力作用,设作用于单位质量流体上的质量力在 x 方向的分量 f_x,则作用于流体微团上的质量力在 x 方向的分力为 $f_x\rho\mathrm{d}x\mathrm{d}y\mathrm{d}z$,其中 $\mathrm{d}x\mathrm{d}y\mathrm{d}z$ 为六面体的体积。同理可得出沿 y 和 z 方向质量力的分力分别为 $f_y\rho\mathrm{d}x\mathrm{d}y\mathrm{d}z$ 和 $f_z\rho\mathrm{d}x\mathrm{d}y\mathrm{d}z$。

3. 方程的建立

微元六面体处于静止状态,所以所取流体微团上各个方向作用力之和均应为零,即 x 方向力平衡关系应为

$$\left(p-\frac{1}{2}\frac{\partial p}{\partial x}\mathrm{d}x\right)\mathrm{d}y\mathrm{d}z - \left(p+\frac{1}{2}\frac{\partial p}{\partial x}\mathrm{d}x\right)\mathrm{d}y\mathrm{d}z + f_x\rho\mathrm{d}x\mathrm{d}y\mathrm{d}z = 0$$

用 $\rho\mathrm{d}x\mathrm{d}y\mathrm{d}z$ 除上式,化简后得

$$f_x - \frac{1}{\rho}\frac{\partial p}{\partial x} = 0 \qquad (2-8)$$

同理可得 y 和 z 方向的平衡方程为

$$f_y - \frac{1}{\rho}\frac{\partial p}{\partial y} = 0 \qquad (2-9)$$

$$f_z - \frac{1}{\rho} \frac{\partial p}{\partial z} = 0 \qquad (2-10)$$

总起来,得到微元体的平衡方程:

$$\left. \begin{array}{l} f_x - \dfrac{1}{\rho} \dfrac{\partial p}{\partial x} = 0 \\[2mm] f_y - \dfrac{1}{\rho} \dfrac{\partial p}{\partial y} = 0 \\[2mm] f_z - \dfrac{1}{\rho} \dfrac{\partial p}{\partial z} = 0 \end{array} \right\} \qquad (2-11)$$

式(2-11)就是流体静力学平衡微分方程式,是在 1755 年由欧拉(Euler)首先推导出来的,所以又称欧拉平衡微分方程。它反映了流体处在静止状态时所受作用力的平衡规律。根据这个方程可以解决流体静力学中许多基本问题,它在流体静力学中具有重要地位。因为推导公式时考虑的质量力是空间的任何方向的,因而它既适用于绝对静止状态,又适用于相对静止状态。同时,推导中也没有考虑整个空间密度 ρ 是否变化以及如何变化,所以它不但适用于不可压缩流体,而且也适用于可压缩流体。

二、流体平衡微分方程的积分

为了求得在质量力的作用下静止流体内压强 p 的分布规律,把式(2-11)中 3 个分量式分别乘以 $\mathrm{d}x$、$\mathrm{d}y$、$\mathrm{d}z$ 并相加得

$$\frac{\partial p}{\partial x}\mathrm{d}x + \frac{\partial p}{\partial y}\mathrm{d}y + \frac{\partial p}{\partial z}\mathrm{d}z = \rho(f_x\mathrm{d}x + f_y\mathrm{d}y + f_z\mathrm{d}z) \qquad (2-12)$$

因为 p 是一个空间位置的函数,即 $p = p(x, y, z)$,所以上式左边是静止流体中压强 p 的全微分:

$$\mathrm{d}p = \frac{\partial p}{\partial x}\mathrm{d}x + \frac{\partial p}{\partial y}\mathrm{d}y + \frac{\partial p}{\partial z}\mathrm{d}z \qquad (2-13)$$

把式(2-12)代入式(2-13)得

$$\mathrm{d}p = \rho(f_x\mathrm{d}x + f_y\mathrm{d}y + f_z\mathrm{d}z) \qquad (2-14)$$

如果流体的密度 ρ 是个常数,从数学角度来分析,式(2-14)右边括号内三项总和可看作是某一函数 $U(x,y,z)$ 的全微分,即

$$\mathrm{d}U = f_x\mathrm{d}x + f_y\mathrm{d}y + f_z\mathrm{d}z \qquad (2-15)$$

而

$$\mathrm{d}U = \frac{\partial U}{\partial x}\mathrm{d}x + \frac{\partial U}{\partial y}\mathrm{d}y + \frac{\partial U}{\partial z}\mathrm{d}z$$

由此得

$$\left. \begin{array}{l} f_x - \dfrac{\partial U}{\partial x} = 0 \\[2mm] f_y - \dfrac{\partial U}{\partial y} = 0 \\[2mm] f_z - \dfrac{\partial U}{\partial z} = 0 \end{array} \right\} \qquad (2-16)$$

可以看出,函数 $U(x,y,z)$ 在 x、y、z 轴方向的偏导数正好等于单位质量力分别在各个坐标轴上的投影。满足式(2-16)的函数 $U(x,y,z)$ 称为力函数(或势函数),而具有这样力函数的

质量力称为有势的力。例如重力和惯性力都是有势的力。

根据上面分析结果可得出下列结论：只有在有势的力作用下的流体才能保持平衡。

把式(2－15)代入式(2－14)式得

$$\mathrm{d}p = \rho\mathrm{d}U \qquad (2-17)$$

积分得

$$p = \rho U + C \qquad (2-18)$$

由此可知，压强 p 依赖于质量力势函数 U，给定了质量力势 U 的分布，即可得到静止流体中的压强分布。

式(2－18)中 C 为积分常数。如果已知液体表面或内部任意点处的质量力势函数 U_0 和压强 p_0，则由式(2－18)可得 $C = p_0 - \rho U_0$，从而得

$$p = p_0 + \rho(U - U_0) \qquad (2-19)$$

这就是在具有力势函数 U 的某一质量力作用下，静止流体内任一点压强 p 的表达式。

三、 等压面

在同一种连续的静止流体中，静压强相等的各点组成的面称为等压面。静止流体的自由表面就是一个等压面，因为在自由液面上各点的压强都等于当地大气压强。等压面具有以下三个性质：

(1)等压面就是等势面。在等压面上 p 为常数，即 $\mathrm{d}p = 0$，由式(2－17)得 $\mathrm{d}p = \rho\mathrm{d}U = 0$，因 $\rho \neq 0$，所以 $\mathrm{d}U = 0$，即 U 为常数。所以在静止流体中，等压面就是等势面。

(2)作用在静止流体中任一点的质量力与通过该点的等压面垂直。由式(2－14)得等压面微分方程式

$$\mathrm{d}p = \rho(f_x\mathrm{d}x + f_y\mathrm{d}y + f_z\mathrm{d}z) = 0$$

即

$$f_x\mathrm{d}x + f_y\mathrm{d}y + f_z\mathrm{d}z = 0 \qquad (2-20)$$

式中，$\mathrm{d}x$、$\mathrm{d}y$、$\mathrm{d}z$ 可设想为理想流体质点在等压面上任意微小位移 $\mathrm{d}s$ 在相应坐标轴上的投影，当流体质点沿等压面移动 $\mathrm{d}s$ 距离时，单位质量力所做的功为 $f_x\mathrm{d}x + f_y\mathrm{d}y + f_z\mathrm{d}z$，从式(2－20)可以看出质量力所做的功为零，因为质量力与 $\mathrm{d}s$ 都不为零，所以等压面与质量力必定互相垂直。因此可知：作用在静止流体中任一点的质量力与通过该点的等压面垂直。

(3)两互不相混的流体处于平衡状态时，它们的分界面是等压面。对两种互不相混的静止液体，设分界面上侧流体密度为 ρ_1，分界面下侧流体密度为 ρ_2，如图2－5所示，图中 AB 线表示两种液体的分界面，设压强 p 和质量力 f 在分界面上下连续，在分界面上任取一微元段 $\mathrm{d}s$，微元段上的压强增量为 $\mathrm{d}p$。因为这两点都属于所研究的两种流体的任意一种的点，那么根据式(2－17)可以写出两个压强差表达式

$$\left.\begin{array}{l} \mathrm{d}p = \rho_1\mathrm{d}U \\ \mathrm{d}p = \rho_2\mathrm{d}U \end{array}\right\} \qquad (2-21)$$

因为 $\rho_1 \neq \rho_2$，而且都不等于零，则只有 $\mathrm{d}p = 0$ 和 $\mathrm{d}U = 0$ 时才能满足上式，由此可知，两种不同流体的分界面一定是等压面或等势面。

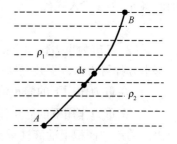

图2－5　互不相混流体的等压面

第三节　静力学基本方程

流体在重力场作用下处于静止平衡状态是常见的现象,在自然界或工程实际中经常遇到的流体静力学问题就是质量力只有重力作用下的静平衡问题。下面对这种流体平衡情况进行分析。

一、静力学基本方程推导

如图 2-6 所示,容器内盛有在重力作用下静止的均匀液体,液体密度为 ρ。将直角坐标系的原点选在自由表面上,z 轴垂直向上,液面上压强为 p_0,此时,在此重力场中静止流体所受的单位质量力在各坐标方向的分量为

$$f_x = 0,\ f_y = 0,\ f_z = -g$$

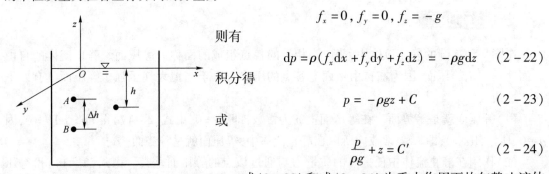

则有

$$dp = \rho(f_x dx + f_y dy + f_z dz) = -\rho g dz \quad (2-22)$$

积分得

$$p = -\rho g z + C \quad (2-23)$$

或

$$\frac{p}{\rho g} + z = C' \quad (2-24)$$

图 2-6　重力作用下静止液体

式(2-23)和式(2-24)为重力作用下均匀静止液体中压强分布公式。重力场是有势力场,相比式(2-15)可知,重力的力势函数 $U = gz$。式(2-23)和式(2-24)中积分常数 C 和 C' 应由具体静止流体的边界条件确定。在图 2-6 所示的静止流体中,自由液面上压强为 p_0,即 $z=0$ 时,流体压强为 p_0,所以(2-23)式中的常数 $C = p_0$,那么在图 2-6 所示的静止流体中任意点的压强大小即可由下式确定:

$$p = p_0 - \rho g z \quad (2-25)$$

对流体中任意两点 A、B,根据式(2-24)可得

$$\frac{p_A}{\rho g} + z_A = \frac{p_B}{\rho g} + z_B \quad (2-26)$$

在实际应用中,对于流体中各点来说,一般用该点在液面以下深度 h 代替 $-z$ 更为方便,因此将 $h = -z$ 代入式(2-25)得

$$p = p_0 + \rho g h \quad (2-27)$$

式(2-27)为重力作用下的流体内部压强分布表达式,也就是静力学基本方程。由静力学基本方程可得出以下几点结论:

(1)在重力作用下的静止液体中,静压强随深度按线性规律变化。

(2)在重力作用下的静止流体中,任意一点的压强 p 等于表面压强 p_0 与从该点到流体自由表面的单位面积上的液柱重量 $\rho g h$ 之和。

(3)在重力作用下的静止流体中,相连通的同一种流体内深度相同的各点处静压强相等,

也就是在重力作用下的同一种连续静止流体的等压面是水平面。此结论成立的条件有两个,第一必是同一种流体,第二这种流体相连通,如果不满足这两个条件的任何一个,此结论都不成立。例如图2-7所示装有两种流体的容器中,1—1面虽是同一水平面,但由于此平面通过两种流体,因而1—1面不是等压面,只有2—2面以下的水平面才是等压面。

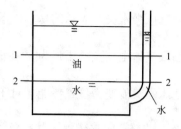

图2-7　装两种液体的容器

二、静力学基本方程式的意义

下面讨论静力学基本方程式的几何意义与物理意义。

1. 几何意义

如图2-8所示,在一个容器侧壁上打一小孔,接上与大气相通的玻璃管,这样就形成一根测压管。如果容器中装的是静止液体,液面为大气压,则测压管内液面与容器内液面是平齐的。如设基准面为$O—O$,则测压管液面到基准面高度由z和$\frac{p}{\rho g}$两部分组成,z表示该点位置到基准面的高度,$\frac{p}{\rho g}$表示该点压强的液柱高度。在流体力学中常用水头代表液柱高度,所以z称为位置水头,$\frac{p}{\rho g}$称为压强水头,而$\left(z+\frac{p}{\rho g}\right)$称为总水头,也称为测压管水头。从图2-8中可以看出

$$z_1 + \frac{p_1}{\rho g} = z_2 + \frac{p_2}{\rho g}$$

也就是静止流体中各点测压管水头是一常数。如果容器内液面压强p_0大于或小于大气压,则测压管液面会高于或低于容器液面,但不同点的测压管水头仍是常数,如图2-9中的1点和2点所示。

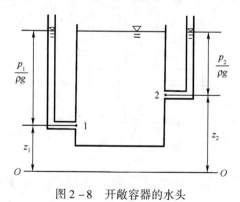

图2-8　开敞容器的水头

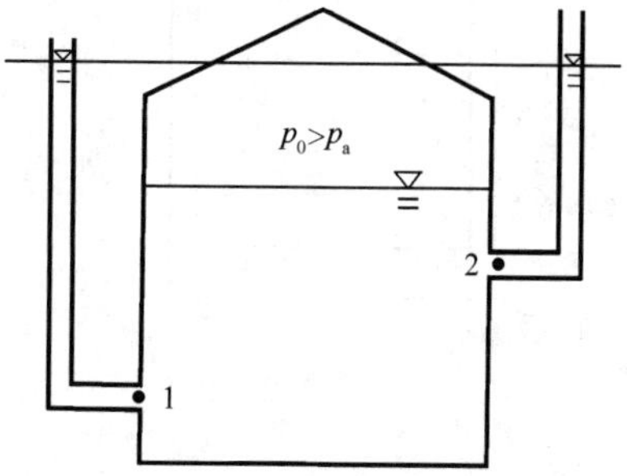

图2-9　封闭容器的水头

2. 物理意义

位置水头z表示的是单位重量流体从某一基准面算起所具有的位置势能,简称比位能。把重量G的物体从基准面移到高度z后,该物体所具有的位能是Gz,对于单位重量来说,比位能就是$\frac{Gz}{G}=z$,它具有长度单位,基准面不同,z值也不同。

压强水头 $\frac{p}{\rho g}$ 表示的是单位重量流体从压强为大气压算起所具有的压强势能,简称比压能。

如果流体中某点的压强为 p,在该处接一测压管后,在压强作用下,液面会上升 $\frac{p}{\rho g}$ 高度,也就是把压强势能变为位置势能。对于重量为 G、压强为 p 的流体在测压管内上升 $\frac{p}{\rho g}$ 后,位置势能的增量 $\frac{Gp}{\rho g}$ 就是原来的流体具有的压强势能。所以对单位重量来说,比压能就是 $\frac{Gp}{\rho g \cdot G} = \frac{p}{\rho g}$。

从物理学角度上讲,静力学基本方程中的各项均代表了能量。位置水头 z 代表位能,压强水头 $\frac{p}{\rho g}$ 代表压强势能,而测压管水头 $z + \frac{p}{\rho g}$ 就代表了总能量,所以在静止流体中,单位重量流体的总能量是恒等的。这也就是静止流体中的能量分布规律。

【例2-1】 如图2-10所示,已知混浊水的重度 $\gamma = 1.08 \times 10^4 \text{N/m}^3$,作用在容器内液体自由面上的压强 $p_0 = 9.81 \times 10^4 \text{N/m}^2$。试求容器内水深 $h_1 = 3\text{m}$ 和 $h_2 = 5\text{m}$ 两处水对容器内壁作用的静压强各是多少?并绘出压强作用方向。

解 由于容器外侧也受大气压强作用,故池壁两侧大气压强相互抵消。因此,在开口容器中就不必计算大气压强。于是有

$$p_1 = \gamma h_1 = 1.08 \times 10^4 \times 3 = 3.24 \times 10^4 \, (\text{N/m}^2)$$
$$p_2 = \gamma h_2 = 1.08 \times 10^4 \times 5 = 5.40 \times 10^4 \, (\text{N/m}^2)$$

其作用方向垂直指向壁面,如图2-10所示。

【例2-2】 液封的目的是防止系统中的气体外流,需要计算的是液封高度。有一内径为 d,用以储存氮气的湿式低压气柜,如图2-11所示。其金属钟形罩重量为 G,如果不计因钟形罩一部分浸没在水中而受到的浮力,试求柜内的压强以及最低的液封高度 z。

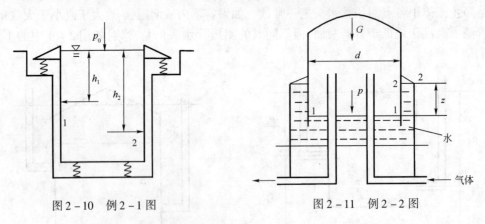

图2-10 例2-1图　　　　　图2-11 例2-2图

解 气柜的水平截面面积为 $\frac{\pi}{4}d^2$,金属钟形罩内的气体作用在截面上的总压力必须等于罩的总重,才能使它升起,故气柜内气体的压强

$$p = \frac{G}{\frac{\pi}{4}d^2}$$

设钟形罩外侧液封所用的液体是水,密度为 ρ,根据静力学方程式(2-26),取1—1、2—2两断面,而以1—1作为基准面,则 $z_1 = 0$,若以表压为基准,则所需液封高度 z 应为

$$z = \frac{p}{\rho g}$$

即

$$z = \frac{4G}{\pi d^2 \rho g}$$

【例2-3】 如图2-12所示的组合连通器,已知水密度 $\rho = 1000\text{kg/m}^3$,水银密度 $\rho = 13600\text{kg/m}^3$,$B$ 处气体压强为1.5at,求 A 点的压强。

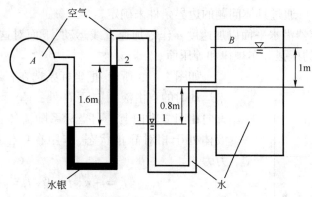

图2-12 组合连通器

解
$$p_1 = p_2 = p_B + \rho_{水} g \times (1 + 0.8) = 1.5 \times 9.8 \times 10^4 + 1000 \times 9.8 \times 1.8$$
$$= 1.65 \times 10^5 (\text{N/m}^2)$$

故

$$p_A = p_2 + \rho_{水银} g \times 1.6 = 1.65 \times 10^5 + 13600 \times 9.8 \times 1.6$$
$$= 3.78 \times 10^5 (\text{N/m}^2)$$

第四节　相对静止状态下的流体平衡

前面讨论了质量力只有重力的静止流体的平衡规律,下面讨论在重力和其他质量力共同作用下流体处于相对静止状态下的平衡规律。

一、等加速直线运动容器中流体的相对平衡

对盛有液体的容器,当容器相对于地球作等加速直线运动时,容器中的液体相对于容器便处于相对静止状态。实际上容器作等加速运动,容器中的流体也在作等加速运动,若把坐标固定在容器上,则对随同容器一起运动的坐标系而言,液体没有相对运动,而是处于相对静止状态。

对于在非惯性坐标系中处于静止状态的流体,流体的静止平衡微分方程(2-11)同样成立。根据平衡原理,这时作用于流体上的质量力,除了重力以外,还应增加惯性力。流体是在重力和惯性力的共同作用下处于相对静止状态,若容器运动的绝对加速度为 $\boldsymbol{a}$,则流体的绝对加速度也为 $\boldsymbol{a}$,在惯性坐标系中 $\boldsymbol{a}$ 可表示为

$$\boldsymbol{a} = a_x \boldsymbol{i} + a_y \boldsymbol{j} + a_z \boldsymbol{k} \tag{2-28}$$

取固定于容器上的坐标系方向与惯性坐标系方向一致。这时作用在单位质量流体上的惯性力为 $-\boldsymbol{a}$。因此在非惯性坐标系中的单位静止流体所受的质量力 $\boldsymbol{f} = -\boldsymbol{a} - g\boldsymbol{k}$，则有

$$f_x = -a_x, f_y = -a_y, f_z = -(a_z + g)$$

把它们代入式(2-14)得

$$\mathrm{d}p = \rho\left[-a_x\mathrm{d}x - a_y\mathrm{d}y - (a_z + g)\mathrm{d}z\right] \tag{2-29}$$

对式(2-29)积分,得压强分布式为

$$p = -\left[a_x x + a_y y + (a_z + g)z\right] + C \tag{2-30}$$

式中, C 为积分常数,可通过具体问题的边界条件来确定。

某一盛有液体容器沿水平面以加速度 $\boldsymbol{a}$ 作等加速直线运动,下面对这情况下运动进行分析,找出容器内液体的压强分布规律和等压面。

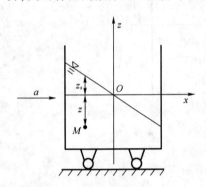

图 2-13 等加速运动容器

如图 2-13 所示,把坐标系选在容器上,原点取在容器未运动时的自由液面中心 O 处, x 坐标轴的方向与加速度方向相同, z 轴向上。则坐标系随流体一起运动,容器中的液体处于相对静止状态,作用在单位质量流体上的质量力为

$$f_x = -a, \quad f_y = 0, \quad f_z = -g \tag{2-31}$$

把它们代入式(2-14)得压强分布:

$$p = -\rho(ax + gz) + C$$

为了确定积分常数 C,引入边界条件:在坐标原点处,即 $z=0$、$x=0$ 处, $p = p_a$,代入上式得 $C = p_a$,于是得

$$p = p_a - \rho(ax + gz) \tag{2-32}$$

这就是等加速直线运动容器中液体的压强分布公式。式(2-32)表明:压强 p 不仅随 z 坐标变化,而且还随 x 的变化而变化。

下面分析液体的等压面。在某等压面上,各点处的压强相等。假定某一等压面上的任一点压强 $p = C$,则得到该等压面方程为

$$C = p_a - \rho(ax + gz) \tag{2-33}$$

因为 p_a 为当地大气压强,是一个常数,则式(2-33)可写为

$$ax + gz = C' \tag{2-34}$$

其中

$$C' = \frac{p_a - C}{\rho}$$

式(2-34)就是等压面方程。这表明等加速直线水平运动容器中液体的等压面是一簇平行的斜面,斜面与 x 方向倾斜角的大小为

$$\theta = \arctan\frac{a}{g} \tag{2-35}$$

在自由表面上, $p = p_a$,由式(2-33)可得自由表面方程为

$$ax + gz = 0 \tag{2-36}$$

自由液面为一倾斜平面。

假定 z_s 为自由表面上点的 z 坐标,由式(2-36)得

$$x = -\frac{z_s g}{a} \tag{2-37}$$

把式(2-37)代入式(2-32)得

$$p = p_a + \rho g(z_s - z) \tag{2-38}$$

$z_s - z$ 等于液面中某一点 M 浸没在液体中的深度 h,因此(2-38)式可以写成

$$p = p_a + \rho g h \tag{2-39}$$

这表明,在等加速水平运动容器中静止流体的压强公式(2-39)与静止流体中静压强公式(2-27)完全相同,即流体内任一点的静压强等于液面上压强加上液体的重度与该点沉没深度的乘积。

二、等角速度旋转容器中流体的相对平衡

如图2-14所示,装有液体的开口圆筒以等角速度 ω 绕中心轴旋转。待运动稳定后,各质点都具有相同角速度,此时液面形成一个抛物面,流体质点之间及流体与容器之间没有相对运动,流体处于相对平衡状态。此时作用在液体质点上的力除了重力以外,还有离心力。

将坐标系固定在运动着的容器上,原点取在旋转轴与自由表面的交点上,z 轴垂直向上,液体中任一点 $M(x,y,z)$ 处的向心加速度为 $\omega^2 r$,可得单位质量流体的质量力为

$$f_x = \omega^2 r \cos(\boldsymbol{r},\boldsymbol{x}) = \omega^2 x$$
$$f_y = \omega^2 r \cos(\boldsymbol{r},\boldsymbol{y}) = \omega^2 y$$
$$f_z = -g$$

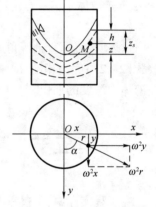

图2-14 等角速度旋转液体

式中,r 为 M 点所在位置的半径,$r = \sqrt{x^2 + y^2}$。

液体在上述几种质量力作用下处于相对平衡状态,将单位质量力的分式代入式(2-14)得

$$dp = \rho(\omega^2 x dx + \omega^2 y dy - g dz) = \rho d\left(\frac{\omega^2 r^2}{2} - gz\right) \tag{2-40}$$

将式(2-40)积分得压强分布

$$p = \rho\left(\frac{\omega^2 r^2}{2} - gz\right) + C \tag{2-41}$$

为了确定积分常数 C,引入边界条件:在坐标原点处,即 $r=0$、$z=0$ 处,$p=p_a$,代入上式可求得积分常数 $C = p_a$,于是得

$$p = p_a + \rho g\left(\frac{\omega^2 r^2}{2g} - z\right) \tag{2-42}$$

这就是等角速度旋转容器中液体静压强分布公式。公式表明:在同一高度上,液体的静压强沿径向按半径二次方增长。

下面分析流体的等压面。在某等压面上,各点处的压强相等。假定某一等压面上的任一点的压强 $p = C$,则得到该等压面方程

$$C = p_a + \rho g\left(\frac{\omega^2 r^2}{2g} - z\right) \tag{2-43}$$

此方程可写为

$$\frac{\omega^2 r^2}{2} - gz = C' \tag{2-44}$$

其中
$$C' = \frac{c - p_a}{\rho}$$

式(2-44)就是等压面方程。这表明等角速旋转容器中液体的等压面是一组绕中心轴旋转的抛物面。

在自由表面上,$p = p_a$,由式(2-42)可得自由表面方程为

$$\frac{\omega^2 r^2}{2} - gz = 0 \tag{2-45}$$

假定 z_s 为自由表面上点的 z 坐标,由式(2-45)可得

$$r^2 = \frac{2gz_s}{\omega^2} \tag{2-46}$$

将式(2-46)代入式(2-42),得图2-13中任一点的压强为

$$p = p_a + \rho g(z_s - z) \tag{2-47}$$

$z_s - z$ 等于液体中某一点沉没在液体中的深度,因此式(2-47)可以写成

$$p = p_a + \rho g h \tag{2-48}$$

这表明,绕垂直轴等角速度旋转容器中液体的静压强公式(2-48)与静止流体中静压强公式(2-27)完全相同,即液体内任一点静压强等于液面上的压强加上液体重度与该点沉没在液体中深度的乘积。

第五节　静止流体作用在壁面上的总压力

在工程实际中,不仅需要知道流体内任一点压强的分布规律,有时还需要知道静止流体作用于固体壁面的总压力。随着压强的分布不同,将得出不同的总压力,所以总压力的计算要以压强分布规律为基础。下面讨论静止流体作用在壁面上的总压力。

一、静止流体作用在平面上的总压力

1.总压力的大小和方向

如图2-15所示,在静止流体中放一块任意形状的平面壁,其面积为 A,与自由液面的夹角为 α。为了研究静止流体作用在此平面壁上的总压力,取坐标系如图2-15所示,坐标原点 O 取在平板延伸面与自由液面的交点上,x 和 y 轴取在平面上,z 轴垂直于平面。为了讨论方便起见,将平面绕 Oy 轴旋转 $90°$,这样就可以在图上看到该平面的正视图。下面讨论作用在这个平面上的总压力。

先在平面 A 上 M 点附近取一微元面积 dA,M 点距液面深度为 h,液面上压强为 p_0,则作用在 M 点上的静压强为

$$p = p_0 + \rho g h \tag{2-49}$$

因为所取的面积 dA 非常小,可认为作用其上的

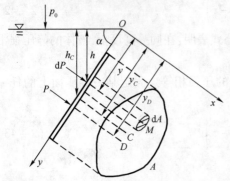
图2-15　作用在平面上的总压力

压强是不变的,因此作用在微元面积 $\mathrm{d}A$ 上的总压力为

$$\mathrm{d}P = p \cdot \mathrm{d}A = (p_0 + \rho g h)\mathrm{d}A \tag{2-50}$$

由于作用在平面壁上的压力都是平行的(都垂直于平面壁),因此对上式沿整个面积积分,便得到总压力为

$$P = \int_A \mathrm{d}P = \int_A (p_0 + \rho g h)\mathrm{d}A \tag{2-51}$$

根据三角关系得到 $h = y\sin\alpha$,因此上式可写为

$$P = \int_A p_0\mathrm{d}A + \int_A \rho g y\sin\alpha\,\mathrm{d}A = p_0 A + \rho g\sin\alpha\int_A y\mathrm{d}A \tag{2-52}$$

式中, $\int_A y\mathrm{d}A$ 是面积 A 对 Ox 轴的面积矩,它等于面积 A 与其形心坐标 y_C 的乘积,则可得

$$P = p_0 A + \rho g\sin\alpha y_C A = (p_0 + \rho g h_C)A = p_C A \tag{2-53}$$

式中 p_C——形心 C 处的绝对压强。

式(2-53)表明,静止流体作用在任意形状平面上的总压力大小等于平面形心处的压强乘以该平面的面积。

如果仅仅需要求出相对压强 $\rho g h$ 作用在面积 A 上的总压力时,可令式(2-50)中 $p_0 = 0$,则有

$$\mathrm{d}P = \rho g h\mathrm{d}A \tag{2-54}$$

积分上式得

$$P = \rho g h_C A = p_C A \tag{2-55}$$

静止流体作用在平面上总压力的方向与平面上各点静压强方向一致,即沿作用面内法线方向。

2. 总压力的作用点

总压力就是平面上各微小面积上的压力的合力,这个合力的作用点称为压力中心。总压力的作用点可根据力矩平衡原理确定。由力矩平衡原理可知合力对某轴的力矩等于各分力对同轴力矩的代数和。

设合力的作用点为 D,则

$$P y_D = \int_A y\mathrm{d}P \tag{2-56}$$

将式(2-54)和式(2-55)分别代入上式的两边得

$$y_D = \frac{\int_A \rho g\sin\alpha y^2\mathrm{d}A}{\rho g\sin\alpha y_C A} = \frac{\int_A y^2\mathrm{d}A}{y_C A} = \frac{J_x}{y_C A} \tag{2-57}$$

式中 J_x——面积 A 对 Ox 轴的惯性矩。

根据惯性矩的平行移轴定理可将面积 A 对 Ox 轴的惯性矩 J_x 换算如下:

$$J_x = J_C + y_C^2 A \tag{2-58}$$

式中 J_C——面积 A 对通过形心 C 而且平行 Ox 轴的轴线的惯性矩。

因此可以得到

$$y_D = \frac{J_C + y_C^2 A}{y_C A} = y_C + \frac{J_C}{y_C A} \tag{2-59}$$

因为 $\dfrac{J_C}{y_C A}$ 恒为正值,故 $y_D > y_C$,也就是说压力中心 D 永远在形心位置的下方。

表2-1列出了几种常见规则平面图形的面积、形心位置和通过形心轴的惯性矩。

表2-1　几种常见规则平面图形的几何性质

图　形		A	y_C	J_C
正方形		a^2	$\dfrac{a}{2}$	$\dfrac{a^4}{12}$
矩形		BH	$\dfrac{H}{2}$	$\dfrac{BH^3}{12}$
等腰三角形		$\dfrac{BH}{2}$	$\dfrac{2}{3}H$	$\dfrac{BH^3}{36}$
正梯形		$\dfrac{H}{2}(B+b)$	$\dfrac{H(2B+b)}{3(B+b)}$	$\dfrac{H^3(B^2+4Bb+b^2)}{36(B+b)}$
圆形		$\dfrac{\pi D^2}{4}$	$\dfrac{D}{2}$	$\dfrac{\pi D^4}{64}$
椭圆形		πab	a	$\dfrac{\pi a^3 b}{4}$

【例2-4】　有一宽度 $b=1\text{m}$ 的闸门将水分为两部分,如图2-16所示,两边水深分别为 $h_1=4\text{m}$、$h_2=2\text{m}$,试求流体作用在闸门上的总压力及作用点位置。

解　作用在闸门上的总压力大小等于左右两边液体总压力之差,即

$$P = P_1 - P_2$$

$$h_{C1} = \frac{h_1}{2},\ A_1 = bh_1$$

$$h_{C2} = \frac{h_2}{2},\ A_2 = bh_2$$

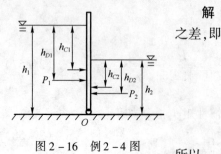

图2-16　例2-4图

所以

$$P = P_1 - P_2 = \rho g h_{C1}A_1 - \rho g h_{C2}A_2 = \rho g(h_{C1}A_1 - h_{C2}A_2)$$

$$= 1000 \times 9.8 \times \left(\frac{4}{2}\times 1\times 4 - \frac{2}{2}\times 1\times 2\right) = 5.88\times 10^4\ (\text{N})$$

矩形平面压力中心坐标为

$$y_D = y_C + \frac{J_C}{y_C A} = \frac{h}{2} + \frac{\frac{1}{12}h^3 b}{\frac{1}{2}bh^2} = \frac{2}{3}h$$

故总压力 P_1、P_2 的作用点离闸门下端的距离为 $h_1/3$ 和 $h_2/3$，设合力作用点离闸门下端的距离为 l，根据合力矩定理，对通过 O 点垂直于图面的轴取力矩得

$$Pl = P_1 \frac{h_1}{3} - P_2 \frac{h_2}{3}$$

所以

$$l = \frac{P_1 h_1 - P_2 h_2}{3P} = \frac{\rho g h_{C1} A_1 h_1 - \rho g h_{C2} A_2 h_2}{3 \times 5.88 \times 10^4}$$

$$= \frac{1000 \times 9.8 \times \frac{4}{2} \times 4 \times 4 - 1000 \times 9.8 \times \frac{2}{2} \times 2 \times 1 \times 2}{3 \times 5.88 \times 10^4} = 1.67 (\text{m})$$

二、静止流体作用在曲面上的总压力

在工程上常常要求计算静止流体作用在曲面上的总压力，如圆柱形油罐壁面上受到的力，圆弧形闸门曲壁上的受力等等。作用在曲面上各点的流体静压力都垂直于器壁，这就形成了复杂的空间力系，求各压力就是求空间力系的合力。在工程上用到最多的是柱形曲面，下面就研究静止流体作用在柱形曲面上的总压力。

1.总压力的大小和方向

如图 2-17 所示，在静止流体中有一水平母线长度为 b 的柱形曲面 AB，A 端与 B 端在自由液面下的深度为 h_1 和 h_2，曲面面积为 A。为了研究静止流体作用在曲面上的总压力，取坐标系如图 2-17 所示，坐标原点和 x 轴在自由液面上，z 轴与自由液面垂直方向向下，y 轴与柱形曲面的母线平行。在 AB 上取一微小长度 $\mathrm{d}l$，$\mathrm{d}l$ 深度为 h。$b \cdot \mathrm{d}l$ 为曲面上所取微元的面积 $\mathrm{d}A$，则流体作用在微元面积 $\mathrm{d}A$ 上的总压力为

$$\mathrm{d}P = \rho g h \mathrm{d}A$$

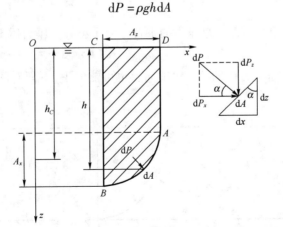

图 2-17　曲面上受力

可以将 $\mathrm{d}P$ 分解为水平与垂直两个方向的分力。设 α 为微元面积 $\mathrm{d}A$ 的法线与 x 轴的夹角，则 $\mathrm{d}P$ 在 x 轴方向的分力应为

$$dP_x = dP\cos\alpha = \rho ghbdl\cos\alpha$$

因为

$$dl\cos\alpha = dh$$

所以有

$$dP_x = \rho ghbdh$$

AB 曲面所受合力在 x 方向的分量 P_x 为

$$P_x = \int_{h_1}^{h_2} \rho ghbdh = \rho gb \frac{h_2^2 - h_1^2}{2} = b(h_2 - h_1)\rho g \frac{h_2 + h_1}{2}$$

式中，$(h_2 + h_1)/2$ 为 A_x 面的几何中心在自由液面下的深度 h_c，$b(h_2 - h_1) = A_x$ 为 AB 曲面在 yOz 面上的投影，则

$$P_x = \rho gh_C A_x \qquad\qquad (2-60)$$

这就是作用在曲面上总压力的水平分力的计算公式。它表明流体作用在曲面上总压力的水平分力等于流体作用在该曲面对垂直坐标面 yOz 的投影面 A_x 上的总压力。水平分力 P_x 作用线通过 A_x 的压力中心。

下面再分析 dP 的垂直分量：

$$dP_z = dP\sin\alpha = Pbdl\sin\alpha$$

因为

$$dl\sin\alpha = dx$$

所以有

$$dP_z = \rho ghbdx$$

则垂直分力 P_z 为

$$P_z = \int_{x_2}^{x_1} \rho ghbdx = b\rho g \int_{x_2}^{x_1} hdx$$

式中，$\int_{x_2}^{x_1} hdx = V$，它相当于从曲面向上至液面的所有微小柱体体积的总和 $ABCD$，称为压力体，故上式变为

$$P_z = \rho gV \qquad\qquad (2-61)$$

式(2-61)表明作用在曲面上总压力的垂直分力大小等于压力体内流体的重量。它的作用线通过压力体的重心。

曲面所受总压力在垂直方向的分量可能向上也可能向下，下面对图 2-18 所示的三种情况进行分析。

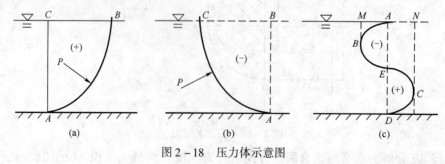

图 2-18　压力体示意图

在图 2-18(a)所示的情况下，流体在曲面上面，相对压力对曲面产生的作用力 P 是倾斜

向下的,P_z 垂直向下,其数值等于充满 ABC 压力体的流体的重量。此时压力体中充满着流体,称为实压力体,用(+)表示。

在图 2－18(b)的情况下,流体在曲面下面,P 是倾斜向上的,P_z 垂直向上,其数值等于充满 ABC 压力体中流体的重量。此时压力体中实际上没有流体,称为虚压力体,用(－)表示。

图 2－18(c)是一种比较复杂的情况。其中 MAB 和 $ADCN$ 为实压力体,而 $MBEA$ 和 $AECN$ 为虚压力体。整个曲面所受的垂直方向的总压力为上述四部分的代数和。

通过以上分析可知,压力体是由液体的自由表面(或其延伸面),承受压力的曲面和该曲面的边线向上垂直引伸到自由液面(或其延伸面)的各个表面所围成的体积。

流体作用在曲面上的总压力大小为

$$P = \sqrt{P_x^2 + P_y^2} \tag{2－62}$$

合力的方向可由 $\tan\theta = P_x/P_z$ 来确定,其中 θ 为合力 P 与自由液面的夹角。

2.总压力的作用点

由于总压力的垂直分力作用线通过压力体的重心而指向受压面,水平分力的作用线通过曲面的水平投影面上的压力中心,则总压力 P 的作用线必须通过这两分力作用线的交点并与垂线成 θ 角。如图 2－19 所示,这条总压力的作用线与曲面的交点即为总压力的作用点,总压力的方向总是指向曲面壁。

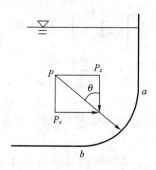

2－19　作用于曲面上总压力

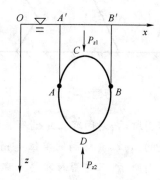

图 2－20　物体在液体中受力

【例 2－5】 如图 2－20 所示,一任意形状的物体 $ADBC$ 浸没在液体中处于平衡状态,物体的体积为 V,液体的密度为 ρ。求物体的密度为多少? 当物体密度为多少时它上浮,物体密度为多少时它下沉?

解 设液体作用于物体表面力为 P,则

$$P = \sqrt{P_x^2 + P_y^2 + P_z^2}$$

式中,P_x、P_y、P_z 为总表面力在各坐标轴方向的分量。

因为物体两侧表面上的点均处于液体内部相等深度的位置,而且压力又总是沿着受压面各点的内法线方向,所以作用在物体两侧面上液体的总水平分力大小相等,方向相反,互相抵消。作用在物体表面的力只有垂直方向的力,即 $P = P_z$。

从上面作用于物体上的压力为

$$P_{z1} = \rho g V_{ACBB'A'A}$$

从下面作用于物体上的压力为

$$P_{z2} = \rho g V_{ADBB'A'A}$$

因此物体受到垂直方向的表面力方向向上,大小为

$$P = \rho g V_{ADBCA} = \rho g V$$

如果物体在液体中处于平衡状态,那么物体会受到平衡的力。物体受到重力和表面力,则

$$G = P$$

设物体密度为 ρ',则有 $G = \rho' g V$,可得

$$\rho' = \rho$$

当 $\rho' = \rho$ 时,物体处于平衡状态;当 $\rho' < \rho$ 时,物体受到的力向上,物体上浮;当 $\rho' > \rho$ 时,物体受到的力向下,物体下沉。

习题二

2-1 试绘出图中四种情况侧壁上压强分布图。

2-2 如图所示,在盛有空气的球形密封容器上联有两根玻璃管,一根与水杯相通,另一根装有水银,测得 $h_1 = 0.5\text{m}$,求 h_2。

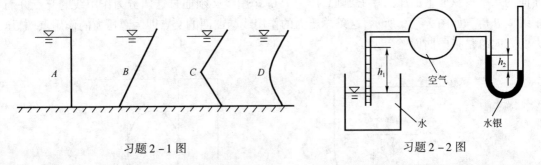

习题 2-1 图   习题 2-2 图

2-3 如图所示,封闭容器中储有氮气、油和水,根据各个液面的标高值,计算油与水的相对密度和氮气的压强。(标高的单位是 m)

2-4 如图所示,三重密封容器上都装有真空表,三个真空表的读数均为 0.02MPa(真空压强),外界大气压按 0.1MPa 计算。试求图示 U 形管水银测压计上的高度 h 及最里边容器的绝对压强 p_3。

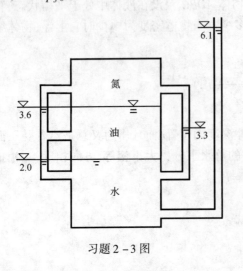 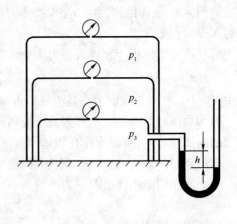

习题 2-3 图   习题 2-4 图

2-5 用如图示装置测定油品重度,经1管和2管输入气体,直至罐内油面出现气泡为止,用U形管水银测压计分别量出1、2管通气时的 Δh_1 和 Δh_2。试根据1、2管沉没深度差 $\Delta H = H_1 - H_2$ 以及 Δh_1 和 Δh_2,求出油品重度的表达式。

2-6 用多管水银测压计测量水箱中的表面压强,图中高程的单位为m。试求水箱中水面的绝对压强。

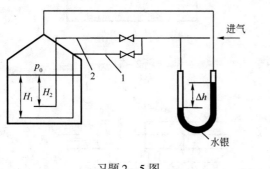

习题2-5图

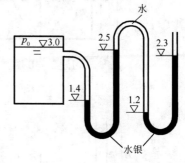

习题2-6图

2-7 飞机汽油箱的尺寸为 $b \times 2b \times c$,油箱中装有其容积三分之一的汽油,飞机以匀加速度 a 水平运动,试求能使汽油自由表面达到箱底时的加速度值。

2-8 如图,汽车上有装满水的长方形水箱,高 $H = 1.2\text{m}$,长 $L = 4\text{m}$,水箱顶盖中心有一供加水用的孔,该孔通大气,试计算当汽车以加速度为 3m/s^2 向前行驶时,水箱底面上前后两点 A、B 的静压强。

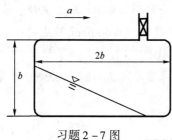

习题2-7图

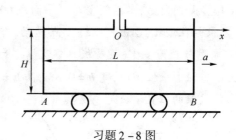

习题2-8图

2-9 对某一容器,试求下列几种情况下在容器中液面下1m处的压强。

(1)容器以 6m/s^2 的等加速度垂直上升时;

(2)容器以 5m/s^2 的等加速度垂直下降时;

(3)自由下落时。

2-10 如图所示,在一直径 $D = 200\text{mm}$、高 $H = 400\text{mm}$ 的圆柱形容器中注入水至高度 $h_1 = 300\text{mm}$,然后使容器绕其垂直轴旋转。试求出能使水的自由液面到达容器上部边缘时和自由液面到达容器底部时的转数。

2-11 如图所示,一个底部为正方形容器被分成两部分,两部分在容器底部连通。容器加装有水,开始时水深2m。当左边部分加入一个900N的木块后,右边的水面要上升多少?

2-12 如图所示,有一长 $L = 0.8\text{m}$、直径 $d = 0.2\text{m}$ 的圆柱体,其质量 $m = 10\text{kg}$,在力 $F = 120\text{N}$ 的作用下处于静止状态。试求淹没深度 h,并求测压管中水柱的高度 H。

2-13 水池两边水的深浅不同,如图所示。用直径 $D = 1.2\text{m}$ 的圆形闸门将水池分开,

$H_1 = 1.5\text{m}, H_2 = 0.9\text{m}$, 试求闸门所受水压力的大小及作用点。

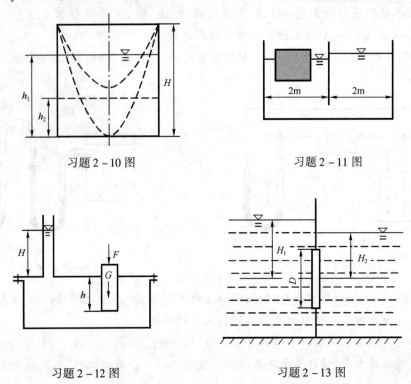

习题 2-10 图

习题 2-11 图

习题 2-12 图

习题 2-13 图

2-14 如图所示,水箱侧壁与水平面成 60°,侧壁上有一圆形泄水孔,其直径 $D = 500\text{mm}$,现用一盖板封住该孔,盖板可以绕 A 点转动,若要求当水位超过 $H = 600\text{mm}$ 时能自行打开放水,图示质量 m 应为多少(设盖板自重及摩擦影响均忽略不计)?

2-15 矩形平板闸门,宽 $b = 0.8\text{m}$,高 $h = 1\text{m}$,若要求在当水深 h_1 超过 2m 时,闸门即可自动开启,绞轴的位置 y 应是多少?

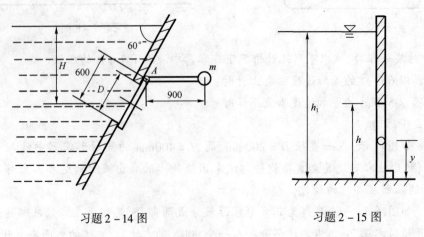

习题 2-14 图

习题 2-15 图

2-16 图示一个水坝,求出水作用在单位宽度坝面上的合力大小及其作用点。

2-17 卧式油罐直径为 2.5m,长 10m,油面高出顶部 0.2m。油罐密闭时,油面蒸气压强为 0.6at,油品相对密度为 0.8,求 $A—A$ 和 $B—B$ 断面处的拉力。

2-18 如图所示为装有2000m³油品的油罐,所装油品的相对密度为0.8,油面上压强为0.10at,钢板的容许拉应力$\sigma = 1.176 \times 10^8 \text{N/m}^2$,求最下圈钢板所需厚度。

2-19 图示两个半圆球形壳,以螺钉相连接,下半球固定于地面,其底部接测压管,球壳内装满水,测压管内水面高出球顶1m,球直径$D = 2\text{m}$,试求螺钉所受的总张力。

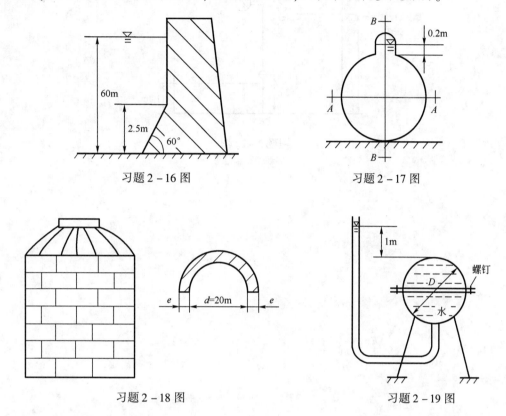

习题2-16图   习题2-17图

习题2-18图   习题2-19图

2-20 密闭盛水容器,水深$h_1 = 0.6\text{m}$,$h_2 = 1\text{m}$,水银测压计读数$\Delta h = 0.25\text{m}$,试求半径$R = 0.3\text{m}$的半球形盖AB所受总压力的水平分力和铅垂分力。

2-21 球形密闭容器内充满水,已知测压管水面标高$h_1 = 8.5\text{m}$,球外自由水面标高$h_2 = 3.5\text{m}$,球直径$D = 2\text{m}$,球壁重量不计,试求:(1)作用于半球连接螺栓上的总拉力;(2)作用于垂直柱上的水平力和垂直力。

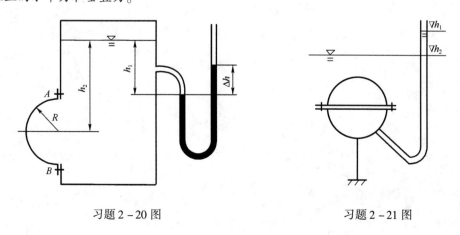

习题2-20图   习题2-21图

2-22 闸门 AB 宽 1.2m,铰在 A 点,压力表的读数为 -1.2×10^{-5}MPa,在左侧箱中装有油,右侧箱中装有水,油的重度 $\gamma_0 = 8.33$kN/m³,试求在 B 点加多大的水平力才能使闸门 AB 平衡?

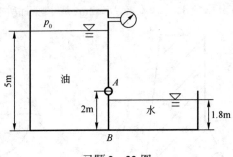

习题 2-22 图

第三章　流体动力学

流体力学主要包括流体静力学和流体动力学两部分。流体动力学主要研究流体在运动中其流动参量之间的相互关系,以及引起运动的原因和流体对周围物体的影响规律。流动动力学研究流体运动的方式和速度、加速度、位移、转角等随时空的变化以及引起运动的原因和确定作用力的方法。

本章介绍研究流体流动的基本方法、流体运动的一些概念等,应用质量守恒定律、牛顿第二定律、动量定理和动量矩定理,推导出控制流体流动的连续方程、运动微分方程、伯努利方程、动量方程和动量矩方程,并举例说明它们的应用。

第一节　流场和研究流体运动的两种方法

在流体运动的空间中,每一点的状态都可用相应的物理量来描述,如速度、压强和密度等,把流体运动的全部空间称为流场。

描述流场特征的方法通常有两种,一种是拉格朗日(Lagrange)法,另一种是欧拉(Euler)法。

一、拉格朗日法

拉格朗日法着眼于每个流体质点本身的研究,研究流体质点运动的全部过程。这种方法通过建立流体质点的运动方程来描述所有流体质点的运动特性,如流体质点的运动轨迹、速度和加速度等,所以又称轨迹法。流体作为连续介质是由无穷多个质点组成的,为了区分这些不同的流体质点,拉格朗日法以初始时刻($t = t_0$)每个流体质点的空间坐标作为标记,不同流体质点在初始时刻只有唯一确定的空间坐标(a,b,c),流体质点的位置坐标(x,y,z)将随时间t变化。用拉格朗日法研究流体的运动问题,就是求流体质点的位置坐标和运动参量如何随时间t变化,(a,b,c,t)称为拉格朗日变数。任一流体质点在某一时刻的坐标可以表示为

$$\left.\begin{array}{l} x = x(a,b,c,t) \\ y = y(a,b,c,t) \\ z = z(a,b,c,t) \end{array}\right\} \tag{3-1}$$

这就是流体质点的运动方程,它表示了流体质点的运动规律。当 a、b、c 为已知时,式 (3-1) 代表了流体质点的运动轨迹;当 t 确定时,该式代表了 t 时刻流体质点所处的空间位置。坐标随时间的变化率表示它的速度,因此,流体质点的速度可表述为

$$\left.\begin{aligned} u_x(a,b,c,t) &= \frac{\partial x(a,b,c,t)}{\partial t} \\ u_y(a,b,c,t) &= \frac{\partial y(a,b,c,t)}{\partial t} \\ u_z(a,b,c,t) &= \frac{\partial z(a,b,c,t)}{\partial t} \end{aligned}\right\} \tag{3-2}$$

速度随时间的变化率是它的加速度,因此,流体质点的加速度可表述为

$$\left.\begin{aligned} a_x(a,b,c,t) &= \frac{\partial^2 x(a,b,c,t)}{\partial t^2} \\ a_y(a,b,c,t) &= \frac{\partial^2 y(a,b,c,t)}{\partial t^2} \\ a_z(a,b,c,t) &= \frac{\partial^2 z(a,b,c,t)}{\partial t^2} \end{aligned}\right\} \tag{3-3}$$

同样,流体质点的压强、密度和温度等也是拉格朗日变数 (a,b,c,t) 的函数:

$$\left.\begin{aligned} p &= p(a,b,c,t) \\ \rho &= \rho(a,b,c,t) \\ T &= T(a,b,c,t) \end{aligned}\right\} \tag{3-4}$$

用拉格朗日法研究流体的运动,一般需要跟踪大量流体质点,因而比较困难和复杂,一般不采用这种方法。

二、欧拉法

与拉格朗日法不同,欧拉法着眼于流场的某个固定点,研究不同流体质点流经该点时的参数变化情况。由于欧拉法着眼于流场固定点,所以又叫站岗法。一般来说,流场中各点上流体质点的速度是不同的,而且在同一空间点上的流体质点的速度又是随时间变化的,所以速度分量 u_x、u_y、u_z、压强 p 和密度 ρ 等可表示为空间点坐标和时间 t 的函数,即

$$\left.\begin{aligned} u_x &= u_x(x,y,z,t) \\ u_y &= u_y(x,y,z,t) \\ u_z &= u_z(x,y,z,t) \\ p &= p(x,y,z,t) \\ \rho &= \rho(x,y,z,t) \end{aligned}\right\} \tag{3-5}$$

欧拉法是流体力学中研究流体运动规律时常用的方法。这是因为在流体力学中经常要求解通过断面的流量和流体对物体的作用力等,因此用欧拉法很方便。

在欧拉法中,未给出流体质点的运动轨迹,但给出了每个空间点的速度分布,因为流体质点在流场中是连续的,所以加速度可以通过速度对时间求导得到

$$\frac{\mathrm{d}u_x}{\mathrm{d}t} = \frac{\partial u_x}{\partial t} + \frac{\partial u_x}{\partial x}\frac{\mathrm{d}x}{\mathrm{d}t} + \frac{\partial u_x}{\partial y}\frac{\mathrm{d}y}{\mathrm{d}t} + \frac{\partial u_x}{\partial z}\frac{\mathrm{d}z}{\mathrm{d}t}$$

而

$$\frac{\mathrm{d}x}{\mathrm{d}t} = u_x, \frac{\mathrm{d}y}{\mathrm{d}t} = u_y, \frac{\mathrm{d}z}{\mathrm{d}t} = u_z$$

代入前式得

$$\frac{\mathrm{d}u_x}{\mathrm{d}t} = \frac{\partial u_x}{\partial t} + u_x \frac{\partial u_x}{\partial x} + u_y \frac{\partial u_x}{\partial y} + u_z \frac{\partial u_x}{\partial z}$$

同理通过速度对时间求导可得到的 y、z 方向加速度表达式,它们一起组成下列方程组:

$$\left.\begin{aligned}
\frac{\mathrm{d}u_x}{\mathrm{d}t} &= \frac{\partial u_x}{\partial t} + u_x \frac{\partial u_x}{\partial x} + u_y \frac{\partial u_x}{\partial y} + u_z \frac{\partial u_x}{\partial z} \\
\frac{\mathrm{d}u_y}{\mathrm{d}t} &= \frac{\partial u_y}{\partial t} + u_x \frac{\partial u_y}{\partial x} + u_y \frac{\partial u_y}{\partial y} + u_z \frac{\partial u_y}{\partial z} \\
\frac{\mathrm{d}u_z}{\mathrm{d}t} &= \frac{\partial u_z}{\partial t} + u_x \frac{\partial u_z}{\partial x} + u_y \frac{\partial u_z}{\partial y} + u_z \frac{\partial u_z}{\partial z}
\end{aligned}\right\} \qquad (3-6)$$

式(3-6)中等号右边第一项 $\partial u_x / \partial t$ 表示流体质点在某点 (x, y, z) 的速度随时间的变化率,称为当地加速度。后三项之和则表示流体运动到相邻点时的速度变化率,称为迁移加速度。$\mathrm{d}u/\mathrm{d}t$ 表示流体质点的加速度,称为全加速度。

第二节　流体运动基本概念

一、流动的分类

流体质点的速度一般是空间坐标和时间的连续函数,即随时间和空间位置的变化而变化。为了讨论问题方便,下面对流动从时间和空间角度加以分类。

1. 稳定流动和非稳定流动

用欧拉法描述流体运动时,按流场中各空间点的流动参数是否随时间变化可将流动分为稳定流动(或定常流动)和非稳定流动(或非定常流动)。

若流场中流体的运动参数(速度、加速度、压强、密度、温度等)不随时间而变化,而仅是位置坐标的函数,则称这种流动为稳定流动(或定常流动)。

稳定流动运动参量不随时间发生变化,即所有运动参量对时间的偏导数恒等于零,其数学表达式为

$$\frac{\partial u_x}{\partial t} = \frac{\partial u_y}{\partial t} = \frac{\partial u_z}{\partial t} = \frac{\partial p}{\partial t} = \frac{\partial \rho}{\partial t} = \cdots = 0$$

若流场中流体的运动参数不仅是位置坐标的函数,而且随时间变化,则称这种流动为非稳定流动(或非定常流动)。

非稳定流动运动参量随时间而变化,即运动参量对时间的偏导数不为零。

如图3-1(a)所示,水箱中的水从管嘴流出,假如水箱中水位保持不变,则泄水管中 A 点的流速在任何时候都是相同的,不随时间的改变而改变,这就是稳定流动;如图3-1(b)所示,

水箱中的水从管嘴流出,假如水箱中水位是变化的,即水位逐渐下降,则 A 点流速也就随时间改变,这就是非稳定流动。

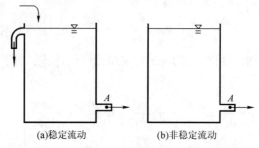

(a)稳定流动　　　　(b)非稳定流动

图 3-1　稳定流动和非稳定流动

2. 一维流动、二维流动和三维流动

"维"是指空间自变量的个数,按照流动参数与空间坐标变量个数的关系,可将流动分为一维流动、二维流动和三维流动,也称为一元流动、二元流动和三元流动。

(1)流场中的流动参数仅与一个空间变量有关,这种流动称为一维流动。

譬如流动只是一个坐标 x 的函数,即

$$\left. \begin{array}{l} u = u(x) \\ p = p(x) \\ \rho = \rho(x) \end{array} \right\} \tag{3-7}$$

这是稳定一维流动。如果同时流动参数又与时间 t 有关,即

$$\left. \begin{array}{l} u = u(x,t) \\ p = p(x,t) \\ \rho = \rho(x,t) \end{array} \right\} \tag{3-8}$$

这是非稳定一维流动。

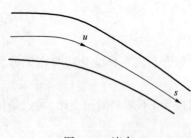

图 3-2　流束

再如有一束流体,如图 3-2 所示,取流束中心轴线为自然坐标,如果在某 s 处横断面上各点速度都一样,则流速就只是 s 的函数,这也是一维流动。如果在横断面上各点速度不一样,可以采用横断面上速度平均值,对平均速度来说,仍然是一维流动。

(2)流动参数与两个空间变量有关,称为二维流动,如平面流动就是二维流动。

(3)流动参数与三个空间变量有关,称为三维流动。

实际上任何流体流动都是三维流动,需要考虑运动要素在三个空间坐标方向的变化。由于实际流体流动问题通常非常复杂,数学上求解三维问题比较困难,所以流体力学中在满足精度要求的前提下,常用简化方法,尽量减少运动要素的"维"数。

二、迹线和流线

除了研究流体质点的流动参数随时间和位置的变化外,为了使整个流场形象化,从而得到不同流场的运动特性,还要研究同一瞬时质点与质点间或同一质点在不同时间流动参量的关

系,也就是质点参量的综合特性。

1. 迹线

同一流体质点在一段时间内的运动轨迹线称为迹线。一般情况下,只有以拉格朗日法表示流体质点运动时才能作出迹线。迹线的特点是对于每一个质点都有一个运动轨迹,所以迹线是一簇曲线,而且迹线只随质点不同而异,与时间无关。在以欧拉法表示流体运动特性时,可以用欧拉法与拉格朗日法的互换求出描写迹线的方程式,例如,一个流场的欧拉表达式为

$$\left.\begin{array}{l} u_x = u_x(x,y,z,t) \\ u_y = u_y(x,y,z,t) \\ u_z = u_z(x,y,z,t) \end{array}\right\}$$

又

$$u_x = \frac{dx}{dt}, u_y = \frac{dy}{dt}, u_z = \frac{dz}{dt}$$

则有

$$\frac{dx}{u_x} = \frac{dy}{u_y} = \frac{dz}{u_z} = dt \tag{3-9}$$

这就是质点的迹线微分方程式,其中 t 为独立变量。

2. 流线

某一瞬时,在流场中画出由不同流体质点组成的空间曲线,该曲线上任一点的切线方向与流体在该点的速度方向一致,这条曲线即为流线。

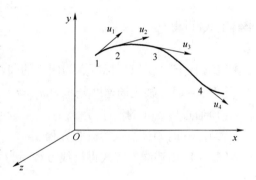

图 3-3 流线

例如,在某一固定时刻 t,从某点 1 出发,顺着这一点的速度指向取一邻点 2,在同一时刻画出邻点 2 的速度指向,再顺着邻点 2 的速度指向取一邻点 3,画出邻点 3 的速度指向,依次类推,一直画下去,便得到一条曲线,它就是流线,如图 3-3 所示。

在流线上过任意点取微元有向线段 $dl = dx\boldsymbol{i} + dy\boldsymbol{j} + dz\boldsymbol{k}$,位于该点流体质点速度为 $\boldsymbol{u} = u_x\boldsymbol{i} + u_y\boldsymbol{j} + u_z\boldsymbol{k}$,根据流线的定义知,$dl$ 与 $\boldsymbol{u}$ 方向重合,故这两个矢量的矢量积应为零,即

$$\boldsymbol{u} \times dl = \begin{vmatrix} i & j & k \\ u_x & u_y & u_z \\ dx & dy & dz \end{vmatrix} = 0$$

计算出行列式,得

$$\frac{dx}{u_x} = \frac{dy}{u_y} = \frac{dz}{u_z} \tag{3-10}$$

这便是流线微分方程式。对流线微分方程进行积分,可得流线表达式。

流线是同一瞬时连续的不同质点的方向线,而迹线则是在流动过程中同一质点的运动轨迹线。两者有不同的性质,但从曲线的形状上进行比较,可得出流线的一些性质:

(1)在稳定流动时,流线与迹线重合。这是因为当质点在流线上到达其前一个质点位置

时,由于流动是稳定的,它有和前一个质点相同的速度,因而走着与前一质点所走过的相同路径。而在非稳定流动中,流线与迹线一般是不重合的。因为流线所给出的是在同一瞬时各质点速度方向的流动图形,而迹线所给出的则是在某一段时间内同一质点的速度方向图形。流线与迹线在非稳定流动时也有重合情况,例如速度随时间变化的直线运动。

(2)任意两条流线不能相交。这一点可用反证法进行证明:假如两条流线可以相交,则交点必定有两个速度,根据流线的定义,这是不可能的。

(3)流线不能突然转折,是一条光滑的连续曲线。

(4)流线密集的地方,表示该处的流速较大;稀疏的地方,表示该处流速较小。

【例3-1】 有一流场,其流速分布规律为$u_x = -ky$,$u_y = kx$,$u_z = 0$,试求其流线方程。

解 由于$u_z = 0$,所以流动是二维流动,二维流动的流线微分方程为

$$\frac{\mathrm{d}x}{u_x} = \frac{\mathrm{d}y}{u_y}$$

将两个分速度代入流线微分方程,可得

$$\frac{\mathrm{d}x}{-ky} = \frac{\mathrm{d}y}{kx}$$

即

$$x\mathrm{d}x + y\mathrm{d}y = 0$$

求解上式,可得

$$x^2 + y^2 = C$$

在该流场中,流线是以坐标原点为圆心的同心圆簇。

【例3-2】 某流场速度分布为$u_x = t + 1$,$u_y = 1$,$t = 0$时刻流体质点A位于原点。试求:

(1)通过质点A的迹线方程;

(2)$t = 0$时刻过原点的流线方程。

解 (1)由迹线方程式得迹线方程组为

$$\begin{cases} \dfrac{\mathrm{d}x}{\mathrm{d}t} = t + 1 \\ \dfrac{\mathrm{d}u_y}{\mathrm{d}t} = 1 \end{cases}$$

对上两式分别积分可得

$$\begin{cases} x = \dfrac{1}{2}t^2 + t + C_1 \\ y = t + C_2 \end{cases}$$

$t = 0$时质点A位于$x = y = 0$,得$C_1 = C_2 = 0$。代入上式得出质点A的迹线方程:

$$\begin{cases} x = \dfrac{1}{2}t^2 + t \\ y = t \end{cases}$$

消去参数t得出通过A点的迹线方程:

$$x = \frac{1}{2}y^2 + y = \frac{1}{2}(y + 1)^2 - \frac{1}{2}$$

(2)将速度分量代入流线微分方程(3-10)得

$$\frac{\mathrm{d}x}{t+1} = \frac{\mathrm{d}y}{1}$$

积分可得

$$\frac{x}{t+1} = y + C$$

在 $t=0$ 时刻,流线通过原点 $x=y=0$,代入上式可得 $C=0$,则可得到 $t=0$ 时刻通过原点的流线方程为

$$x = y$$

三、流管和流束

1. 流管

如图 3-4 所示,在流场中任取一条不是流线的封闭曲线 l,过曲线 l 上的各点作流线,由这些流线围成的一个管状曲面,称为流管。流管的形状与某瞬时流场的流动特性有关,也与构成流管的封闭曲线形状有关。在稳定流动时,流管不随时间而变化,而在非稳定流动时,流管随时间而变化。

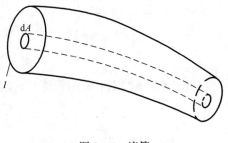

图 3-4 流管

因为流管是由流线围成的,所以从流线性质不难看出流管有下列特点:

(1)流体不能穿越流管表面,只能在流管内部流动或在其外部流动。

(2)流管就像刚体管壁一样,把流体的运动局限在流管之内或者流管之外。

(3)流管在流场内不能突然中断。这是因为根据流体的连续性,在流管内部的流动不能突然消失。

2. 流束

流管内部全部流体的总和,称为流束。表示流束几何外形的是流管。断面为无限小的流束,称为微元流束。当微元流束断面趋近于零时,它就变成了流线。

流束是由无穷多微元流束组成,通常又称它为总流。研究流体运动规律时,常常先找出微元流束上的运动规律,然后通过积分求出流束(或总流)的运动规律。

四、有效断面、湿周、水力半径和当量直径

1. 有效断面

在流束或在总流中,与所有流线相互垂直的断面称为有效断面,一般用 A 表示。流线相互平行时,有效断面为平面;流线不平行时,有效断面为曲面。

2. 湿周

在有效断面上,流体与固体边界接触部分的周长称为湿周,一般用 χ 表示。

3. 水力半径和当量直径

总流的有效断面面积与湿周之比称为水力半径,一般用 R 表示,即

$$R = \frac{A}{\chi}$$

水力半径的 4 倍称为当量直径,一般用 d_e 表示,即

$$d_e = \frac{4A}{\chi}$$

下面介绍一下几种典型非圆形截面管道的当量直径,如图 3 – 5 所示。

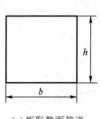 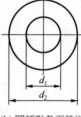 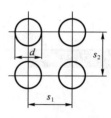

(a) 矩形截面管道　　　　(b) 圆环形截面管道　　　　(c) 充满流体的管束

图 3 – 5　非圆形截面管道

(1)充满流体的矩形截面管道。它的当量直径为

$$d_e = \frac{4A}{\chi} = \frac{4bh}{2(b+h)} = \frac{2bh}{b+h} \tag{3-11}$$

(2)充满流体的圆环形截面管道。它的当量直径为

$$d_e = \frac{4A}{\chi} = \frac{4\left(\dfrac{\pi}{4}d_2^2 - \dfrac{\pi}{4}d_1^2\right)}{\pi d_1 + \pi d_2} = d_2 - d_1 \tag{3-12}$$

(3)充满流体的管束(管外流体垂直纸面方向流动,即与管束轴线平行、纵向掠过管束)。它的当量直径为

$$d_e = \frac{4A}{\chi} = \frac{4\left(s_1 s_2 - \dfrac{\pi}{4}d^2\right)}{\pi d} = \frac{4s_1 s_2}{\pi d} - d \tag{3-13}$$

五、　流量和平均流速

1. 流量

单位时间内通过流束有效断面的流体量称为流量。如果流体量以体积来度量,称为体积流量(简称流量),常用 Q 表示,其相应的国际单位为 m^3/s;如果流体量以质(或重量)计,则称为质量(或重量)流量,常用 Q_m(或 G)表示,质量流量相应的国际单位为 kg/s。如图 3 – 4 所示,在流管内取一微小面积 dA,通过 dA 的每一根流线都与 dA 正交,这时 dA 称为有效微元断面。设该微元断面上的流速为 u,则通过该微元面积的流量为

$$dQ = u dA$$

将上式积分,可得流量为

$$Q = \int_A u dA \tag{3-14}$$

式中　A——流束有效断面面积。

2. 平均流速

在研究管道中的流动时,可以把管道中的流体看作流束(或总流),在工程中往往不需要

知道有效断面上的速度分布,而更注重于通过某一断面上速度的平均值,即平均流速。平均流速可用通过流经有效断面的流量除以有效断面面积求得,即

$$\overline{u} = \frac{1}{A}\int_A u\mathrm{d}A = \frac{Q}{A} \tag{3-15}$$

平均流速 $\overline{u}$ 是一个假想的流速,在断面上每一点的实际流速有大于也有小于平均流速的。在工程上进行管道计算时,广泛采用平均流速计算的方法,因此引入平均流速的概念具有十分重要的意义。

六、缓变流和急变流

缓变流是指流场中流线之间的夹角比较小和流线曲率半径比较大的流动,如图 3-6 所示。不同时具备上面两个条件的流动称为急变流。

图 3-6　缓变流

七、系统和控制体

系统是指一群流体质点的组合。在运动的过程中,尽管系统的形状和位置常常不停地变化,但始终包含这群流体质点,有确定的质量。

流场中某固定的空间区域称为控制体。控制体由有效断面、壁面和自由液面组成。控制体外表面称控制面,控制体可根据需要将其取成不同形状,流体可自由进出控制体。

第三节　流体运动微团分析

刚体的一般运动可以分解为平移运动和旋转运动。流体的运动要比刚体运动复杂,其运动方式除去和刚体运动有相同的平移运动和旋转运动外,还有形状变化。流体微团的形状变化叫变形运动。流体微团的这几种运动都可以通过对运动速度的分析表达出来。

一、流体微团速度分解式

在某瞬时 t,考虑任一微团上的任意两点 $M_0(x,y,z)$ 和 $M(x+\mathrm{d}x,y+\mathrm{d}y,z+\mathrm{d}z)$,设质点 M_0 的速度分量为 u_x、u_y、u_z,M 点的速度分量 u'_x、u'_y、u'_z,B 点的速度可以用泰勒(Taylor)级数展开,略去二阶以上无穷小量为

$$\left.\begin{array}{l} u'_x = u_x + \dfrac{\partial u_x}{\partial x}\mathrm{d}x + \dfrac{\partial u_x}{\partial y}\mathrm{d}y + \dfrac{\partial u_x}{\partial z}\mathrm{d}z \\[3mm] u'_y = u_y + \dfrac{\partial u_y}{\partial x}\mathrm{d}x + \dfrac{\partial u_y}{\partial y}\mathrm{d}y + \dfrac{\partial u_y}{\partial z}\mathrm{d}z \\[3mm] u'_z = u_z + \dfrac{\partial u_z}{\partial x}\mathrm{d}x + \dfrac{\partial u_z}{\partial y}\mathrm{d}y + \dfrac{\partial u_z}{\partial z}\mathrm{d}z \end{array}\right\} \tag{3-16}$$

为了把微团的速度进行分解,并能以数学形式表达出来,对式(3-16)第一个式子右边加上下面的量:

$$\pm \frac{1}{2}\frac{\partial u_y}{\partial x}\mathrm{d}y, \quad \pm \frac{1}{2}\frac{\partial u_z}{\partial x}\mathrm{d}z$$

整理得

$$u'_x = u_x + \frac{\partial u_x}{\partial x}\mathrm{d}x + \frac{1}{2}\left(\frac{\partial u_x}{\partial y} + \frac{\partial u_y}{\partial x}\right)\mathrm{d}y + \frac{1}{2}\left(\frac{\partial u_x}{\partial z} + \frac{\partial u_z}{\partial x}\right)\mathrm{d}z$$

$$- \frac{1}{2}\left(\frac{\partial u_y}{\partial x} - \frac{\partial u_x}{\partial y}\right)\mathrm{d}y + \frac{1}{2}\left(\frac{\partial u_x}{\partial z} - \frac{\partial u_z}{\partial x}\right)\mathrm{d}z$$

式(3-16)第二个式子右边加上

$$\pm \frac{1}{2}\left(\frac{\partial u_x}{\partial y}\right)\mathrm{d}x, \quad \pm \frac{1}{2}\left(\frac{\partial u_z}{\partial y}\right)\mathrm{d}z$$

式(3-16)第三个式子右边加上

$$\pm \frac{1}{2}\left(\frac{\partial u_x}{\partial z}\right)\mathrm{d}x, \quad \pm \frac{1}{2}\left(\frac{\partial u_y}{\partial z}\right)\mathrm{d}y$$

同样可得

$$u'_y = u_y + \frac{\partial u_y}{\partial y}\mathrm{d}y + \frac{1}{2}\left(\frac{\partial u_y}{\partial z} + \frac{\partial u_z}{\partial y}\right)\mathrm{d}z + \frac{1}{2}\left(\frac{\partial u_y}{\partial x} + \frac{\partial u_x}{\partial y}\right)\mathrm{d}x$$

$$- \frac{1}{2}\left(\frac{\partial u_z}{\partial y} - \frac{\partial u_y}{\partial z}\right)\mathrm{d}z + \frac{1}{2}\left(\frac{\partial u_y}{\partial x} - \frac{\partial u_x}{\partial y}\right)\mathrm{d}x$$

$$u'_z = u_z + \frac{\partial u_z}{\partial z}\mathrm{d}z + \frac{1}{2}\left(\frac{\partial u_z}{\partial x} + \frac{\partial u_x}{\partial z}\right)\mathrm{d}x + \frac{1}{2}\left(\frac{\partial u_z}{\partial y} + \frac{\partial u_y}{\partial z}\right)\mathrm{d}y$$

$$- \frac{1}{2}\left(\frac{\partial u_x}{\partial z} - \frac{\partial u_z}{\partial x}\right)\mathrm{d}x + \frac{1}{2}\left(\frac{\partial u_z}{\partial y} - \frac{\partial u_y}{\partial z}\right)\mathrm{d}z$$

引入变量

$$\varepsilon_{xx} = \frac{\partial u_x}{\partial x}, \varepsilon_{xy} = \varepsilon_{yx} = \frac{1}{2}\left(\frac{\partial u_y}{\partial x} + \frac{\partial u_x}{\partial y}\right), \omega_x = \frac{1}{2}\left(\frac{\partial u_z}{\partial y} - \frac{\partial u_y}{\partial z}\right)$$

$$\varepsilon_{yy} = \frac{\partial u_y}{\partial y}, \varepsilon_{yz} = \varepsilon_{zy} = \frac{1}{2}\left(\frac{\partial u_z}{\partial y} + \frac{\partial u_y}{\partial z}\right), \omega_y = \frac{1}{2}\left(\frac{\partial u_x}{\partial z} - \frac{\partial u_z}{\partial x}\right)$$

$$\varepsilon_{zz} = \frac{\partial u_z}{\partial z}, \varepsilon_{zx} = \varepsilon_{xz} = \frac{1}{2}\left(\frac{\partial u_x}{\partial z} + \frac{\partial u_z}{\partial x}\right), \omega_z = \frac{1}{2}\left(\frac{\partial u_y}{\partial x} - \frac{\partial u_x}{\partial y}\right)$$

则可得到

$$\left.\begin{array}{l} u'_x = u_x + (\varepsilon_{xx}\mathrm{d}x + \varepsilon_{xy}\mathrm{d}y + \varepsilon_{xz}\mathrm{d}z) + (\omega_y\mathrm{d}z - \omega_z\mathrm{d}y) \\ u'_y = u_y + (\varepsilon_{yx}\mathrm{d}x + \varepsilon_{yy}\mathrm{d}y + \varepsilon_{yz}\mathrm{d}z) + (\omega_z\mathrm{d}x - \omega_x\mathrm{d}z) \\ u'_z = u_z + (\varepsilon_{zx}\mathrm{d}x + \varepsilon_{zy}\mathrm{d}y + \varepsilon_{zz}\mathrm{d}z) + (\omega_x\mathrm{d}y - \omega_y\mathrm{d}x) \end{array}\right\} \qquad (3-17)$$

式(3-17)表明,任意点 M 的速度 (u'_x, u'_y, u'_z) 可由三部分组成,第一部分表示整体的平移运动,第二部分表示流体的变形(剪切变形和膨胀变形),第三部分表示流体的旋转运动。下面就它们的物理意义作进一步分析。

二、速度分解的物理意义

如图3-7所示,用在 xOy 面上的微小正方形 $ABCD$ 的运动情况来分析 ε_{xx}、ε_{yy}、ε_{zz} 等的物理意义。

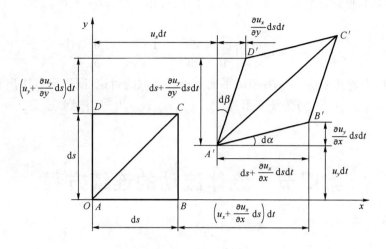

图 3 - 7 微小正方形运动

设点 $A(x,y)$ 的速度为 (u_x,u_y),以 ds 为边长的微小正方形 ABCD 的顶点 B、C、D 的速度,按泰勒级数展开,并略去二阶以上无穷小量得

$$u_{xB} = u_x + \frac{\partial u_x}{\partial x}ds, u_{yB} = u_y + \frac{\partial u_y}{\partial x}ds$$

$$u_{xC} = u_x + \frac{\partial u_x}{\partial x}ds + \frac{\partial u_x}{\partial y}ds, u_{yC} = u_y + \frac{\partial u_y}{\partial x}ds + \frac{\partial u_y}{\partial y}ds$$

$$u_{xD} = u_x + \frac{\partial u_x}{\partial y}ds, u_{yD} = u_y + \frac{\partial u_y}{\partial y}ds$$

经过 dt 时间后质点 A 移动到 $A'(x + u_x dt, y + u_y dt)$,而 B、C、D 分别移动到 B'、C'、D',其移动的距离是 B、C、D 点的速度乘以时间 dt,这样,正方形 ABCD 就变成为四边形 A'B'C'D'。于是,线段 AB 经过时间 dt 后在 x 方向的伸长率为

$$\frac{ds + \frac{\partial u_x}{\partial x}ds dt - ds}{ds} = \frac{\partial u_x}{\partial x}dt = \varepsilon_{xx}dt$$

由上式可知,ε_{xx} 表示在 x 方向单位时间的伸长率,即是由伸缩产生的变形速度,称为 x 方向的膨胀(或收缩)速度,又叫线变形速度。

剪切变形可用角度变化量来表示,即用 $\angle BAD - \angle B'A'D' = d\alpha + d\beta$ 表示。通常把微小正方形的角变形速度的一半定义为剪切(角)变形速度,用 ε_{xy} 表示。由图 3 - 7 可以看出

$$d\alpha \approx \frac{\partial u_y}{\partial x}dt \Big/ \left(1 + \frac{\partial u_x}{\partial x}dt\right)$$

$$d\beta \approx \frac{\partial u_x}{\partial y}dt \Big/ \left(1 + \frac{\partial u_y}{\partial y}dt\right)$$

则有

$$\varepsilon_{xy} = \lim \frac{1}{2}\left(\frac{d\alpha + d\beta}{dt}\right) = \frac{1}{2}\left(\frac{\partial u_y}{\partial x} + \frac{\partial u_x}{\partial y}\right) \qquad (3-18)$$

微小正方形的旋转可用正方形的两条互相垂直的边的旋转角度来表示。AB 边旋转的角度为 $d\alpha$,AD 边旋转的角度为 $d\beta$(逆时针方向为正,顺时针方向为负)。通常把正方形两个互

相垂直边的旋转角度的之和的一半定义为它的旋转角速度,xOy 平面的旋转角速度用 ω_z 表示,即

$$\omega_z = \lim \frac{1}{2}\left(\frac{\mathrm{d}\alpha}{\mathrm{d}t} - \frac{\mathrm{d}\beta}{\mathrm{d}t}\right) = \frac{1}{2}\left(\frac{\partial u_y}{\partial x} - \frac{\partial u_x}{\partial y}\right) \tag{3-19}$$

式(3-17)中的其他量,在 yOz、zOx 平面上进行类似的讨论,同样可以得出和上述类似的结论。所以可知 $(\varepsilon_{xx},\varepsilon_{yy},\varepsilon_{zz})$ 为线变形速度,$(\varepsilon_{xy},\varepsilon_{yz},\varepsilon_{zx})$ 为剪切变形速度,$(\omega_x,\omega_y,\omega_z)$ 为旋转角速度。

第四节　流体流动的连续方程

一、一维流动连续方程

在工程实际中的流动有很多为一维流动,例如在管道内的流动。这种流动的连续方程比较

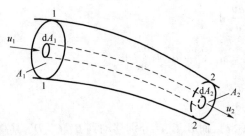

图3-8　稳定流动总流

简单。如图3-8所示为稳定流动总流,取1—1 和 2—2 两个有效断面间的一段总流进行分析,两有效断面面积分别为 A_1 和 A_2。在该段总流中任取一微元流束,微元流束的两个有效断面面积分别为 $\mathrm{d}A_1$ 和 $\mathrm{d}A_2$,相应的流速分别为 u_1 和 u_2,密度分别为 ρ_1 和 ρ_2。

1. 微元流束的连续方程

假设流束的形状不随时间改变,为稳定流动。对于稳定流动,微元流束的形状、体积和流束内任意点的参数(如密度等)均不随时间变化,同时流体又被认为是无间隙的连续介质。所以,微元流束两断面间包围的流体质量不随时间变化。

根据质量守恒原理,在 $\mathrm{d}t$ 时间内,通过1—1 断面流入的质量必等于通过2—2 断面流出的质量,即

$$\rho_1 u_1 \mathrm{d}A_1 \mathrm{d}t = \rho_2 u_2 \mathrm{d}A_2 \mathrm{d}t$$

上式可简化为

$$\rho_1 u_1 \mathrm{d}A_1 = \rho_2 u_2 \mathrm{d}A_2 \tag{3-20}$$

式(3-20)为可压缩流体稳定流动时微元流束的连续方程。

对于不可压缩流体,密度为常数,则有

$$u_1 \mathrm{d}A_1 = u_2 \mathrm{d}A_2$$

上式为不可压缩流体稳定流动微元流束的连续方程。

2. 总流的连续方程

总流是由微元流束组成的,因此总流的连续方程可由微元流束的连续方程(3-20)通过积分得到

$$\int_{A_1} \rho_1 u_1 \mathrm{d}A = \int_{A_2} \rho_2 u_2 \mathrm{d}A \tag{3-21}$$

设 $\bar{u}$ 是该断面 A 上的平均速度,则式(3-21)可写成

$$\rho_1 A_1 \bar{u}_1 = \rho_2 A_2 \bar{u}_2 \tag{3-22}$$

式中,ρ_1 和 ρ_2 分别为有效断面 A_1 和 A_2 上的平均密度。

式(3-22)为可压缩流体稳定流动总流的连续方程。该式表明:可压缩流体作稳定流动时,在总流的任何两个有效断面上的质量流量相同。

对于不可压缩流体,密度为常数,式(3-22)可变为

$$A_1 \bar{u}_1 = A_2 \bar{u}_2 \tag{3-23}$$

式(3-23)称为不可压缩流体稳定流动总流的连续方程。该式表明:在研究流体运动时,对于流过的流体量的处理必须遵守质量守恒定律。在流体力学中,反映质量守恒定律的数学关系叫连续方程。

二、空间运动微分形式的连续方程

如图 3-9 所示,在理想流体三维空间流场中任取一微小六面体,其边长为 $\mathrm{d}x$、$\mathrm{d}y$、$\mathrm{d}z$,并分别平行于 x、y、z 轴。

根据质量守恒定律可知,单位时间内流出与流入六面体的质量差等于六面体内流体质量减少量。在 x 方向上,由左侧流入六面体的流体质量为 $\rho u_x \mathrm{d}y \mathrm{d}z$,同时在右侧流出六面体的流体质量为 $\left[\rho u_x + \dfrac{\partial(\rho u_x)}{\partial x}\mathrm{d}x\right]\mathrm{d}y\mathrm{d}z$,因此单位时间内流出与流入的流体质量差为 $\dfrac{\partial(\rho u_x)}{\partial x}\mathrm{d}x\mathrm{d}y\mathrm{d}z$。同理可得,在 y 方向和 z 方向上流出与流入流体质量差分别为 $\dfrac{\partial(\rho u_y)}{\partial y}\mathrm{d}x\mathrm{d}y\mathrm{d}z$ 和 $\dfrac{\partial(\rho u_z)}{\partial z}\mathrm{d}x\mathrm{d}y\mathrm{d}z$。三者之和为

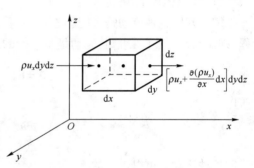

图 3-9　微元体流动

$$\left[\frac{\partial(\rho u_x)}{\partial x} + \frac{\partial(\rho u_y)}{\partial y} + \frac{\partial(\rho u_z)}{\partial z}\right]\mathrm{d}x\mathrm{d}y\mathrm{d}z$$

另外,流体密度随时间的变化也会引起六面体内流体质量的变化。设在 t 时刻流体密度为 ρ,$t+\mathrm{d}t$ 时刻密度为 $\rho + \dfrac{\partial\rho}{\partial t}\mathrm{d}t$,则单位时间内由于密度变化而使六面体内流体质量减少量为

$$-\frac{\partial\rho}{\partial t}\mathrm{d}x\mathrm{d}y\mathrm{d}z$$

根据质量守恒原理,这部分质量减少量应等于流出流入六面体的流体质量差,即

$$-\frac{\partial\rho}{\partial t}\mathrm{d}x\mathrm{d}y\mathrm{d}z = \left[\frac{\partial(\rho u_x)}{\partial x} + \frac{\partial(\rho u_y)}{\partial y} + \frac{\partial(\rho u_z)}{\partial z}\right]\mathrm{d}x\mathrm{d}y\mathrm{d}z$$

或

$$\frac{\partial\rho}{\partial t} + \frac{\partial(\rho u_x)}{\partial x} + \frac{\partial(\rho u_y)}{\partial y} + \frac{\partial(\rho u_z)}{\partial z} = 0 \tag{3-24}$$

式(3-24)是可压缩流体非稳定流动的连续方程。

对于稳定流动，$\partial\rho/\partial t = 0$，则有

$$\frac{\partial(\rho u_x)}{\partial x} + \frac{\partial(\rho u_y)}{\partial y} + \frac{\partial(\rho u_z)}{\partial z} = 0 \qquad (3-25)$$

对于不可压缩流体，ρ 为常数，则连续方程式变为

$$\frac{\partial u_x}{\partial x} + \frac{\partial u_y}{\partial y} + \frac{\partial u_z}{\partial z} = 0 \qquad (3-26)$$

式（3-26）表明，对于稳定的不可压缩流体，在同一时间内通过流场中任一封闭表面的体积流量等于零，也就是说，在同一时间内流入的体积流量与流出的体积流量相等。

连续方程在圆柱坐标系中的表达式为

$$\frac{\partial\rho}{\partial t} + \frac{\rho u_r}{r} + \frac{\partial(\rho u_r)}{\partial r} + \frac{1}{r}\frac{\partial(\rho u_\theta)}{\partial\theta} + \frac{\partial(\rho u_z)}{\partial z} = 0 \qquad (3-27)$$

对于稳定的不可压缩流体，上式可写成

$$\frac{u_r}{r} + \frac{\partial u_r}{\partial r} + \frac{1}{r}\frac{\partial u_\theta}{\partial\theta} + \frac{\partial u_z}{\partial z} = 0 \qquad (3-28)$$

【例 3-3】 已知某流动速度场为

$$u_x = 8(x+y^2), \quad u_y = 6y+z^2, \quad u_z = x+y-14z$$

试分析这种流动状况是否可能？

解 判别一种流动是否能够进行，要看流动本身是否满足连续性方程。若满足连续性方程，则流动是可能的，否则，流动是不可能的。对于本题，有

$$\frac{\partial u_x}{\partial x} = 8, \quad \frac{\partial u_y}{\partial y} = 6, \quad \frac{\partial u_z}{\partial z} = -14$$

所以

$$\frac{\partial u_x}{\partial x} + \frac{\partial u_y}{\partial y} + \frac{\partial u_z}{\partial z} = 0$$

说明这种流动是可以进行的。

第五节　理想流体运动微分方程和伯努利方程

一、理想流体运动微分方程

理想流体运动微分方程是在理想流体假设的前提下，以牛顿第二定律为基础得到的，它描述了流体在运动中所受的力和运动参数之间的关系，是研究理想流体运动的基本微分方程。

如图 3-10 所示，在理想流体流场中取一微小六面体，其边长分别为 dx、dy、dz，分别平行于 x、y、z 轴。设在某瞬时 t，六面体中心 $M(x,y,z)$ 点的压强为 $p(x,y,z,t)$，速度为 $u_x(x,y,z,t)$、

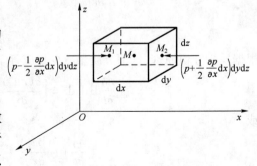

图 3-10　微元六面体上受力

$u_y(x,y,z,t)$、$u_z(x,y,z,t)$。作用在微小六面体上的力有表面力和质量力。

1. 表面力

由于研究的是理想流体，因此作用在六面体表面上的力只有法向力，其方向为内法线方向。首先分析流体微团所受的沿 x 轴方向的表面力。流体微团只有左、右两个面上所受的表面力在 x 方向有分力，其余各个面上的表面力在 x 方向没有分力。这里把作用在流体微团左侧面中心 $M_1(x-\mathrm{d}x/2,y,z)$ 点的压强 p_1 用泰勒级数展开并略去级数中二阶以上无穷小量得

$$p_1 = p - \frac{1}{2}\frac{\partial p}{\partial x}\mathrm{d}x$$

同理可得流体微团右侧面中心 M_2 点处的压强

$$p_2 = p + \frac{1}{2}\frac{\partial p}{\partial x}\mathrm{d}x$$

由于流体微团是无限小的，所以可以用中心点的压强代表该面上的平均压强。因此作用在流体微团左侧面和右侧面的总压力分别为

$$P_1 = \left(p - \frac{1}{2}\frac{\partial p}{\partial x}\mathrm{d}x\right)\mathrm{d}y\mathrm{d}z$$

和

$$P_2 = \left(p + \frac{1}{2}\frac{\partial p}{\partial x}\mathrm{d}x\right)\mathrm{d}y\mathrm{d}z$$

同理，可以写出作用于相应表面上的 y、z 轴方向表面力的表达式。

2. 质量力

流体微团内部受到质量力作用，设作用于单位质量流体上的质量力在 x 方向的分量为 f_x，则作用于流体微团上的质量力在 x 方向的分力为 $f_x\rho\mathrm{d}x\mathrm{d}y\mathrm{d}z$。同理可得出沿 y 和 z 方向质量力的分力 $f_y\rho\mathrm{d}x\mathrm{d}y\mathrm{d}z$ 和 $f_z\rho\mathrm{d}x\mathrm{d}y\mathrm{d}z$。

3. 微分方程的建立

流体微团在 x 方向所受的总力为

$$f_x\rho\mathrm{d}x\mathrm{d}y\mathrm{d}z + P_1 - P_2 = \left(\rho f_x - \frac{\partial p}{\partial x}\right)\mathrm{d}x\mathrm{d}y\mathrm{d}z$$

在 x 方向流体微团产生加速度的惯性力为

$$\frac{\mathrm{d}u_x}{\mathrm{d}t}\rho\mathrm{d}x\mathrm{d}y\mathrm{d}z$$

根据牛顿第二定律可知二者必然相等，即

$$\frac{\mathrm{d}u_x}{\mathrm{d}t}\rho\mathrm{d}x\mathrm{d}y\mathrm{d}z = \left(\rho f_x - \frac{\partial p}{\partial x}\right)\mathrm{d}x\mathrm{d}y\mathrm{d}z$$

整理得

$$\frac{\mathrm{d}u_x}{\mathrm{d}t} = f_x - \frac{1}{\rho}\frac{\partial p}{\partial x} \tag{3-29}$$

同理可得 y 和 z 方向关系式，它们一起组成下列方程组

$$\frac{\mathrm{d}u_x}{\mathrm{d}t}=f_x-\frac{1}{\rho}\ \frac{\partial p}{\partial x}$$

$$\frac{\mathrm{d}u_y}{\mathrm{d}t}=f_y-\frac{1}{\rho}\ \frac{\partial p}{\partial y} \Bigg\}\qquad(3-30)$$

$$\frac{\mathrm{d}u_z}{\mathrm{d}t}=f_z-\frac{1}{\rho}\ \frac{\partial p}{\partial z}$$

这就是理想流体运动微分方程,是欧拉(Euler)1755 年提出的,所以又称为欧拉运动微分方程。它给出了理想流体运动的压力、质量力与加速度之间的关系。

对于不可压缩流体,未知数为 u_x、u_y、u_z 和 p,共 4 个,由方程组(3 – 30)中的三个方程再加上连续方程(3 – 26),从理论上来说方程封闭,是可解的(解方程组还要加上一组初始和边界条件),但是这组方程式是非线性的,因此直接求解非常困难。

二、伯努利方程

欧拉运动微分方程是描述理想流体运动的基本方程,用来解决工程实际流动问题时,还需要对其进行积分。从欧拉方程出发,在一些特殊条件下,沿着流线积分,可得到压强和速度之间简单关系式,这就是伯努利方程。

将式(3 – 30)第一式左边加速度项展开得

$$\frac{\partial u_x}{\partial t}+u_x\ \frac{\partial u_x}{\partial x}+u_y\ \frac{\partial u_x}{\partial y}+u_z\ \frac{\partial u_x}{\partial z}=f_x-\frac{1}{\rho}\ \frac{\partial p}{\partial x}$$

将问题限定在沿一条流线的流动中,根据流线方程可知

$$u_y\mathrm{d}x=u_x\mathrm{d}y,u_z\mathrm{d}x=u_x\mathrm{d}z,u_y\mathrm{d}z=u_z\mathrm{d}y$$

代入前式,可得到

$$\frac{\partial u_x}{\partial t}+u_x\ \frac{\partial u_x}{\partial x}+u_x\ \frac{\partial u_x}{\partial y}\ \frac{\mathrm{d}y}{\mathrm{d}x}+u_x\ \frac{\partial u_x}{\partial z}\ \frac{\mathrm{d}z}{\mathrm{d}x}=f_x-\frac{1}{\rho}\ \frac{\partial p}{\partial x}$$

上式两端同乘以 $\mathrm{d}x$ 得

$$f_x\mathrm{d}x-\frac{1}{\rho}\ \frac{\partial p}{\partial x}\mathrm{d}x=\frac{\partial u_x}{\partial t}\mathrm{d}x+u_x\ \frac{\partial u_x}{\partial x}\mathrm{d}x+u_x\ \frac{\partial u_x}{\partial y}\mathrm{d}y+u_x\ \frac{\partial u_z}{\partial z}\mathrm{d}z$$

对于稳定流动,有

$$\frac{\partial u_x}{\partial t}=0$$

代入前式,整理得

$$f_x\mathrm{d}x-\frac{1}{\rho}\ \frac{\partial p}{\partial x}\mathrm{d}x=u_x\left(\frac{\partial u_x}{\partial x}\mathrm{d}x+\frac{\partial u_x}{\partial y}\mathrm{d}y+\frac{\partial u_x}{\partial z}\mathrm{d}z\right)=u_x\mathrm{d}u_x=\mathrm{d}\left(\frac{u_x^2}{2}\right)$$

同理可得 y 和 z 轴方向的关系式:

$$f_y\mathrm{d}y-\frac{1}{\rho}\ \frac{\partial p}{\partial y}\mathrm{d}y=\mathrm{d}\left(\frac{u_y^2}{2}\right)$$

$$f_z\mathrm{d}z-\frac{1}{\rho}\ \frac{\partial p}{\partial z}\mathrm{d}z=\mathrm{d}\left(\frac{u_z^2}{2}\right)$$

将上三式相加得

$$f_x dx + f_y dy + f_z dz - \frac{1}{\rho}\left(\frac{\partial p}{\partial x}dx + \frac{\partial p}{\partial y}dy + \frac{\partial p}{\partial z}dz\right) = d\left(\frac{u_x^2}{2} + \frac{u_y^2}{2} + \frac{u_z^2}{2}\right) = d\left(\frac{u^2}{2}\right)$$

整理得

$$f_x dx + f_y dy + f_z dz - \frac{1}{\rho}dp = d\left(\frac{u^2}{2}\right) \tag{3-31}$$

工程实际问题中经常遇到质量力场只有重力场的情况,即 $f_x = 0$, $f_y = 0$ 和 $f_z = -g$, g 是重力加速度,因 z 坐标轴取向上方向为正,重力场是向下的,所以在 g 前面加一负号。此时,式 (3-31) 变为

$$g dz + \frac{dp}{\rho} + d\left(\frac{u^2}{2}\right) = 0 \tag{3-32}$$

式 (3-32) 表示在理想流体稳定流动情况下,质量力只有重力时,沿流线的欧拉方程。如果流体密度为常数,对式 (3-32) 积分可得到

$$z + \frac{p}{\rho g} + \frac{u^2}{2g} = C \tag{3-33}$$

式 (3-33) 是对于质量力只有重力作用下的稳定流动、理想不可压缩流体沿流线运动方程的积分形式,称为伯努利方程。此式说明在上述限定条件下,沿同一条流线任意点的 $\left(z + \frac{p}{\rho g} + \frac{u^2}{2g}\right)$ 值为常量。

三、伯努利方程的几何意义和物理意义

1. 几何意义

伯努利方程 (3-33) 中,前两项的几何意义在静力学中已有讲述,第一项 z 称为位置水头,第二项 $\frac{p}{\rho g}$ 称为压强水头。第三项也具有长度的量纲,该项大小与流动速度有关,因此第三项 $\frac{u^2}{2g}$ 称为速度水头。三项之和称为总水头。伯努利方程的几何意义可表述为:理想不可压缩流体在重力作用下作稳定流动时,沿同一流线上各点的总水头保持不变,即总水头线是平行于基准面的水平线。

2. 物理意义

伯努利方程 (3-33) 中,前两项的物理意义在静力学中也已讲述,第一项 z 表示单位重量流体所具有的位能(势能),第二项 $\frac{p}{\rho g}$ 表示单位重量流体所具有的压能。第三项 $\frac{u^2}{2g}$ 的理解如下:由物理学可知,质量为 m 的物体以速度 u 运动时,所具有的动能为 $mg \cdot \frac{u^2}{2g}$,故 $\frac{u^2}{2g}$ 代表 $mg = 1$ 时的动能,即单位重量流体所具有的动能。位能、压能和动能之和称为机械能。因此,该方程式的物理意义可表述为:理想不可压缩流体在重力作用下稳定流动时,沿同一流线上各点的单位重量流体所具有的机械能保持不变,即机械能为一常数。位能、压能和动能三种能量之间可以相互转换,所以伯努利方程是能量守恒定律在流体力学中的表现形式。

第六节　黏性流体总流的伯努利方程

一、总流伯努利方程的概述

工程实际中的管路或渠道中的流动,都是有限断面的总流。如果把前面所得到的理想流体伯努利方程应用于实际流体流动中,还需对方程进行必要的修正。

式(3-33)只适用于理想流体而不适用于实际流体,它只适用于微元流束而不适用于总流。实际流体流动过程中,由于流体内部的摩擦和流体与固体壁面之间的摩擦而产生阻力,流体因克服摩阻会损失部分机械能,这部分机械能将变成热而散失。所以,单位重量流体从某一位置流动到另一位置时,不但各项机械能有变化,而且沿流动方向总机械能会逐渐减小。因此,实际流体微元流束上的伯努利方程应为

$$z_1 + \frac{p_1}{\rho g} + \frac{u_1^2}{2g} = z_2 + \frac{p_2}{\rho g} + \frac{u_2^2}{2g} + h_f \tag{3-34}$$

式中,h_f 为流体在流动过程中克服阻力所损失的水头。

式(3-34)为实际流体微元流束上的伯努利方程,方程左端各项之和与方程右端各项之和分别代表微元流束上位置 1 和 2 处有效断面上单位重量流体所具有的机械能。这就要求微元流束非常细,以保证在微元流束某处的同一断面上各点的相同运动参量(如速度、压强、密度等)具有相同的值。在实际流体总流中,任一断面上各点的运动参量一般是不相等的,因此不能用式(3-34)来反映总流的运动参量的变化关系。总流是由无数微元流束组成的,可以通过把微元流束的伯努利方程对总流断面进行积分而得到总流的伯努利方程。

总流的任一微元流束上某点处的流体质点所具有的单位重量能量为

$$e = z + \frac{p}{\rho g} + \frac{u^2}{2g} \tag{3-35}$$

单位时间内流过微元流束有效断面的流量 $dQ = u dA$,则在单位时间内流过微元流束有效断面总能量为

$$dE = \left(z + \frac{p}{\rho g} + \frac{u^2}{2g}\right)\rho g u dA \tag{3-35}$$

对上式在总流有效断面上进行积分,得到单位时间内通过总流有效断面总能量为

$$E = \int_A dE = \int_A \left(z + \frac{p}{\rho g} + \frac{u^2}{2g}\right)\rho g u dA \tag{3-36}$$

一般情况下上式中的 z、p、u 在总流的有效断面上是变化的,所以计算出式中各项积分很困难。为了能计算出上式中的各项积分,使其能达到实用的程度,可将式(3-36)中的积分项分成两部分,即

$$\int_A \left(z + \frac{p}{\rho g} + \frac{u^2}{2g}\right)\rho g u dA = \int_A \left(z + \frac{p}{\rho g}\right)\rho g u dA + \int_A \frac{\rho u^3}{2} dA \tag{3-37}$$

$\int_A (z + p/\rho g)\rho g u dA$ 表示单位时间内通过总流有效断面流体的势能和压能之和。在一般

情况下，$(z + p/\rho g)$ 在有效断面上分布很复杂，所以这一积分仍不易算出。当流体作缓变流动时，有效断面上流体压强近似地按静压强规律分布，可认为在流动的某一有效断面上各点的 $(z + p/\rho g)$ 都相等，即 $z + p/\rho g = C$。于是，在所取的有效断面为缓变流的条件下，得

$$\int_A \left(z + \frac{p}{\rho g}\right)\rho g u \, \mathrm{d}A = \left(z + \frac{p}{\rho g}\right)\rho g Q \tag{3-38}$$

式中，Q 为流体通过总流有效断面的流量。

下面分析式(3-37)中右端第二项 $\int_A \frac{\rho u^3}{2} \mathrm{d}A$，它表示单位时间内通过有效断面 A 的流体的动能。用有效断面上的平均流速 $\bar{u}$ 计算单位时间内通过有效断面的流体动能得

$$\int_A \frac{\rho u^3}{2} \mathrm{d}A = \frac{\alpha \bar{u}^2}{2} \rho Q \tag{3-39}$$

式中，$\alpha = \dfrac{\displaystyle\int_A u^3 \mathrm{d}A}{\bar{u}^3 A}$，称为动能修正系数，它代表单位时间内通过总流有效断面的动能与按平均流速计算出的动能的比值。可以看出，α 与有效断面流速分布有关，有效断面上速度分布越不均匀，α 值越大。在一般工程管道中，很多情况下流速都比较均匀，α 在 $1.05 \sim 1.10$ 之间，在工程计算中，可近似取 $\alpha = 1$。

把式(3-38)和式(3-39)代入式(3-37)可得单位时间通过总流有效断面的总能量为

$$E = \left(z + \frac{p}{\rho g} + \frac{\alpha \bar{u}^2}{2g}\right)\rho g Q$$

上式两边同除以 $\rho g Q$ 得总流缓变流断面上单位重量流体的能量为

$$e = z + \frac{p}{\rho g} + \frac{\alpha \bar{u}^2}{2g}$$

对总流的任意两个缓变流断面 1—1 和 2—2，假设以 h_{w1-2} 代表单位重量流体由 1—1 断面流到 2—2 断面的能量损失，则总流 1—1、2—2 两个缓变流断面的伯努利方程为

$$z_1 + \frac{p_1}{\rho g} + \frac{\alpha_1 \bar{u}_1^2}{2g} = z_2 + \frac{p_2}{\rho g} + \frac{\alpha_2 \bar{u}_2^2}{2g} + h_{w1-2} \tag{3-40}$$

二、总流伯努利方程的扩充

1. 两断面之间有能量输入或输出的情况

以上所推导的总流伯努力方程，没有考虑由 1—1 断面到 2—2 断面之间中途有能量输入或输出的情况。有些情况下，两个断面之间有能量的输入和输出。例如，抽水管路系统中设置的抽水机，是通过水泵叶片转动向水流输入能量；水电站有压管路系统上所安置的水轮机，是通过水轮机叶片由水流输出能量。

沿总流两断面之间装有水泵、风机或液轮机等装置时，流体会获得这些装置提供的能量或为装置提供能量。当流体流经水泵或风机时会获得能量，当流体流经液轮机时会失去能量。设流体获得或失去的能量为 H，则伯努利方程表示为

$$z_1 + \frac{p_1}{\rho g} + \frac{\alpha_1 \bar{u}_1^2}{2g} \pm H = z_2 + \frac{p_2}{\rho g} + \frac{\alpha_2 \bar{u}_2^2}{2g} + h_{w1-2} \tag{3-41}$$

式中，H 前面为正号表示流体获得能量，H 前面为负号表示流体失去能量。如果断面之间装置为水泵，H 表示水泵的扬程。

2. 两断面有流量汇入或分出的情况

在工程实际中,经常会遇到汇流和分流管道,如图 3 – 11 和图 3 – 12 所示。图 3 – 11 为两分支汇合的流体,每一支流量分别为 Q_1 和 Q_2,根据能量守恒的物理概念,单位时间内从 1—1 与 2—2 断面流入的总能量应等于 3—3 断面流出的总能量加上能量的损失,即

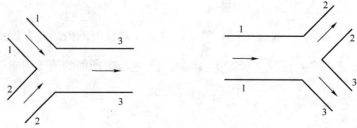

图 3 – 11　汇流流动图　　　　　图 3 – 12　分流流动图

$$\left(z_1 + \frac{p_1}{\rho g} + \frac{\alpha_1 \bar{u}_1^2}{2g}\right)\rho g Q_1 + \left(z_2 + \frac{p_2}{\rho g} + \frac{\alpha_2 \bar{u}_2^2}{2g}\right)\rho g Q_2$$

$$= \left(z_3 + \frac{p_3}{\rho g} + \frac{\alpha_3 \bar{u}_3^2}{2g}\right)\rho g Q_3 + \rho g Q_1 h_{w1-3} + \rho g Q_2 h_{w2-3} \qquad (a)$$

将连续方程

$$Q_1 + Q_2 = Q_3$$

代入(a)式得

$$\rho g Q_1 \left[\left(z_1 + \frac{p_1}{\rho g} + \frac{\alpha_1 \bar{u}_1^2}{2g}\right) - \left(z_3 + \frac{p_3}{\rho g} + \frac{\alpha_3 \bar{u}_3^2}{2g}\right) - h_{w1-3} \right] +$$

$$\rho g Q_2 \left[\left(z_2 + \frac{p_2}{\rho g} + \frac{\alpha_2 \bar{u}_2^2}{2g}\right) - \left(z_3 + \frac{p_3}{\rho g} + \frac{\alpha_3 \bar{u}_3^2}{2g}\right) - h_{w2-3} \right] = 0$$

根据上式可以得到流体汇流伯努利方程

$$\left.\begin{array}{l} z_1 + \dfrac{p_1}{\rho g} + \dfrac{\alpha_1 \bar{u}_1^2}{2g} = z_3 + \dfrac{p_3}{\rho g} + \dfrac{\alpha_3 \bar{u}_3^2}{2g} + h_{w1-3} \\[3mm] z_2 + \dfrac{p_2}{\rho g} + \dfrac{\alpha_2 \bar{u}_2^2}{2g} = z_3 + \dfrac{p_3}{\rho g} + \dfrac{\alpha_3 \bar{u}_3^2}{2g} + h_{w2-3} \end{array}\right\} \qquad (3-42)$$

同理可以得到分流伯努利方程

$$\left.\begin{array}{l} z_1 + \dfrac{p_1}{\rho g} + \dfrac{\alpha_1 \bar{u}_1^2}{2g} = z_2 + \dfrac{p_2}{\rho g} + \dfrac{\alpha_2 \bar{u}_2^2}{2g} + h_{w1-2} \\[3mm] z_1 + \dfrac{p_1}{\rho g} + \dfrac{\alpha_1 \bar{u}_1^2}{2g} = z_3 + \dfrac{p_3}{\rho g} + \dfrac{\alpha_3 \bar{u}_3^2}{2g} + h_{w1-3} \end{array}\right\} \qquad (3-43)$$

三、　实际流体总流伯努利方程的应用

实际流体总流的伯努利方程是流体力学的基本方程之一,它在工程实际中应用很广。使用时,要注意它的使用条件:

(1)适用于稳定流动,不可压缩流体;

(2)作用在流体上的质量力只有重力;

(3)列伯努利方程的有效断面上的流动必须是缓变流,而在两个断面间的流动并不要求

必须是缓变流;

（4）在流动过程中不能有相变。

下面通过一些实例来说明伯努利方程的重要作用。

1. 一般水力计算

【例 3 - 4】 图 3 - 13 为一水泵抽水系统,管道断面直径为 0.05m,压力表的读数为 0.2MPa,泵前管路总水头损失为 1.0m,泵后管路总水头损失为 13.8m,泵的效率为 75%。试求管内平均流速、泵的排量、泵的扬程和泵的功率。

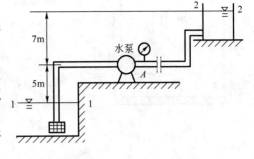

图 3 - 13　例 3 - 4 图

解 压力表处为 A,取 A、2—2 两断面列伯努利方程

$$z_A + \frac{p_A}{\rho g} + \frac{\overline{u}_A^2}{2g} = z_2 + \frac{p_2}{\rho g} + \frac{\overline{u}_2^2}{2g} + h_{wA-2}$$

因 2—2 断面通大气,则 $p_2 = 0$,因水箱断面面积比管道断面面积大得多,可近似取 $\overline{u}_2 = 0$,取水的密度为 1000kg/m³。将已知数据代入伯努利方程得

$$5 + \frac{0.2 \times 10^6}{1000 \times 9.8} + \frac{\overline{u}_A^2}{2 \times 9.8} = 12 + 0 + 0 + 13.8$$

解得

$$\overline{u}_A = 2.77(\text{m/s})$$

泵的排量,即管内流量为

$$Q = \overline{u}_A A = 2.77 \times \pi \times \frac{(0.05)^2}{4} = 0.00544(\text{m}^3/\text{s})$$

为了计算泵的扬程,取 1—1 和 2—2 两断面列伯努利方程:

$$z_1 + \frac{p_1}{\rho g} + \frac{\overline{u}_1^2}{2g} + H = z_2 + \frac{p_2}{\rho g} + \frac{\overline{u}_2^2}{2g} + h_{w1-2}$$

取 $p_1 = 0$、$\overline{u}_1 = 0$,将已知数据代入上式得

$$0 + H = 12 + 0 + 0 + 14.8$$

解得

$$H = 26.8(\text{m})$$

因泵的效率为 75%,可得到水泵的功率为

$$P = \frac{\rho g Q H}{0.75} = \frac{1000 \times 9.8 \times 0.00544 \times 26.8}{0.75} = 1905(\text{W}) = 1.905(\text{kW})$$

2. 孔口和管嘴泄流

完全靠自然位差获得能量来输送或排泄液体的管道称为自流管路。在生产和生活中常见的储水塔、储油罐等很多装置都是靠自然位差达到自发排泄流体的目的,这样既能节省动力又便于操作。下面分析孔口这种自流泄流装置的泄流原理。

在一个圆柱形容器壁或底面打孔向外引流液体统称为孔口泄流。如图 3 - 14 所示,容器断面积为 A,容器下部有一相距液面 H、内径为 d_0 的小孔,液面保持恒定,液体在重力作用下由小孔泄出。容器中的液体由液面流向器壁小孔,流动方向将从沿容器轴向折向沿小孔方向,由

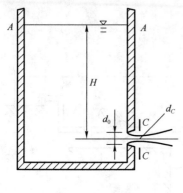

图 3 - 14 孔口泄流

于惯性的作用,这种转折不能在到达孔口时立即完成,所以流体在泄出时先向内部有一定程度的收缩。在距出口约 $d_0/2$ 处收缩为最小。假设最小断面 $C—C$ 的直径为 d_C,则其断面的比值为

$$\frac{A_C}{A_0} = \left(\frac{d_C}{d_0}\right)^2 = \varepsilon \qquad (3-44)$$

式中,ε 称为收缩系数,一般情况下 $\varepsilon \approx 0.62 \sim 0.64$。

在收缩断面处符合缓变流动条件。暂不考虑孔口的阻力,在容器液面 $A—A$ 和孔口收缩断面 $C—C$ 之间列伯努利方程:

$$H + \frac{p_a}{\rho g} + \frac{\overline{u}_A^2}{2g} = \frac{p_a}{\rho g} + \frac{\overline{u}_C^2}{2g}$$

根据连续方程有 $A\overline{u}_A = A_C\overline{u}_C$,一般情况下 $A_A \gg A_C$,因此 $\overline{u}_A \ll \overline{u}_C$,则与 $\overline{u}_C^2/2g$ 相比,$\overline{u}_A^2/2g$ 项可以忽略,所以可得

$$u_C = \sqrt{2gH} \qquad (3-45)$$

在推导上式时,没有考虑孔口处的阻力损失,实际上孔口泄流是有阻力损失的,因此孔口实际流速比按式(3-45)计算得出的值要小。需要引进流速系数 φ 进行修正,则得到下式:

$$u_C = \varphi \sqrt{2gH} \qquad (3-46)$$

φ 值通常为 $0.96 \sim 0.99$。孔口泄流的实际流量计算公式为

$$Q = u_C A_C = \varphi \sqrt{2gH} \cdot \varepsilon A = \mu A \sqrt{2gH} \qquad (3-47)$$

式中,$\mu = \varepsilon \cdot \varphi$,称为流量系数,一般情况下 $\mu \approx 0.62 \sim 0.64$。

管嘴泄流的计算与孔口泄流计算类似。

3. 节流式流量计

工业上常用节流式流量计测量流量,这类流量计的测量原理是当管路中液体流经节流装置时,液流断面收缩,在收缩断面处流速增大,压强降低,使节流装置前后产生压差。对一定的节流装置,随着流量的不同,压差也不同,因而通过测量压差的大小就可以计量流量。常用的节流式流量计有圆锥式(如文丘里管)、孔板、喷嘴三类。

下面以文丘里管为例来介绍节流式流量计的测量原理。如图 3 - 15 所示,文丘里管由渐缩段、喉部和渐扩段组成。1—1 断面为收缩前的通流断面;2—2 断面为收缩后最小通流断面,也称为喉部断面。流体从 1—1 断面流向 2—2 断面,1—1 断面和 2—2 断面处的流动都属缓变流动。不考虑流体流动阻力损失,列 1—1 到 2—2 断面间的伯努利方程

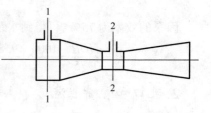

图 3 - 15 文丘里管流量计

$$z_1 + \frac{p_1}{\rho g} + \frac{\alpha_1 \overline{u}_1^2}{2g} = z_2 + \frac{p_2}{\rho g} + \frac{\alpha_2 \overline{u}_2^2}{2g}$$

文丘里管装在水平管线上,所以 $z_1 = z_2$,取 $\alpha_1 = \alpha_2 = 1$,由连续方程可得 $\overline{u}_1 = \overline{u}_2 A_2/A_1$,则上式可写成

$$\frac{p_1 - p_2}{\rho g} = \frac{\overline{u}_2^2}{2g}\left[1 - \left(\frac{A_2}{A_1}\right)^2\right]$$

则文丘里管喉部流体流速为

$$\overline{u}_2 = \frac{1}{\sqrt{1 - \left(\dfrac{A_2}{A_1}\right)^2}}\sqrt{\frac{2(p_1 - p_2)}{\rho}} \qquad (3-48)$$

通过该处的流量为

$$Q = A_2\overline{u}_2 = \frac{A_2}{\sqrt{1 - \left(\dfrac{A_2}{A_1}\right)^2}}\sqrt{\frac{2(p_1 - p_2)}{\rho}} \qquad (3-49)$$

令

$$\mu = \frac{1}{\sqrt{1 - \left(\dfrac{A_2}{A_1}\right)^2}}$$

则有

$$Q = \mu A_2\sqrt{\frac{2(p_1 - p_2)}{\rho}} \qquad (3-50)$$

文丘里管的 1—1、2—2 处的断面面积是一定的,如果用测压计测出 1—1、2—2 断面处的压差 $p_1 - p_2$,就可以求得管道中流体的流速、流量。

实际上,流体通过流量计是有能量损失的,这种损失随节流装置形式、尺寸的不同而不同;严格说来,两个断面处的动能修正系数也不等于 1。因此,实际流量比理论流量要小,计算流量时,还应对式(3-50)进行修正,一般用系数 α 代替式中的 μ,于是实际流量为

$$Q = \alpha A_2\sqrt{\frac{2(p_1 - p_2)}{\rho}} \qquad (3-51)$$

式中,α 称为文丘里流量系数,其大小由实验确定。

4. 驻压强

如图 3-16 所示,在一均匀的流速为 u_∞ 的平行流场中放置一个障碍物,紧靠障碍物前缘的流体将受到阻碍向各个方向分散并绕过流体,在受阻区域的中心点 A,流体滞止,该处的速度等于零,此点称为驻点。假定流动是平面流动,现在在驻点上游选一点 B(此点与 A 点在同一流线上)。列 B 点到 A 点的伯努利方程得

$$\frac{p_0}{\rho g} + \frac{u_\infty^2}{2g} = \frac{p_A}{\rho g}$$

整理得

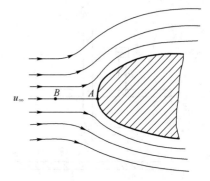

图 3-16 平行流场中障碍物

$$p_A = p_0 + \frac{\rho u_\infty^2}{2} \qquad (3-52)$$

可以看出,驻点的压强比未受扰动点的压强增高 $\rho u_\infty^2/2$,这增高的压强称为驻压强(或滞止压强),它就是未被扰动时流体的比动能。测得流场某处的驻压强,就可以计算流体在该处

的流速。皮托管测速就是根据这个原理。

5. 皮托管

皮托管一般有两种,一种称为单孔测速管,如图 3 – 17 所示,在管道内沿流线装设一个迎着流动方向开口的细管,细管开口位置在轴线上的 A 处,在管壁上另开一个小孔,孔口对着点 A,在小孔上接一个测压管,把管 1、2 接上压差计测出两管的压差,就可以算出测点 A 处的流速。

迎着流体的皮托管端部对流动的流体有滞止作用,此处流体流速为零。管 1 测出的是静压强 p_0,管 2 测出的是 A 点的总压强 p_A,根据伯努利方程有

$$\frac{p_A - p_0}{\rho g} = \frac{u_A^2}{2g}$$

因而得到 A 点的流速为

$$u_A = \sqrt{\frac{2(p_A - p_0)}{\rho}} \tag{3 – 53}$$

实际上由于测速管在液体中会引起微小阻力,使得测出的压强差不能真正反映实际结果,实际应用时常要对上式进行修正:

$$u_A = c\sqrt{\frac{2(p_A - p_0)}{\rho}} \tag{3 – 54}$$

式中,c 称为流速修正系数,其大小一般由实验确定,约为 $0.95 \sim 1$。

另一种皮托管是把测静压强管和测总压强管合在一起制造成的测速管,也称皮托—普朗特管。如图 3 – 18 所示,端面管口 A 测得总压强 p_A,通过侧面与流速平行的孔口 B 测得静压强 p_0,通过 1—2 接头,接到一差压计上,可以直接测出总压强与静压强的差值,此差值即为动压 $\rho u^2 / 2$,因此可以求出流速为

$$u = \sqrt{\frac{2(p_A - p_0)}{\rho}} \tag{3 – 55}$$

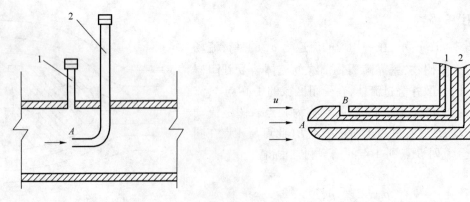

图 3 – 17 单孔测速管   图 3 – 18 皮托—普朗特管

6. 流动流体的吸力

当水流速度增加时流体的压强会降低,这样可以对外界产生吸力。图 3 – 19 所示为根据这一原理制造的喷射泵,它是利用喷射高速水流造成低压,将液箱内的液体吸入泵内,与水混

合排出。下面分析喷射泵的工作原理。先想象拿掉图中接到液箱去的管子，暂不考虑能量损失，取水流进入喷嘴前的 A 断面和水流出喷嘴时的 C 断面列水流的伯努利方程：

$$\frac{p_A}{\rho g} + \frac{u_A^2}{2g} = \frac{p_C}{\rho g} + \frac{u_C^2}{2g} \qquad (a)$$

由连续方程可得

$$u_C = u_A\left(\frac{A_A}{A_C}\right) \qquad (b)$$

将式(b)代入式(a)得

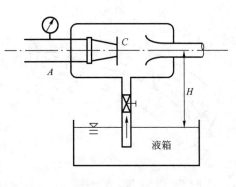

图 3-19　喷射泵

$$\frac{p_A - p_C}{\rho g} = \frac{u_A^2}{2g}\left[\left(\frac{A_A}{A_C}\right)^2 - 1\right] \qquad (3-56)$$

因 $A_A > A_C$，上式左端应为正值，即 $p_C < p_A$，而 A_C 越小则 p_C 值越低。当 p_C 值比当地大气压 p_a 小时，若在 C 处把管壁钻一小洞，管内液体并不会因此流出来，而外面的空气反而会被大气压进管子里去。在 C 处接上一根管子，其下端浸在液箱中，由于箱内液面受大气压强 p_a 的作用，箱内液体将上升，只要 $H < (p_a - p_C)/\rho g$，箱内的液体就会被 C 处存在的真空度吸到水平管中夹带冲走。

第七节　稳定流动的动量方程和动量矩方程

前面介绍了流体运动微分方程和伯努利方程，这些方程描述了流场中压强和流速的分布情况。在很多情况下人们关心的是流体和外界的相互作用，而不必知道流体内部的压强和流速分布的详细情况，此时可将刚体力学中的动量定理和动量矩应用于流体运动中，得到流体流动的动量定理和动量矩定理，由流体的动量定理和动量矩定理可以得出流体和外界的相互作用关系。

一、动量方程的建立

稳定流动的动量方程是应用动量定理导出的。动量定理可以表述为：物体运动时动量的变化率等于作用在该物体上所有外力的矢量和。动量定理的数学表达式为

$$\frac{\mathrm{d}\boldsymbol{K}}{\mathrm{d}t} = \sum \boldsymbol{F} \qquad (3-57)$$

式中，$\boldsymbol{K}$ 为物体的动量，$\sum \boldsymbol{F}$ 为作用在该物体上外力的矢量和。

在刚体力学中，动量方程是针对固定质量的刚体或一个固定体系应用牛顿第二定律导出的。对于流体，则可针对流场中连续流动流体的某一固定区域来推导，这个区域叫作"控制体"。包围控制体的面称为控制面，控制面是一个封闭表面。下面，以总流的一段管段为例进行分析，如图 3-20 所示，取断面"1—1"和"2—2"及其间管子表面所组成的封闭曲面为控制面。假设流动为稳定流动，在 t 时刻占据 1—2 间的流体所具有的动量为

$$\boldsymbol{K}_{(1-2)} = \boldsymbol{K}_{(1-1')} + \boldsymbol{K}_{(1'-2)}$$

经过时间 $\mathrm{d}t$，开始占据在 1—2 间的流体运动到 1′—2′间，此时这段流体所具有的动量为

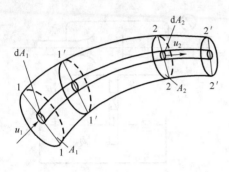

图 3-20　控制体

$$K_{(1'-2')} = K_{(1'-2)} + K_{(2-2')}$$

由于流动是稳定的,动量与时间 t 无关,所以上两式中的 $K_{(1'-2)}$ 相等,因此 dt 时间内动量的增量为

$$dK = K_{(1'-2')} - K_{(1-2)} = K_{(2-2')} - K_{(1-1')}$$

$$(3-58)$$

式中,$K_{(2-2')}$ 和 $K_{(1-1')}$ 分别为 dt 时间流出和流入控制体的动量。

设总流中微小流束在"1—1"断面处的断面积为 dA_1,"2—2"断面处为 dA_2,通过 dA_1 和 dA_2 的流体速度和密度分别为 u_1、u_2 和 ρ_1、ρ_2,则 dt 时间内流入控制体的动量为

$$K_{(1-1')} = \int_{A_1} \rho_1 u_1 \boldsymbol{u_1} dA_1 dt$$

式中,u_1 在断面上是变化的,因此,用上式计算动量不太方便。实际工程计算中,往往采用断面平均速度 $\bar{u}$ 计算动量,亦即

$$K_{(1-1')} = \int_{A_1} \rho_1 u_1 \boldsymbol{u_1} dA_1 dt = \beta_1 \rho_1 Q_1 \bar{\boldsymbol{u}}_1 dt$$

式中,β_1 为动量修正系数,用断面平均速度代替实际速度计算动量时会引起误差,应利用动量修正系数进行修正。对于圆管,层流时动量修正系数 $\beta = 1.33$,湍流时 $\beta = 1.005 \sim 1.05$;对于一般工业管道,动能修正系数取为 $1.02 \sim 1.05$,若计算中要求计算精度不高时,为计算方便,常取 $\beta = 1$。

同样可得到 dt 时间内从控制体流出的动量为

$$K_{(2-2')} = \int_{A_2} \rho_2 u_2 \boldsymbol{u_2} dA_2 dt = \beta_2 \rho_2 Q_2 \bar{\boldsymbol{u}}_2 dt$$

将上两式代入式(3-58)后,再由式(3-57)得

$$\sum \boldsymbol{F} = \frac{d\boldsymbol{K}}{dt} = \beta_2 \rho_2 Q_2 \bar{\boldsymbol{u}}_2 - \beta_1 \rho_1 Q_1 \bar{\boldsymbol{u}}_1 \qquad (3-59)$$

把连续性方程

$$\rho_1 Q_1 = \rho_2 Q_2 = Q_m$$

代入式(3-59),得

$$\sum \boldsymbol{F} = Q_m (\bar{\boldsymbol{u}}_2 - \bar{\boldsymbol{u}}_1) \qquad (3-60)$$

在实际应用中,上式往往采用在 x、y、z 三个坐标上的投影形式:

$$\left. \begin{array}{l} \sum F_x = Q_m (u_{2x} - u_{1x}) \\ \sum F_y = Q_m (u_{2y} - u_{1y}) \\ \sum F_z = Q_m (u_{2z} - u_{1z}) \end{array} \right\} \qquad (3-61)$$

式(3-61)为流体流动的动量方程,表明控制体内流体所受外力矢量和在某方向的分量等于单位时间在该方向流出与流入控制体的动量差。以上推导动量方程时,控制面是采用了总流的一段封闭曲面。由于控制体是任意选取的,因此控制面并无限制。但如果控制面选取得恰当,选在速度和压强分布较均匀的地方,则计算比较简单。例如上述总流中选取两个缓变流断面和管段侧表面组成的控制面,计算就较简便。

在推导动量方程时,没有对流体种类加以限制,因此,式(3-61)可以适用于理想流体,也

可适用于实际流体,对于可压缩流体也可适用。

二、动量方程的应用

动量方程是一个矢量方程,因此,动量方程的求解比伯努利方程要复杂,应用动量方程要注意以下几点:

(1)应用动量方程时应首先选择一个固定的空间体积作为分析对象,这个固定的空间体积称为控制体。控制体中要包括对所求作用力有影响的所有流体。控制体表面一般由流管表面、流体与固体接触面和有效断面组成,其有效断面应取在缓变流中。

(2)合理建立坐标系,使方程尽可能简化。例如,把流动方向作为坐标轴方向时,则流速在该坐标轴上的投影就是它本身。

(3)动量方程是一个矢量方程,其中的力和速度均具有方向性。当力和速度在坐标轴上的分量与坐标方向一致时,为正;相反时,为负。不知道力的方向时可先假设一个方向,计算结果为正时,说明假设方向与实际方向相同;如果计算结果为负,说明假设方向与实际方向相反。

(4)动量方程中的外力指的是外界作用于控制体内流体上的力,实际中常要求出流体作用于固体上的力,解题时要注意研究对象。

下面举几个例子,以说明动量方程在流体力学中的应用。

1.射流对平板的冲击作用力

图 3-21 所示为平均流速为 $\bar{u}_0$、流量为 Q_0 的一股水流的射流冲击到一平板上,射流与平板的倾斜角为 θ,试求水流对平板的冲击力和水流冲击平板后 1—1 及 2—2 断面上的流量 Q_1 和 Q_2。

设平板的面积较射流断面积大得多,射流在冲击平板后沿壁面流去。略去质量力的影响以及液体的摩擦和由于改变方向而发生的能量损失。取图 3-21 中虚线包围的部分为控制体,射流对平板的作用力为 R,平板对控制体内流体的作用力为 F,这两个力的方向都与平板垂直,是一对大小相等、方向相反的作用力。流体不能穿过平板,因此在垂直于平板方向没有动量流出,于是在垂直于平板方向应用动量定理得

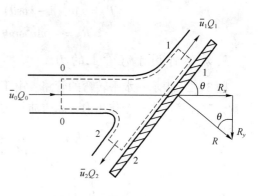

图 3-21　射流对平板的冲击

$$-R = 0 - \rho Q_0 \bar{u}_0 \sin\theta$$

整理得

$$R = \rho Q_0 \bar{u}_0 \sin\theta \qquad (3-62)$$

冲击作用力 R 在射流方向(x 轴向)上的分力为

$$R_x = \rho Q_0 \bar{u}_0 \sin^2\theta \qquad (3-63)$$

取 1—1 和 2—2 断面上流速分别为 $\bar{u}_1$ 和 $\bar{u}_2$,则根据伯努利方程可知 $\bar{u}_0 = \bar{u}_1 = \bar{u}_2$(因 0—0、1—1、2—2 面都通大气,所以有 $p_0 = p_1 = p_2 = p_a$)。

与平板平行的方向上平板对流体的作用力为零,因此控制体内流体在此方向上不受外界的作用力,在与平板平行的方向上应用动量定理得

$$\rho Q_1 \bar{u}_1 - \rho Q_2 \bar{u}_2 - \rho Q_0 \bar{u}_0 \cos\theta = 0$$

因为 $\bar{u}_0 = \bar{u}_1 = \bar{u}_2$，则可得到

$$Q_0 \cos\theta = Q_1 - Q_2$$

由连续方程可得

$$Q_0 = Q_1 + Q_2$$

由上两个方程可求得

$$\left.\begin{aligned} Q_1 &= \frac{Q_0}{2}(1 + \cos\theta) \\ Q_2 &= \frac{Q_0}{2}(1 - \cos\theta) \end{aligned}\right\} \qquad (3-64)$$

2. 射流对曲面板的冲击作用力

图 3-22 是一股断面积为 A 的水射流冲击到固定曲面板上，冲击前射流的方向与 x 轴一致，冲击后沿曲面板流出，其方向与 x 轴成 θ 角。略去质量力及摩擦力，应用动量方程式 (3-61) 可求出射流对曲面板的冲击力 $R(=-F)$ 在 x 方向和 y 方向的分力 R_x 和 R_y，即

$$R_x = \rho Q(\bar{u} - \bar{u}\cos\theta) = \rho A \bar{u}^2 (1 - \cos\theta) \qquad (3-65)$$

$$R_y = \rho Q(0 - \bar{u}\sin\theta) = -\rho A \bar{u}^2 \sin\theta \qquad (3-66)$$

由式 (3-65) 可知，当 $\theta = 180°$ 时，$\cos\theta = -1$，此时 R_x 可得最大值。

对于曲面板以 u_e 的速度作等速直线运动，如图 3-22 所示，采用固定在移动曲面板上的动坐标系 xOy，在此动坐标系中流动是稳定的。由于曲面板作等速直线运动，所以 xOy 是一个惯性坐标系，因此仍可应用动量定理求解。只要把相对速度 $\bar{u}_r = \bar{u} - u_e$ 代替式 (3-65) 和式 (3-66) 中 $\bar{u}$ 即可，于是得

$$R_x = \rho A \bar{u}_r^2 (1 - \cos\theta) = \rho A (\bar{u} - u_e)^2 (1 - \cos\theta) \qquad (3-67)$$

$$R_y = -\rho A \bar{u}_r^2 \sin\theta = -\rho A (\bar{u} - u_e)^2 \sin\theta \qquad (3-68)$$

3. 流体作用于弯管上的力

图 3-23 表示一水平转弯的管路。由于液流在弯管改变了流动方向，也就改变了动量，于是就会对管壁产生一个作用力。略去质量力和流体与管壁之间的摩擦力。则沿 x 轴方向的动量变化为

$$\rho Q(\bar{u}\cos\theta - \bar{u})$$

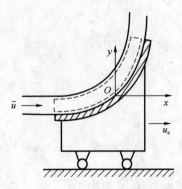

图 3-22　射流对移动曲面板的冲击

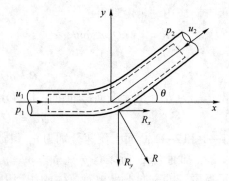

图 3-23　水平弯管受力

沿 x 轴方向的作用力总和为

$$p_1 A - p_2 A\cos\theta - R_x$$

由动量定理得

$$p_1 A - p_2 A\cos\theta - R_x = \rho Q(\bar{u}\cos\theta - \bar{u})$$

或

$$R_x = p_1 A + p_2 A\cos\theta - \rho Q(\bar{u}\cos\theta - \bar{u})$$

同理,对 y 轴方向有

$$R_y = \rho Q\bar{u}\sin\theta + p_2 A\sin\theta$$

流体对管壁的作用力

$$R = \sqrt{R_x^2 + R_y^2}$$

对于压强 p_1 和 p_2,可根据具体情况结合伯努利方程得出。

三、动量矩方程

把动量矩定理应用到运动流体总流上来,就可以得出流体流动的动量矩方程。流体流动的动量矩方程可表述为:对某一参考点而言,单位时间内从控制体流出的动量矩与流入的动量矩之差等于作用于控制体内流体的合力矩。对如图 3 – 24 所示的流动,动量方程可表示为

$$T = \sum F \times r = Q_m(\bar{u}_2 \times r_2 - \bar{u}_1 \times r_1) \qquad (3-69)$$

将动量矩方程应用于叶轮机械的叶轮上,可得出流体与叶轮相互作用的力矩及其功率的表达式。

图 3 – 25 所示为离心泵叶轮,流体从叶轮的内圈入口流入,经叶轮通道后于外圈出口流出。在入口处参数下标用"1"表示,出口处参数下标用"2"表示。取进出叶轮的圆柱面与叶轮上叶片之间的通道为控制体。取流体质点进入叶轮时的绝对速度为 u_1,它是入口处的牵连速度 u_{1e} 与相对速度 u_{1r} 的合速度;流体质点从外圈出口流出的绝对速度为 u_2,牵连速度为 u_{2e},相对速度为 u_{2r};α_1 和 α_2 分别表示进出口绝对速度与叶轮旋转运动方向之间的夹角。

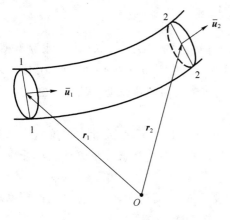

图 3 – 24 控制体

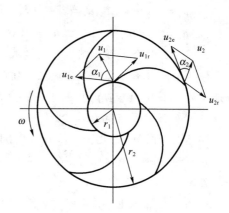

图 3 – 25 离心泵叶轮流道内流动

假设叶轮中叶片为无限多个,此时运动可认为是稳定的。因此可应用稳定流动的动量矩方程式求得叶轮对流体作用的力矩。假设是理想流体,进出口处(圆柱面)速度分布均匀,因此叶轮作用在流体上的合力矩为

$$M = \rho Q(u_2 r_2 \cos\alpha_2 - u_1 r_1 \cos\alpha_1) \qquad (3-70)$$

设叶轮的旋转角速度为 ω，则叶轮作用于流体上的功率 N 等于转矩 M 与 ω 的乘积

$$N = M\omega = \rho Q(\omega r_2 u_2 \cos\alpha_2 - \omega r_1 u_1 \cos\alpha_1) \qquad (3-71)$$

$$= \rho Q(u_{2e}u_2\cos\alpha_2 - u_{1e}u_1\cos\alpha_1)$$

单位重量流体获得的能量为

$$H = \frac{N}{\rho g Q} = \frac{1}{g}(u_{2e}u_2\cos\alpha_2 - u_{1e}u_1\cos\alpha_1) \qquad (3-72)$$

这就是叶轮机械的基本方程式。

对于叶轮在流体推动下转动的透平机械，其运动方向与水泵运动方向相反，流体从叶轮的外圈入口流入，经叶轮通道后于内圈出口流出。取流体质点进入叶轮时的绝对速度为 u_1，它是入口处的牵连速度 u_{1e} 与相对速度 u_{1r} 的合速度；流体质点从内圈出口流出的绝对速度为 u_2，它是牵连速度 u_{2e} 和相对速度 u_{2r} 的合速度。则流体上作用在叶轮上的合力矩为

$$M = \rho Q(u_1 r_1 \cos\alpha_1 - u_2 r_2 \cos\alpha_2) \qquad (3-73)$$

设叶轮的旋转角速度为 ω，则流体作用于叶轮上的功率 N 等于转矩 M 与 ω 的乘积

$$N = M\omega = \rho Q(\omega r_1 u_1 \cos\alpha_1 - \omega r_2 u_2 \cos\alpha_2) \qquad (3-74)$$

$$= \rho Q(u_{1e}u_1\cos\alpha_1 - u_{2e}u_2\cos\alpha_2)$$

单位重量流体作用在叶轮上的能量为

$$H = \frac{N}{\rho g Q} = \frac{1}{g}(u_{1e}u_1\cos\alpha_1 - u_{2e}u_2\cos\alpha_2) \qquad (3-75)$$

这就是透平机械的基本方程式。

习题三

3-1 拉格朗日法和欧拉法有什么不同？

3-2 以下方程中，哪个表示可能的三维不可压缩流动？

(1) $u_x = -x + y + z^2$，$u_y = x + y + z$，$u_z = 2xy + y^2 + 4$；

(2) $u_x = x^2 yzt$，$u_y = -xy^2 zt$，$u_z = z^2(xt^2 - yt)$。

3-3 有两个不可压缩流体连续流场：(1) $u_x = ax^2 + by$；(2) $u_x = e^{-x}\cos by + 1$。求 u_y。

3-4 假设不可压缩流体通过喷嘴时的流动如图所示。喷嘴面积为 $A = A_0(1 - 0.1x)$，入口速度为 $u_0 = 10(1 + 2t)$，其中 $A_0 = 1\text{m}^2$，$L = 4\text{m}$，该流动可假设为一维流动，求 $t = 0.05\text{s}$ 时，在 $x = L/2$ 处的流体质点的加速度。

3-5 如图所示，大管直径 $D_1 = 0.04\text{m}$，小管直径 $D_2 = 0.02\text{m}$，已知大管中过流断面上的速度分布为 $u = 4 - 10000r^2$（r 表示半径，单位为 m，u 单位为 m/s），试求管中流量及小管中的平均流速。

3-6 水箱下部开孔面积为 A_0，箱中恒定水位高度为 h，水箱面积甚大，其中流速可以忽略，如图所示，不计阻力，试求由孔口流出的水流断面 A 与其位置 x 的关系。

3-7 液体自水箱沿变截面圆管流入大气，已知 $d_1 = 0.06\text{m}$，$d_2 = 0.04\text{m}$，$d_3 = 0.03\text{m}$，忽略损失，求流量 $Q = 1.5 \times 10^{-3}\text{m}^3/\text{s}$ 时所必需的水头高 H 及 M 点的压强。

3-8 用实验方法测得从直径 $d = 10\text{mm}$ 的圆孔出流时，流出 0.01m^3 水所需时间为 30s，容器液面到孔口轴线的距离为 2.1m，收缩断面直径 $d_c = 8\text{mm}$，试求收缩系数、流速系数、流量系数。

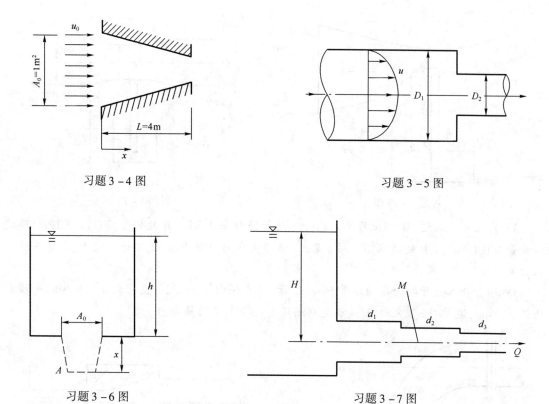

习题 3-4 图

习题 3-5 图

习题 3-6 图

习题 3-7 图

3-9　为了测量石油管道的流量,安装文丘里流量计,管道直径 $d_1 = 0.2$m,流量计喉管直径 $d_2 = 0.1$m,石油密度 $\rho = 850$kg/m^3,流量计流量系数 $\mu = 0.95$。现测得水银压差计读数 $h_p = 150$mm,试求此时管中流量 Q 是多少?

3-10　水箱中的水从一扩散短管流到大气中。直径 $d_1 = 100$mm,该处绝对压强 $p_1 = 0.5$at,直径 $d_2 = 150$mm。不计水头损失,求 h_0。

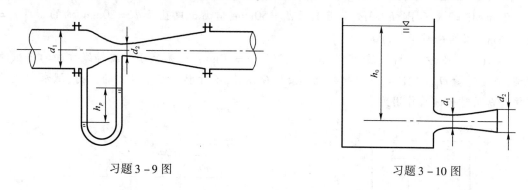

习题 3-9 图

习题 3-10 图

3-11　图示一变截面管道,在截面 A—A 处接一引水管,截面 B—B 通大气,两截面的截面积分别为 A_1 和 A_2,当管内流过密度为 ρ、流量为 Q 的不可压缩流体时,把密度为 ρ' 的流体吸入管道,试求管道内能吸入密度为 ρ' 流体的最大吸入高度 h。

3.12　如图所示为一抽吸设备水平放置,M 点压强为 0.01MPa,求开始能够抽吸时的流量。已知抽吸和被抽吸介质相同,均视为理想流体。设备尺寸为:$A_1 = 3.2$cm^2;$A_2 = 4A_1$;$h = 1$m;$a = 0.6$m。

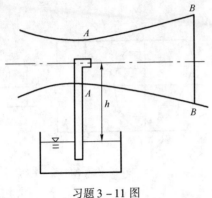

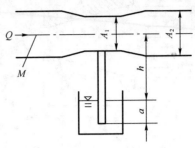

习题 3 – 11 图   习题 3 – 12 图

3 – 13　水流经过 $60°$ 渐细弯头。已知 A 处管径 $D_A = 0.35\text{m}$，B 处的管径 $D_B = 0.12\text{m}$，通过的流量为 $0.08\text{m}^3/\text{s}$，B 处的压强 $p_B = 1.8\text{at}$。设弯头在同一水平面上，不计摩擦力，求弯头所受推力为多少？

3 – 14　嵌入支座的一段输水管，如图所示，其直径由 $d_1 = 1.2\text{m}$ 变化到 $d_2 = 0.8\text{m}$，支座前压强 $p_1 = 4\text{at}$，流量 $Q = 1.8\text{m}^3/\text{s}$，试确定渐缩段支座所承受的轴向力。

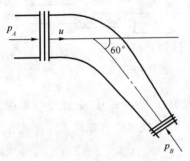
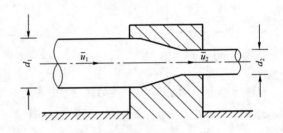

习题 3 – 13 图   习题 3 – 14 图

3 – 15　如图所示，油从高压油罐经一喷嘴流出，喷嘴用法兰盘与管路连接，并用螺栓固定。已知：$p_0 = 2 \times 10^5\text{Pa}$，$h = 3\text{m}$，管道直径 $d_1 = 50\text{mm}$，喷嘴出口直径 $d_2 = 20\text{mm}$，油的密度 $\rho = 850\ \text{kg/m}^3$，求螺栓所受拉力 F。

3 – 16　水平方向射流，流量 $Q = 36\text{L/s}$，流速 $u = 30\text{m/s}$，受垂直于射流轴线方向的平板的阻挡，截去流量 $Q_1 = 12\text{L/s}$，并引起射流其余部分偏转，不计射流在平板上的阻力，试求射流的偏转角 θ 及对平板的作用力。

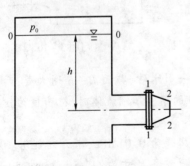
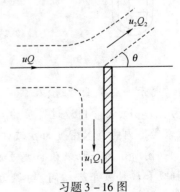

习题 3 – 15 图   习题 3 – 16 图

3-17 如图所示,水由水箱1经圆滑无阻力的孔口水平射出冲击到一平板上,平板封盖着另一水箱2的孔口,水箱1中水位高为h_1,水箱2中水位高为h_2,两孔口中心重合,而且$d_1 = 1/2d_2$,当h_1已知时,求h_2高度。

3-18 矩形断面的平底渠道,其宽度$B = 2.7$m,渠底在某断面处抬高0.5m,抬高前的水深为2m,抬高后的水面降低0.15m,如忽略边壁和底部阻力。试求:

(1)渠道的流量;

(2)水流对底坎的推力R。

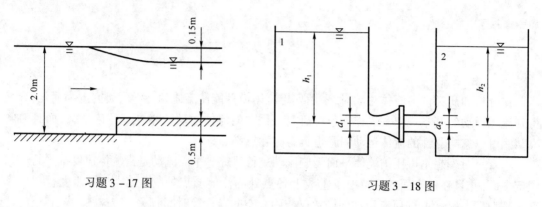

习题3-17图   习题3-18图

3-19 如图所示平板闸门下出流,平板闸门宽$b = 2$m,闸前水深$h_1 = 4$m,闸后水深$h_2 = 0.5$m,出流量$Q = 8$m³/s,不计摩擦阻力。试求水流对闸门的作用力,并与按静水压强分布计算的结果相比较。

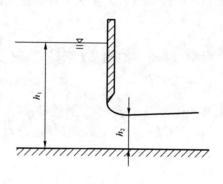

习题3-19图

3-20 已知离心风机叶轮的转速为25r/s,内径 = 0.480m,入口角度$\beta_1 = 60°$,入口宽度$b_1 = 0.105$m;外径 = 0.6m,出口角度$\beta_2 = 120°$,出口宽度$b_1 = 0.084$m;流量$Q = 9000$m³/h,空气密度$\rho = 1.15$kg/m³。试求叶轮入口和出口的牵连速度、相对速度和绝对速度,并计算叶轮所能产生的理论压强。

第四章　理想不可压缩流体平面无旋流动

在分析和研究许多流体流动时,采用理想流体模型能使流体动力学的研究大为简化,容易得到流体运动的基本规律。这样不仅对研究工程中的流体运动规律具有理论意义,而且对解决某些可以忽略黏性的流体运动问题也具有实际意义。

本章只对理想不可压缩流体平面无旋流动进行研究。平面流动是指流体速度都平行于某固定平面,并且在这平面的任意一条垂线上各点处的流体质点的物理参量(如速度、压力、密度等)都相同的流动,即所有运动的函数仅与两个空间坐标及时间有关。

严格说来,自然界中并不存在标准的平面流动,任何流动在其流场边界附近永远存在着不符合平面流动的偏差,这主要是黏性在起作用。但在很多情况下,为了简化所分析的问题,可先把问题作平面流动处理,然后再按照实际条件对边界部分进行适当修正。

第一节　势函数和流函数

如果平面流动是有势的,即流体微团本身没有旋转运动,则这种流动称为平面有势流动,又称平面势流或无旋流动。流体微团旋转角速度不等于零的流动,称为有旋流动。

一、势函数

在无旋流动中任意流体微团的旋转角速度都为零,即

$$\left.\begin{aligned} \omega_x &= \frac{1}{2}\left(\frac{\partial u_z}{\partial y} - \frac{\partial u_y}{\partial z}\right) = 0 \ \text{或} \ \frac{\partial u_z}{\partial y} = \frac{\partial u_y}{\partial z} \\ \omega_y &= \frac{1}{2}\left(\frac{\partial u_x}{\partial z} - \frac{\partial u_z}{\partial x}\right) = 0 \ \text{或} \ \frac{\partial u_x}{\partial z} = \frac{\partial u_z}{\partial x} \\ \omega_z &= \frac{1}{2}\left(\frac{\partial u_y}{\partial x} - \frac{\partial u_x}{\partial y}\right) = 0 \ \text{或} \ \frac{\partial u_y}{\partial x} = \frac{\partial u_x}{\partial y} \end{aligned}\right\} \tag{4-1}$$

由数学分析知道,式(4-1)是使 $u_x\mathrm{d}x + u_y\mathrm{d}y + u_z\mathrm{d}z$ 为某一函数 $\varphi(x,y,z)$ 的全微分的必要和充分条件,即

$$u_x\mathrm{d}x + u_y\mathrm{d}y + u_z\mathrm{d}z = \mathrm{d}\varphi$$

函数 $\varphi(x,y,z)$ 的全微分为

$$d\varphi = \frac{\partial \varphi}{\partial x}dx + \frac{\partial \varphi}{\partial y}dy + \frac{\partial \varphi}{\partial z}dz$$

比较前两式得

$$u_x = \frac{\partial \varphi}{\partial x}, u_y = \frac{\partial \varphi}{\partial y}, u_z = \frac{\partial \varphi}{\partial z} \qquad (4-2)$$

函数 φ 称为速度势函数或势函数,其在流体力学中起着重要作用。可以看出,存在势函数的流动一定是无旋流动。式(4-2)说明,速度在三个坐标轴方向的分量,等于势函数对于相对应坐标方向的偏导数。由此可知,当流动有势时,流体力学问题将会得到很大简化。不必求解三个未知函数 u_x、u_y、u_z,只要求一个未知函数 φ,由势函数 φ 就可以求出流场的速度分布。

对于二维平面势流,式(4-2)只有前二项,即

$$u_x = \frac{\partial \varphi}{\partial x}, u_y = \frac{\partial \varphi}{\partial y} \qquad (4-3)$$

将式(4-3)代入平面流动的连续方程得

$$\frac{\partial^2 \varphi}{\partial x^2} + \frac{\partial^2 \varphi}{\partial y^2} = 0 \qquad (4-4)$$

式(4-4)为拉普拉斯(Laplace)方程,可见势函数满足拉普拉斯方程。在数学分析上,凡是满足拉普拉斯方程的函数称为调和函数,即不可压缩流体中的势函数是调和函数。对于不可压缩流体无旋流动,求解速度场(矢量场)的问题,可以转化成求解满足拉普拉斯方程的势函数(标量场)的问题。拉普拉斯方程在数理方程中研究的比较透彻,其解具有可叠加性,若干个满足拉普拉斯方程的函数相加后所得的函数仍然满足拉普拉斯方程。利用这一性质,分析研究一些简单的势流,然后叠加可得到比较复杂的势流。

【例4-1】 有一速度大小为 $u_x = 5\text{m/s}$、$u_y = 0$ 的平面流动,求此流动的势函数。

解 首先判断流动是否有势

$$\omega_x = \frac{1}{2}\left(\frac{\partial u_z}{\partial y} - \frac{\partial u_y}{\partial z}\right) = 0$$

$$\omega_y = \frac{1}{2}\left(\frac{\partial u_x}{\partial z} - \frac{\partial u_z}{\partial x}\right) = 0$$

$$\omega_z = \frac{1}{2}\left(\frac{\partial u_y}{\partial x} - \frac{\partial u_x}{\partial y}\right) = 0$$

可以看出,流动无旋,故为有势流动。由式(4-3)可知

$$\frac{\partial \varphi}{\partial x} = 5, \frac{\partial \varphi}{\partial y} = 0 \qquad (a)$$

上式第一式积分可得

$$\varphi = 5x + f(y)$$

式中 $f(y)$ 为积分函数。

由式(a)第二式可得

$$f(y) = C$$

其中 C 为积分常数,则可得到

$$\varphi = 5x + C$$

因常数 C 对所代表的流场 φ 无影响,故可令 $C = 0$,而取

$$\varphi = 5x$$

二、流函数

在平面流动中还存在流函数,它比势函数具有更明确直观的物理和几何意义。

平面流动中,不可压缩流体的连续性方程式为

$$\frac{\partial u_x}{\partial x} + \frac{\partial u_y}{\partial y} = 0 \qquad (4-5)$$

或者

$$\frac{\partial u_x}{\partial x} = \frac{\partial(-u_y)}{\partial y} \qquad (4-6)$$

由数学分析知道,式(4-6)是使 $-u_y dx + u_x dy$ 为某一函数 $\psi(x,y)$ 的全微分的必要和充分条件,即

$$-u_y dx + u_x dy = d\psi$$

函数 $\psi(x,y)$ 的全微分为

$$d\psi = \frac{\partial \psi}{\partial x} dx + \frac{\partial \psi}{\partial y} dy \qquad (4-7)$$

比较前两式得

$$u_x = \frac{\partial \psi}{\partial y}, u_y = -\frac{\partial \psi}{\partial x} \qquad (4-8)$$

函数 ψ 称为流函数。由此可见,只要是流体作平面运动,若满足连续性条件,就必然存在流函数。因此,流函数也可在黏性流体平面有旋运动情形下存在。

流函数的存在,使得对流体平面运动问题的求解在数学上得到简化。因为由式(4-8)知,当已知流函数 ψ 时,速度分量 u_x 和 u_y 就可求出。

流函数具有以下性质:

(1)等流函数线为流线。平面流动的流线微分方程式为

$$\frac{dx}{u_x} = \frac{dy}{u_y} \qquad (4-9)$$

或者

$$-u_y dx + u_x dy = 0 \qquad (4-10)$$

将式(4-10)代入式(4-7)得

$$d\psi = \frac{\partial \psi}{\partial x} dx + \frac{\partial \psi}{\partial y} dy = -u_y dx + u_x dy = 0 \qquad (4-11)$$

由式(4-11)可明显看出,沿着流线流函数不变,即同一流线上的流函数 ψ 为常数。不同的常数值,代表不同的流线。这是流函数的一个特性,也是它具有的物理意义。

当得到流函数后,不但可以知道流场中各点的速度,还可以画出等流函数线(即流线),可更加直观地描述一个流场。

(2)平面流动中任意两条流线间的流函数差值等于两条流线间单宽流量。图 4-1 表示一平面流动中的几条流线,每条流线有各自的 ψ 值。在任意两条流线 ψ 和 $\psi + d\psi$ 之间有一固定流量 dq。由于是平面流动问题,在 z 轴方向可取单位长度,故 dq 称为单宽流量。取 ab 为两条流线间的有效断面,设 a 点坐标为 (x,y),则由图 4-1 看出,b 点坐标为 $(x-dx,y+dy)$。设

ab 断面的水平和铅垂投影为 cb 和 ac，其中 $ac = \mathrm{d}y$，
$cb = -\mathrm{d}x$，则

$$\mathrm{d}q = u_x ac + u_y cb = u_x \mathrm{d}y - u_y \mathrm{d}x$$

将式(4-8)代入上式，得

$$\mathrm{d}q = \frac{\partial \psi}{\partial x}\mathrm{d}x + \frac{\partial \psi}{\partial y}\mathrm{d}y = \mathrm{d}\psi$$

积分后

$$q = \int_{\psi_1}^{\psi_2} \mathrm{d}\psi = \psi_2 - \psi_1 \qquad (4-12)$$

即上述得证。

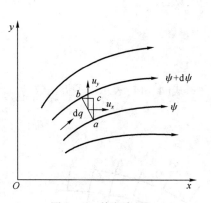

图 4-1 单宽流量

在平面势流中，质点的旋转角速度为零，即

$$\omega_z = \frac{1}{2}\left(\frac{\partial u_y}{\partial x} - \frac{\partial u_x}{\partial y}\right) = 0$$

或

$$\frac{\partial u_y}{\partial x} - \frac{\partial u_x}{\partial y} = 0$$

将式(4-8)代入上式，得

$$\frac{\partial^2 \psi}{\partial x^2} + \frac{\partial^2 \psi}{\partial y^2} = 0 \qquad (4-13)$$

由式(4-13)可知，在不可压缩流体平面势流中，流函数 ψ 亦满足拉氏方程，也是一个调和函数。

【例4-2】 设某一不可压缩流体平面流动的流函数为

$$\psi(x,y) = -\sqrt{2}x + \sqrt{2}y$$

试求该流动的速度分量，并求通过 $A(1,2)$ 点和 $B(2,1)$ 点间连接线的流量（坐标单位为 m）。

解 由式(4-8)可得

$$u_x = \frac{\partial \psi}{\partial y} = \frac{\partial}{\partial y}(-\sqrt{2}x + \sqrt{2}y) = \sqrt{2}\,(\mathrm{m/s})$$

$$u_y = -\frac{\partial \psi}{\partial x} = -\frac{\partial \psi}{\partial x}(-\sqrt{2}x + \sqrt{2}y) = \sqrt{2}\,(\mathrm{m/s})$$

即流场中各点处的流速大小相等、方向相同。

$$u = \sqrt{u_x^2 + u_y^2} = \sqrt{2+2} = 2\,(\mathrm{m/s})$$

$$\alpha = \arctan\left(\frac{u_y}{u_x}\right) = \arctan\frac{\sqrt{2}}{\sqrt{2}} = 45°$$

所以流线为与 x 轴呈45°夹角的平行线。

通过 AB 间的流量应等于 A 与 B 两点处流函数的差值，即

$$q_{AB} = \psi_B - \psi_A = (-\sqrt{2} \times 2 + \sqrt{2} \times 1) - (-\sqrt{2} \times 1 + \sqrt{2} \times 2) = -2\sqrt{2}\,(\mathrm{m^2/s})$$

即通过 AB 间的单宽流量为 $2\sqrt{2}\,\mathrm{m^2/s}$。

三、势函数和流函数的关系

根据式(4-3)和式(4-8)可得

$$u_x = \frac{\partial \varphi}{\partial x} = \frac{\partial \psi}{\partial y} \left.\begin{array}{l}\\ \\\end{array}\right\}$$

$$u_y = \frac{\partial \varphi}{\partial y} = -\frac{\partial \psi}{\partial x} \left.\begin{array}{l}\\ \\\end{array}\right\} \tag{4-14}$$

式(4-14)表示出了势函数与流函数之间的关系,即柯西—黎曼条件。上两式交叉相乘,得

$$\frac{\partial \varphi}{\partial x} \cdot \frac{\partial \psi}{\partial x} + \frac{\partial \varphi}{\partial y} \cdot \frac{\partial \psi}{\partial y} = 0 \tag{4-15}$$

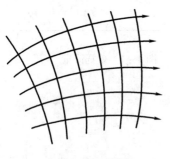

式(4-15)是等势线簇 $\varphi(x,y) = C$ 和等流函数线(流线)簇 $\psi(x,y) = C$ 互相正交的条件。也即在平面势流中,等势线簇和流线簇构成相互正交网格,这种网格称为流网,如图4-2所示。

【例4-3】 已知不可压缩流体平面流动的势函数为 $\varphi = x^2 - y^2 + x$,求流函数。

解 由式(4-14)可得

$$u_x = \frac{\partial \varphi}{\partial x} = 2x + 1 = \frac{\partial \psi}{\partial y}$$

图4-2 流网

对 $\partial \psi / \partial y = 2x + 1$ 求积分,则得

$$\psi = 2xy + y + C(x)$$

再由

$$\frac{\partial \psi}{\partial x} = 2y + C'(x) = -\frac{\partial \varphi}{\partial y} = 2y$$

可得

$$C'(x) = 0, 或 C(x) = C$$

得流函数

$$\psi = 2xy + y + C$$

一般情况下,可令 $C = 0$,则

$$\psi = 2xy + y$$

第二节 几种简单的平面势流

拉普拉斯方程在复杂边界条件下不易求解,但对一些简单的平面势流,其势函数和流函数不难解出。由于平面势流的势函数、流函数满足线性的拉普拉斯方程,所以其解可以叠加。这些简单的平面势流经过适当的叠加,往往能描述比较复杂的流动。

一、平行直线等速流动

当深度极大的流体由平面上流过时,除平面附近的一薄层流体外,流体作等速直线运动,流场中各点速度的大小相等、方向相同,这种流动称为平行直线等速流动,如图4-3所示。

设平行直线等速流动速度为 u,流动方向与 x 轴成 α 角。则 x、y 方向的速度分量为

$$u_x = u\cos\alpha = a$$
$$u_y = u\sin\alpha = b$$

式中，a、b 均为定值。

下面求出这一流动的势函数与流函数。

将前两式代入旋转角速度公式，得

$$\omega_z = \frac{1}{2}\left(\frac{\partial u_y}{\partial x} - \frac{\partial u_x}{\partial y}\right) = 0$$

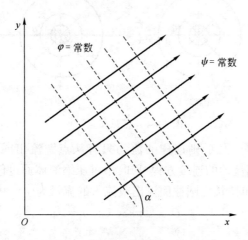

图 4 – 3　平行直线等速流动

故知平行直线等速流动是无旋流动，即有势流动。

由上节分析可得

$$d\varphi = u_x dx + u_y dy = a dx + b dy$$
$$d\psi = u_x dy - u_y dx = a dy - b dx$$

积分上式，得到

$$\varphi = ax + by + C_1$$

$$\psi = ay - bx + C_2$$

积分常数 C_1、C_2 对流动图谱没有影响，可令 $C_1 = C_2 = 0$，则有

$$\left.\begin{array}{l}\varphi = ax + by\\ \psi = ay - bx\end{array}\right\} \tag{4 – 16}$$

这就是平行直线等速流动的势函数 φ 与流函数 ψ。

平行直线等速流动的等势线为 φ 等于常数的线；流线为 ψ 等于常数的线。即等势线是一簇斜率为 $-a/b$ 平行线；流线是另一簇斜率为 b/a 平行线。其流网如图 4 – 3 所示。

若流动平行于 x 轴，则函数 φ 及 ψ 为

$$\left.\begin{array}{l}\varphi = ax\\ \psi = ay\end{array}\right\} \tag{4 – 17}$$

若流动平行于 y 轴，则函数 φ 及 ψ 为

$$\left.\begin{array}{l}\varphi = by\\ \psi = -bx\end{array}\right\} \tag{4 – 18}$$

二、 点源和点汇

流体从某一点向四周呈直线均匀径向流出的流动,称为点源,此点称为源点,如图4-4(a)所示。流体从四周向某点呈直线沿径向均匀流入的流动称为点汇,此点称为汇点,如图4-4(b)所示。

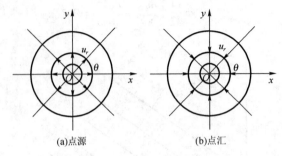

(a)点源   (b)点汇

图4-4 点源和点汇

设源点或汇点位于坐标原点,则这样的流动只有从点源流出或向点汇流入的径向速度u_r,而无切向速度u_θ。根据流动的连续方程可知,不可压缩流体通过任一圆柱面的流量都应相等。所以通过半径为r的单位长度圆柱面流出或流入的流量为

$$Q = 2\pi r \times 1 \times u_r$$

由此得径向速度

$$u_r = \pm \frac{Q}{2\pi r} \qquad (4-19)$$

可以看出径向速度与r成反比。式中Q是点源或点汇流出或流入的流量,称为点源强度或点汇强度。对于点源,速度u_r与半径r同向,Q前取正号;对于点汇,速度u_r与半径r异向,Q前取负号。故点源和点汇的区别仅在于Q或u_r的符号不同。

下面求点源的势函数φ与流函数ψ。

由于

$$u_r = \frac{\partial \psi}{\partial r} = \frac{1}{r} \frac{\partial \psi}{\partial \theta} = \frac{Q}{2\pi r}$$

$$u_\theta = \frac{1}{r} \frac{\partial \varphi}{\partial \theta} = -\frac{\partial \psi}{\partial r} = 0$$

因而有

$$\mathrm{d}\varphi = \frac{\partial \varphi}{\partial r}\mathrm{d}r + \frac{\partial \varphi}{\partial \theta}\mathrm{d}\theta = \frac{Q}{2\pi r}\mathrm{d}r$$

$$\mathrm{d}\psi = \frac{\partial \psi}{\partial r}\mathrm{d}r + \frac{\partial \psi}{\partial \theta}\mathrm{d}\theta = \frac{Q}{2\pi}\mathrm{d}\theta$$

将上二式积分,并令积分常数为零得到

$$\left. \begin{array}{l} \varphi = \dfrac{Q}{2\pi}\ln r \\[3mm] \psi = \dfrac{Q}{2\pi}\theta \end{array} \right\} \qquad (4-20)$$

这就是点源的势函数与流函数。

由式(4-20)可知,等势线方程是$\frac{Q}{2\pi}\ln r = C_1$或$r =$常数,它是以源点$O$为圆心的同心圆;流线方程为$\frac{Q}{2\pi}\theta = C_2$或$\theta =$常数,它是以源点$O$为起点的径向射线,与等势线同心圆正交,如图4-4(a)所示。

如图4-4(b)所示,点汇流动正好是点源流动的逆过程,其表达式与点源流动形式相同,只是符号相反,可直接写出其势函数和流函数表达式

$$\left.\begin{array}{l} \varphi = -\dfrac{Q}{2\pi}\ln r \\[3mm] \psi = -\dfrac{Q}{2\pi}\theta \end{array}\right\} \tag{4-21}$$

三、点涡

流体质点沿着同心圆的轨线运动,且其速度大小与半径r成反比的流动称为点涡流动,点涡流动简称点涡,如图4-5所示。点涡流动是流体在平面上的纯环流运动,又称为自由涡。

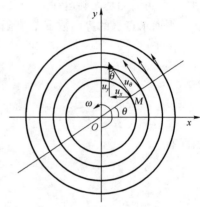

图4-5 点涡流动

点涡流动可看作假设有一半径为r_0,沿z方向无限长的圆柱体,围绕其中心轴做旋转运动,旋转角速度为ω,柱体周围的流体被带动做旋转运动。这是一种特殊形式的有势流动,流体微团本身并不旋转,只是沿着圆周运动。

如图4-5所示,将坐标原点置于点涡处,流场中任意点$M(r,\theta)$的速度u_θ、u_r可写成

$$u_\theta = \frac{C}{r} \tag{4-22}$$

$$u_r = 0 \tag{4-23}$$

式中,C为常数。

沿任意半径r的圆周上的速度环量为

$$\Gamma = \int_L u_\theta \mathrm{d}s = \int_0^{2\pi} u_\theta r \mathrm{d}\theta = 2\pi r u_\theta = 2\pi C$$

则有

$$C = \frac{\Gamma}{2\pi}$$

代入式(4-22)得

$$u_\theta = \frac{\Gamma}{2\pi r}$$

式中,Γ称为点涡强度。

在直角坐标系xOy下,其速度分量为

$$u_x = -u_\theta \sin\theta, \quad u_y = u_\theta \cos\theta$$

而

$$\sin\theta = \frac{y}{r}, \cos\theta = \frac{x}{r}$$

则有

$$\left.\begin{array}{l} u_x = -\dfrac{\Gamma}{2\pi r} \cdot \dfrac{y}{r} = -\dfrac{\Gamma y}{2\pi r^2} = -\dfrac{\Gamma y}{2\pi(x^2 + y^2)} \\[3mm] u_y = \dfrac{\Gamma}{2\pi r} \cdot \dfrac{x}{r} = \dfrac{\Gamma x}{2\pi(x^2 + y^2)} \end{array}\right\} \qquad (4-24)$$

点涡运动的旋转角速度为

$$\omega_M = \frac{1}{2}\left(\frac{\partial u_y}{\partial x} - \frac{\partial u_x}{\partial y}\right) = \frac{1}{2}\left[\frac{\partial}{\partial x}\left(\frac{\Gamma}{2\pi} \cdot \frac{x}{x^2 + y^2}\right) - \frac{\partial}{\partial y}\left(\frac{-\Gamma}{2\pi} \cdot \frac{y}{x^2 + y^2}\right)\right] = 0$$

因此,点涡运动是无旋运动。

下面求点涡的势函数 φ 与流函数 ψ。

由于

$$u_\theta = \frac{1}{r}\frac{\partial \varphi}{\partial \theta} = -\frac{\partial \psi}{\partial r} = \frac{\Gamma}{2\pi r}$$

$$u_r = \frac{\partial \varphi}{\partial r} = \frac{1}{r}\frac{\partial \psi}{\partial \theta} = 0$$

因而有

$$\mathrm{d}\varphi = \frac{\partial \varphi}{\partial r}\mathrm{d}r + \frac{\partial \varphi}{\partial \theta}\mathrm{d}\theta = \frac{\Gamma}{2\pi}\mathrm{d}\theta$$

$$\mathrm{d}\psi = \frac{\partial \psi}{\partial r}\mathrm{d}r + \frac{\partial \psi}{\partial \theta}\mathrm{d}\theta = -\frac{\Gamma}{2\pi r}\mathrm{d}r$$

将上二式积分,并令积分常数为零得到

$$\left.\begin{array}{l} \varphi = \dfrac{\Gamma}{2\pi}\theta \\[3mm] \psi = -\dfrac{\Gamma}{2\pi}\ln r \end{array}\right\} \qquad (4-25)$$

这就是点涡的势函数与流函数。

由式(4-25)可知,等势线方程是 $\frac{\Gamma}{2\pi}\theta = C_1$ 或 $\theta =$ 常数,即等势线是以从原点出发的半射线;等流函数方程为 $\frac{\Gamma}{2\pi}\ln r = C_2$ 或 $r =$ 常数,即等流函数线是以原点为中心的一族同心圆,与等势线正交。

这里需要指出,当 $\Gamma > 0$ 时,$u_\theta > 0$,此时流动为逆时针方向;当 $\Gamma < 0$ 时,$u_\theta < 0$,则流动为顺时针方向。

第三节　势流的叠加

前面讨论了几种简单的平面势流,并且求出了反映运动特征的势函数 φ 和流函数 ψ。在实际中常会遇到很复杂的无旋流动。要直接求出这些复杂的无旋流动的势函数往往会遇到很多困难。对于这些复杂的无旋流动，往往可以把它看成由几种简单势流叠加而成新的势流。

将几个简单势流的势函数 φ_1、φ_2、φ_3、…叠加，得

$$\varphi_1 + \varphi_2 + \varphi_3 + \cdots$$

由于势函数 φ_1、φ_2、φ_3、…都满足拉普拉斯方程，而拉普拉斯方程又是线性的，所以叠加后的势函数仍满足拉普拉斯方程，即

$$\nabla^2\varphi = \nabla^2\varphi_1 + \nabla^2\varphi_2 + \nabla^2\varphi_3 + \cdots = 0 \qquad (4-26)$$

同样，叠加后的流函数 ψ 也将满足拉普拉斯方程

$$\nabla^2\psi = \nabla^2\psi_1 + \nabla^2\psi_2 + \nabla^2\psi_3 + \cdots = 0 \qquad (4-27)$$

势函数 φ 所代表的新的复合流动，是叠加 φ_1、φ_2、φ_3、…所表示的几个流动的结果，也即在流场每一点上，把几个流动总和起来的结果。

复合流动的速度分量

$$\left.\begin{aligned} u_x &= \frac{\partial\varphi}{\partial x} = \frac{\partial\varphi_1}{\partial x} + \frac{\partial\varphi_2}{\partial x} + \frac{\partial\varphi_3}{\partial x} + \cdots = u_{x1} + u_{x2} + u_{x3} + \cdots \\ u_y &= \frac{\partial\varphi}{\partial y} = \frac{\partial\varphi_1}{\partial y} + \frac{\partial\varphi_2}{\partial y} + \frac{\partial\varphi_3}{\partial y} + \cdots = u_{y1} + u_{y2} + u_{y3} + \cdots \end{aligned}\right\} \qquad (4-28)$$

叠加两个或更多的流动组成一个新的复合流动，要想得到该复合流动的流函数和势函数，只要把各原始流动的流函数和势函数简单地代数相加起来就可以了。

下面举几个势流叠加的例子。

一、点源与点涡叠加的流动

流体自一点沿圆周切向流出，这样的流动可以近似地看成是点源与点涡叠加。

令 φ_1 和 φ_2、ψ_1 和 ψ_2 分别为点源及点涡的势函数和流函数。其复合流动的势函数和流函数分别为

$$\left.\begin{aligned} \varphi &= \varphi_1 + \varphi_2 = \frac{Q}{2\pi}\ln r + \frac{\Gamma}{2\pi}\theta = \frac{1}{2\pi}(Q\ln r + \Gamma\theta) \\ \psi &= \psi_1 + \psi_2 = \frac{Q}{2\pi}\theta - \frac{\Gamma}{2\pi}\ln r = \frac{1}{2\pi}(Q\theta - \Gamma\ln r) \end{aligned}\right\} \qquad (4-29)$$

等势线方程为

$$Q\ln r + \Gamma\theta = C_1 \qquad (4-30)$$

或

$$r = \mathrm{e}^{\frac{C_1 - \Gamma\theta}{Q}} \qquad (4-31)$$

流线方程为

$$Q\theta - \Gamma\ln r = C_2 \qquad (4-32)$$

或

$$r = \mathrm{e}^{\frac{Q\theta - C_2}{\Gamma}} \qquad (4-33)$$

式中，C_1、C_2 均为常数。

可以看出，等势线是一族对数螺旋线，流线是与等势线正交的对数螺旋线，如图 4 - 6 所示，此流动称为螺旋流。

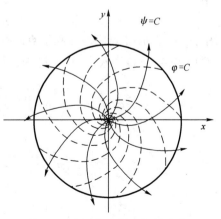

图 4 - 6   点源与点涡叠加的流动

二、 点汇与点涡叠加的流动

流体自外沿圆周切向进入，又从中央不断流出，这样的流动可以近似地看成是点汇与点涡叠加。点汇与点涡叠加后的势函数和流函数为

$$\left.\begin{aligned}\varphi &= \varphi_1 + \varphi_2 = -\frac{Q}{2\pi}\ln r + \frac{\Gamma}{2\pi}\theta \\ \psi &= \psi_1 + \psi_2 = -\frac{Q}{2\pi}\theta - \frac{\Gamma}{2\pi}\ln r\end{aligned}\right\} \tag{4-34}$$

其等势线方程

$$r = e^{\frac{\Gamma\theta - C_1}{Q}} \tag{4-35}$$

流线方程为

$$r = e^{-\frac{Q\theta + C_2}{\Gamma}} \tag{4-36}$$

这种流动的特点与点源与点涡叠加的流动很类似，等势线是一族对数螺旋线，流线是与等势线正交的对数螺旋线，只是前者由中心向外流，后者是由四周向中心流动。

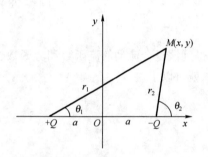

图 4-7　点源和点汇

三、 点源与点汇叠加的流动

如图 4-7 所示，在 x 轴上放置点源与点汇，相距为 $2a$，并与原点 O 对称，其强度为 Q 与 $-Q$。如果让它们彼此相互靠近（$2a \to 0$），且满足

$$\lim_{\substack{a \to 0 \\ Q \to \infty}} 2a \cdot Q = M$$

此时的流动称为偶极子流。式中 M 是个有限值，称为偶极矩。

根据势流叠加原理，可求得偶极流势函数

$$\varphi = \lim_{\substack{a \to 0 \\ Q \to \infty}} \frac{Q}{2\pi}(\ln r_1 - \ln r_2) = \lim_{\substack{a \to 0 \\ Q \to \infty}} \frac{Q}{2\pi}\ln\frac{r_1}{r_2} \tag{4-37}$$

其中

$$\left.\begin{aligned}r_1 &= \sqrt{(x+a)^2 + y^2} \\ r_2 &= \sqrt{(x-a)^2 + y^2}\end{aligned}\right\} \tag{4-38}$$

式中，r_1、r_2 表示 M 点距源点和汇点的距离。

将式（4-38）代入式（4-37）中，得

$$\begin{aligned}\varphi &= \lim_{\substack{a \to 0 \\ Q \to \infty}} \frac{Q}{2\pi}\ln\sqrt{\frac{(x+a)^2 + y^2}{(x-a)^2 + y^2}} = \lim_{\substack{a \to 0 \\ Q \to \infty}} \frac{Q}{4\pi}\ln\frac{(x+a)^2 + y^2}{(x-a)^2 + y^2} \\ &= \lim_{\substack{a \to 0 \\ Q \to \infty}} \frac{Q}{4\pi}\ln\frac{(x+a)^2 + y^2 + (x-a)^2 - (x-a)^2}{(x-a)^2 + y^2} \\ &= \lim_{\substack{a \to 0 \\ Q \to \infty}} \frac{Q}{4\pi}\ln\left[1 + \frac{4ax}{(x-a)^2 + y^2}\right]\end{aligned} \tag{4-39}$$

在 $a \to 0$ 情况下,将式(4-39)按级数

$$\ln(1 + z) = z - \frac{z^2}{2} + \frac{z^3}{3} - \cdots\cdots$$

展开,并略去二阶以上无穷小量得

$$\varphi = \lim_{\substack{a \to 0 \\ Q \to \infty}} \frac{Q}{4\pi} \frac{4ax}{(x - a)^2 + y^2} = \frac{M}{2\pi} \frac{x}{x^2 + y^2} = \frac{M}{2\pi r}\cos\theta \qquad (4-40)$$

图 4-7 所示流动的流函数为

$$\psi = \lim_{\substack{a \to 0 \\ Q \to \infty}} \frac{Q}{2\pi}(\theta_1 - \theta_2) \qquad (4-41)$$

由于

$$\tan\theta_1 = \frac{y}{x + a}, \tan\theta_2 = \frac{y}{x - a}$$

而

$$\tan(\theta_1 - \theta_2) = \frac{\tan\theta_1 - \tan\theta_2}{1 + \tan\theta_1\tan\theta_2} = \frac{y(x - a) - y(x + a)}{x^2 - a^2 + y^2} = \frac{-2ya}{x^2 + y^2 - a^2}$$

或

$$\theta_1 - \theta_2 = \arctan \frac{-2ya}{x^2 + y^2 - a^2}$$

将上式按级数

$$\arctan z = z - \frac{z^3}{3} + \frac{z^5}{5} - \cdots$$

展开,略去二阶以上无穷小量后代入式(4-41),得

$$\psi = \lim_{\substack{a \to 0 \\ Q \to \infty}} \left(-\frac{Q}{2\pi} \frac{2ya}{x^2 + y^2 - a^2} \right) = -\frac{M}{2\pi} \frac{y}{x^2 + y^2} = -\frac{M}{2\pi r}\sin\theta \qquad (4-42)$$

若令

$$\varphi = \frac{M}{2\pi} \frac{x}{x^2 + y^2} = 常数$$

则有

$$\frac{x}{x^2 + y^2} = \frac{1}{2C_1}$$

式中,C_1 为任意常数。

整理得

$$(x - C_1)^2 + y^2 = C_1^2 \qquad (4-43)$$

这是等势线方程。如图 4-8 所示,等势线是一簇圆心在 x 轴上,并与 y 轴相切于原点的圆。

若令

$$\psi = -\frac{M}{2\pi} \frac{y}{x^2 + y^2} = 常数$$

或

$$\frac{y}{x^2 + y^2} = \frac{1}{2C_2}$$

式中,C_2 为任意常数。

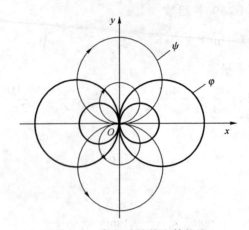

图 4 - 8　偶极流流线和等势线

整理得

$$x^2 + (y - C_2)^2 = C_2^2 \tag{4-44}$$

这是流线方程。如图 4 - 8 所示,流线是一簇圆心在 y 轴上,并与 x 轴相切于原点的圆。

第四节　圆柱体绕流

如图 4 - 9 所示,将一半径为 r_0 的无限长圆柱体置于线速度为 u_0 的无限大均匀直线流流场中,流体从圆柱体垂直方向绕过圆柱,这一流动可看成是平面流动。下面对这种流动进行讨论。

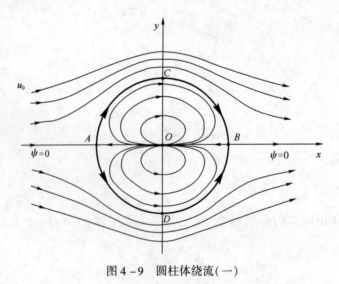

图 4 - 9　圆柱体绕流(一)

一、势函数和流函数

取均匀直线流流动方向为 x 轴正方向,偶极子流位于坐标原点,则叠加后复杂流动的势函

数和流函数为

$$\left.\begin{array}{l}\varphi = u_0 x + \dfrac{M}{2\pi}\dfrac{x}{x^2+y^2}\\[3mm]\psi = u_0 y - \dfrac{M}{2\pi}\dfrac{y}{x^2+y^2}\end{array}\right\} \tag{4-45}$$

将流函数 $\psi=0$ 的流线称为零流线,由式(4-45)得

$$\psi = u_0 y - \dfrac{M}{2\pi}\dfrac{y}{x^2+y^2} = 0$$

即零流线为

$$\left.\begin{array}{l}y = 0\\[2mm]x^2+y^2 = \dfrac{M}{2\pi u_0} = r_0^2\end{array}\right\} \tag{4-46}$$

由式(4-46)可知,零流线是 x 轴和一圆心在坐标原点,半径为 $r_0 = \sqrt{M/2\pi u_0}$ 的圆。如图4-9所示,零流线到 A 处分成两股,沿上下两个半圆周流到 B 点又重新汇合。零流线将流动分成两个区域,即以 r_0 为半径的圆外流动和圆内流动区域。

实际上这个复合流动相当于理想流体绕过半径为 r_0 的圆柱体的绕流流动。因此圆柱绕流可看成是由均匀直线流和偶极子流叠加后的复杂流动。

求流线图谱的一般方法,应当是先求驻点(图4-9中的 A、B 两点即为驻点),然后再求通过驻点的流线。在大多数情况下,零流线就是通过驻点的流线,这样就可避免先求速度再求驻点等较复杂的计算。

将式(4-46)的第二式 $M=2\pi u_0 r_0^2$ 代入式(4-45),得平行流绕过半径 r_0 的圆柱体流动的势函数和流函数

$$\left.\begin{array}{l}\varphi = u_0 x\left(1 + \dfrac{r_0^2}{x^2+y^2}\right)\\[4mm]\psi = u_0 y\left(1 - \dfrac{r_0^2}{x^2+y^2}\right)\end{array}\right\} \tag{4-47}$$

为了讨论方便,采用极坐标表示,设

$$x = r\cos\theta,\ y = r\sin\theta$$

于是式(4-47)可写成如下形式:

$$\left.\begin{array}{l}\varphi = u_0\left(1 + \dfrac{r_0^2}{r^2}\right)r\cos\theta\\[4mm]\psi = u_0\left(1 - \dfrac{r_0^2}{r^2}\right)r\sin\theta\end{array}\right\} \tag{4-48}$$

二、速度分布

流场中速度分量为

$$\left.\begin{array}{l}u_r = \dfrac{\partial\varphi}{\partial r} = u_0\cos\theta\left(1 - \dfrac{r_0^2}{r^2}\right)\\[4mm]u_\theta = \dfrac{1}{r}\dfrac{\partial\varphi}{\partial\theta} = -u_0\sin\theta\left(1 + \dfrac{r_0^2}{r^2}\right)\end{array}\right\} \tag{4-49}$$

在圆柱表面上, $r = r_0$, 则有

$$u_r = 0, \quad u_\theta = -2u_0\sin\theta \tag{4-50}$$

式(4-50)说明,流体沿圆柱面只有切向速度,没有径向速度。这也证实,在圆柱表面上流动紧贴在表面上,不发生流动分离,不脱离柱面。

如图4-10所示,由 $u_\theta = -2u_0\sin\theta$ 可知,在前驻点 A 处, $\theta = \pi$, $u_\theta = 0$;后驻点 B 处, $\theta = 0$, $u_\theta = 0$。

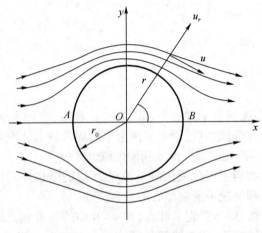

图4-10　圆柱体绕流(二)

由上面分析可知,在柱体表面上的流动速度的绝对值为

$$u = 2u_0|\sin\theta| \tag{4-51}$$

在 $\theta = \pm 90°$ 处, u 达到最大值($|u_{max}| = 2u_0$),即无穷远处来流速度的2倍。

三、 压强分布

下面讨论绕圆柱流动的压强分布。伯努利方程可得圆柱表面上任一点的压强(忽略重力影响)

$$p_0 + \frac{\rho u_0^2}{2} = p + \frac{\rho u^2}{2} \tag{4-52}$$

式中, p_0 、 u_0 是无穷远处流体的压强和速度,而 p 、 u 是在圆柱表面上的任意点处的压强和速度。

将式(4-51)代入式(4-52)得

$$p = p_0 + \frac{\rho u_0^2}{2}(1 - 4\sin^2\theta) \tag{4-53}$$

分析式(4-53)可知,由于 $\sin^2\theta$ 是周期函数,所以压力 p 也是周期变化的,而且前后及上下对称分布。作用在圆柱表面 x 方向上的力通常称为阻力, y 方向的力通常称为升力。从前面分析看,作用在圆柱表面上的阻力和升力均为零。绕圆柱体流动的升力不存在与实际情况相符合,而阻力不存在则与实际情况不相符,这主要是假设流体是理想流体,没有考虑摩擦阻力和压差阻力的缘故。实际上,由于流体黏性的作用,不但会产生摩擦阻力,而且在圆柱后面还会发生流动与柱面分离和产生旋涡,从而产生压差阻力。

第五节　绕流球体的运动

流体绕过球体运动是一个空间问题,而一般空间问题中不存在流函数,只有轴对称流动才有流函数。在流体绕过球体的流动中,所有发生在包含旋转对称轴线的平面内的流动完全相同。所以只要确定一个含旋转轴平面内的流动过程,问题就得到了解决。

取如图 4 - 11 所示的坐标系,球心为坐标原点,x 轴平行于来流。这时绕球流动成为一个轴对称问题。

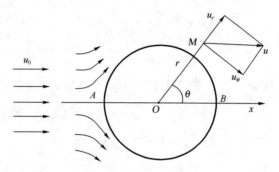

图 4 - 11　圆球绕流

对于空间的点源,流体从源点呈放射状向空间所有方向流出。设流量为 Q,对任意半径 r 的球面上有

$$Q = 4\pi r^2 u_r = 4\pi r^2 \frac{\partial \varphi}{\partial r}$$

积分上式可得空间点源流动的势函数 φ 为

$$\varphi = -\frac{Q}{4\pi r} \qquad\qquad (4 - 54)$$

同理对于点汇流动的势函数为

$$\varphi = \frac{Q}{4\pi r} \qquad (4 - 55)$$

把流量相等的点源及点汇放在 x 轴上,如图 4 - 12 所示,其复合流动的势函数为

$$\varphi = \frac{Q}{4\pi}\left(\frac{1}{r_1} - \frac{1}{r_2}\right) \qquad (4 - 56)$$

式中,r_1 和 r_2 分别代表流场中 M 点到源点及汇点的距离。如让源点和汇点无限地接近,Q 同时增大,使

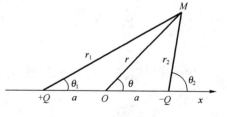

图 4 - 12　点源和点汇

$Q\mathrm{d}x$ 保持一个有限常数,就得到类似于平面势流中一样的空间偶极子流,其势函数为

$$\varphi = \frac{Q}{4\pi}\mathrm{d}\left(\frac{1}{r}\right) = \frac{Q}{4\pi}\mathrm{d}x \cdot \frac{\mathrm{d}\left(\dfrac{1}{r}\right)}{\mathrm{d}x} \qquad (4 - 57)$$

考虑到 $r = \sqrt{x^2 + y^2}$,则有

$$\frac{\mathrm{d}\left(\frac{1}{r}\right)}{\mathrm{d}x} = \frac{\mathrm{d}}{\mathrm{d}x}(x^2 + y^2)^{-\frac{1}{2}} = \frac{-x}{(x^2 + y^2)^{3/2}} = \frac{-x}{r^3} = -\frac{1}{r^2}\cos\theta$$

由此得空间偶极子流的势函数为

$$\varphi = -\frac{M}{4\pi r^2}\cos\theta \tag{4-58}$$

式中, M 称为空间偶极子流的偶极矩。

绕球流动可看成是平行于 x 轴速度为 u_0 的均匀直线流动与沿 x 轴的空间偶极子流的叠加结果。

由此,绕球流动的势函数为

$$\varphi = u_0 x + \frac{M}{4\pi r^2}\cos\theta \tag{4-59}$$

或

$$\varphi = \left(u_0 r + \frac{M}{4\pi r^2}\right)\cos\theta \tag{4-60}$$

由此可得

$$\left.\begin{array}{l}u_r = \dfrac{\partial \varphi}{\partial r} = \left(u_0 - \dfrac{M}{2\pi r^3}\right)\cos\theta \\[3mm] u_\theta = \dfrac{1}{r}\dfrac{\partial \varphi}{\partial \theta} = -\left(u_0 + \dfrac{M}{4\pi r^3}\right)\sin\theta\end{array}\right\} \tag{4-61}$$

考虑到球表面上 $r = r_0$ 处,径向分速度 $u_r = 0$,由式(4-61)中第一个式子可得

$$M = 2\pi u_0 r_0^3 \tag{4-62}$$

把式(4-62)代入式(4-60),可得绕流圆球流动的势函数为

$$\varphi = u_0 r\left[1 + \frac{1}{2}\left(\frac{r_0}{r}\right)^3\right]\cos\theta \tag{4-63}$$

根据式(4-63)可得绕圆球流动的流函数为

$$\psi = \frac{1}{2}u_0 r^2\left[1 - \left(\frac{r_0}{r}\right)^3\right]\sin^2\theta \tag{4-64}$$

零流面为 $\psi = 0$,即 $r = r_0$ 的球面及整个 xOy 平面($\theta = 0, \pi$)。由式(4-62)及式(4-61)中第二个式子,考虑 $r = r_0$ 可得到球表面上的速度变化规律:

$$u_\theta = -\frac{3}{2}u_0\sin\theta \tag{4-65}$$

由上式可知,A、B 两点分别是前后驻点,$u_\theta = 0$。最大速度是在 $\theta = \pi/2$ 处的最大迎风流面上,其值等于

$$u_\theta = \frac{3}{2}u_0 \tag{4-66}$$

球表面上压力分布可根据伯努利方程决定:

$$p + \frac{1}{2}\rho u_\theta^2 = p_0 + \frac{1}{2}\rho u_0^2$$

写成无因次压力表达式:

$$\bar{p} = \frac{p - p_0}{\frac{1}{2}\rho u_0^2} = 1 - \left(\frac{u_\theta}{u_0}\right)^2 = 1 - \frac{9}{4}\sin^2\theta \tag{4-67}$$

4-1 已知有旋流场的速度为 $u_x = x+y, u_y = y+z, u_z = x^2+y^2+z^2$。求点 $(2,2,3)$ 处的旋转角速度。

4-2 不可压缩流体的平面运动,流体速度分量为 $u_x = 4x-y, u_y = 4y-x$。证明该流动满足连续性方程并求出流函数的表达式。若流动为无旋,试求势函数的表达式。

4-3 已知平面流场的势函数为 $\varphi = x^2-y^2$,试求 u_x、u_y,并检验是否满足连续条件和无旋条件。

4-4 已知平面势流的流函数 $\psi = xy+2x-3y+10$,求势函数与流速分量。

4-5 已知 $u_x = 3x, u_y = -3y$,此流动是否成立?流动是否是势流?如是势流,求该流动的势函数。

4-6 已知平面势流的势函数 $\varphi = xy$,求速度分量和流函数,画出 $\varphi = 1$、2、3 的等势线。证明等势线和流线互相正交。

4-7 已知均质不可压缩液体平面流动的流函数为 $\psi = (x^2+y^2)/2$。

(1)求流场中两定点 $A(1,0)$ 和 $B(2,3)$ 之间的单宽流量;

(2)判断流动是否为势流,如是势流,求势函数。

4-8 强度均为 60m/s 的点源和点汇,分别位于 $(0,-3)$ 和 $(0,3)$ 处,求 $(0,0)$ 和 $(0,4)$ 点的流速。

4-9 写出点源和点汇分别位于坐标系中 $(0,-2)$ 和 $(0,2)$ 处的偶极子流的势函数和流函数,并绘出相应的流谱。

第五章　黏性不可压缩流体运动

前面介绍了一些理想流体运动的基本原理及其研究方法,但根据它们所得出的一些结论不完全与实际相符。这是因为理想流体运动的基本原理及其研究方法中未考虑黏性对流体流动的影响。实际流体都具有黏性,黏性将导致能量的损耗,对流体流动进行研究要充分考虑到流体的黏性对流动的影响。本章将讨论具有黏性的实际流体运动的基本微分方程、流态的变化、运动参量的变化规律等。

第一节　黏性不可压缩流体运动微分方程

前面在假设流体无黏性条件下,导出了理想流体运动微分方程。实际流体都具有黏性,由黏性产生的摩擦阻力对流体的运动有一定影响。因此,涉及力的问题时,理想流体和实际流体的基本规律是有差异的,但当不涉及力的问题时,二者的基本规律则相同,如连续性方程。由于运动与力是不可分割的,要完善地解决流体运动问题,必须按黏性流体来处理问题。黏性流体动力学方程组包含连续方程、运动方程(动量方程)和能量方程等,由于前面讨论的理想流体连续方程也适用于黏性流体运动,所以本节仅讨论运动方程和能量方程。

一、流体中的应力

为了建立流体动力学方程,需要分析流体微团上的受力。外界作用于流体微团上的力有质量力和表面力。质量力作用在流体各个质点上,与流体的质量成正比。在实际流体中,由于黏性所产生的切应力的存在使得表面力在一般情况下已不再垂直于其作用面。为了便于分析,可以把表面应力分解为垂直于其作用面的法向应力和与其作用面平行的切向应力。如图 5-1 所示,在实际流体中任取一微元面积 ΔA,设作用在此面上任意点 M 的表面应力为 σ,不论表面应力的方向如何,总可以把它分解为过 M 点并垂直于 ΔA 的法向应力 σ_n 和与之相切的切向应力 τ_n,σ_n 和 τ_n 的数值随作用面 ΔA 的空间方位不同而变化。

在选择直角坐标系中,过 M 点作三个分别与三个坐标轴垂直的微元面积,则与 x 轴垂直的面上点 M 的应力分量为 $\sigma_{xx}, \tau_{xy}, \tau_{xz}$;与 y 轴垂直的面上点 M 的应力分量为 $\tau_{yx}, \sigma_{yy}, \tau_{yz}$;与 z 轴垂直的面上点 M 的应力分量为 $\tau_{zx}, \tau_{zy}, \sigma_{zz}$。$\sigma_{xx}, \tau_{xy}, \cdots$ 称为应力分量,每个应力分量都有两个下标,它们的第一个下标表示应力作用面的法线方向,第二个下标表示应力分量的作用方向。

这些应力分量中两个下标相同的三个应力分别是三个平面上的法向应力,法向应力以外法线方向为正,内法线方向为负;其他下标不相同的六个应力是切向应力。这九个应力分量完全描述了 M 点的应力状态。

可以证明,在流体介质中存在切应力互等关系。如图 5-2 所示,取一微元体,微元体四个面上切应力利用力矩平衡方程,对形心 M 点取矩,并取微元体 z 方向边长为 dz,则力矩平衡方程为

$$- \tau_{yx} dx dz \frac{dy}{2} - (\tau_{yx} + d\tau_{yx}) dx dz \frac{dy}{2} + \tau_{xy} dy dz \frac{dx}{2} + (\tau_{xy} + d\tau_{xy}) dy dz \frac{dx}{2} = 0$$

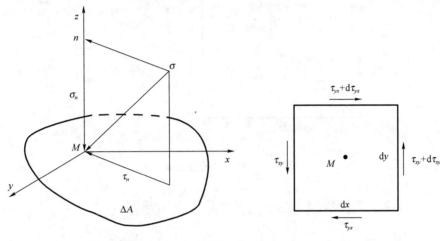

图 5-1　流体中的应力　　　　　　图 5-2　微元体切应力

略去四阶无穷小量,整理得

$$(-\tau_{yx} - \tau_{yx} + \tau_{xy} + \tau_{xy}) \frac{dx dy dz}{2} = 0$$

因此有

$$\tau_{xy} = \tau_{yx} \qquad\qquad (5-1)$$

同理可得

$$\tau_{xz} = \tau_{zx}, \tau_{yz} = \tau_{zy} \qquad\qquad (5-2)$$

式(5-1)和式(5-2)说明描述黏性流体应力状态的九个分量中只有六个量是独立的,即三个相互垂直的法向应力和三个切向应力。

二、应力形式的运动微分方程

在流场中取一微小正六面体,其边长分别为 dx、dy、dz,如图 5-3 所示。下面用牛顿第二定律对流过微小六面体的流体质点运动与力之间的关系进行分析。

为了分析问题方便,首先考虑 x 方向运动情况,y 和 z 方向可类推。

x 方向的应力为:垂直于面 $AEFB$ 的应力为 σ_{xx},垂直于面 $DHGC$ 的应力为 $\sigma_{xx} + \frac{\partial \sigma_{xx}}{\partial x} dx$,沿面 $ADHE$ 的应力为 τ_{yx},沿面 $BCGF$ 的应力为 $\tau_{yx} + \frac{\partial \sigma_{yx}}{\partial y} dy$,沿面 $ABCD$ 的应力为 τ_{zx},沿面 $EFGH$ 的应力为 $\tau_{zx} + \frac{\partial \tau_{zx}}{\partial z} dz$。把这些应力乘以其作用面积后叠加起来,得 x 方向作用力:

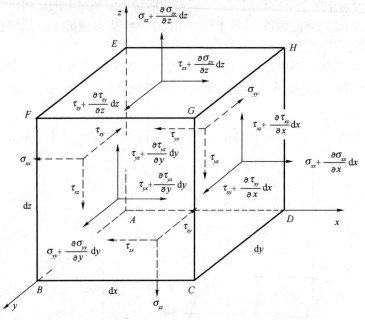

图 5-3 微元体的应力分布

$$- \sigma_{xx}\mathrm{d}y\mathrm{d}z + \left(\sigma_{xx} + \frac{\partial \sigma_{xx}}{\partial x}\mathrm{d}x\right)\mathrm{d}y\mathrm{d}z - \tau_{yx}\mathrm{d}z\mathrm{d}x$$

$$+ \left(\tau_{yx} + \frac{\partial \tau_{yx}}{\partial y}\mathrm{d}y\right)\mathrm{d}z\mathrm{d}x - \tau_{zx}\mathrm{d}y\mathrm{d}x + \left(\tau_{zx} + \frac{\partial \tau_{zx}}{\partial z}\mathrm{d}z\right)\mathrm{d}y\mathrm{d}x$$

$$= \left(\frac{\partial \sigma_{xx}}{\partial x} + \frac{\partial \tau_{yx}}{\partial y} + \frac{\partial \tau_{zx}}{\partial z}\right)\mathrm{d}x\mathrm{d}y\mathrm{d}z$$

微小六面体还受到质量力作用。设作用在该微小六面体上的单位质量力在 x、y、z 三个方向的分量分别为 f_x、f_y、f_z。六面体流体质量为 $\mathrm{d}m = \rho\mathrm{d}x\mathrm{d}y\mathrm{d}z$,则作用在微小六面体上的质量力在各坐标方向分量分别为 $f_x\rho\mathrm{d}x\mathrm{d}y\mathrm{d}z$、$f_y\rho\mathrm{d}x\mathrm{d}y\mathrm{d}z$、$f_z\rho\mathrm{d}x\mathrm{d}y\mathrm{d}z$。

微小六面体流体质点加速度在三个坐标方向的分量为 $a_x\mathrm{d}u_x/\mathrm{d}t$、$a_y\mathrm{d}u_y/\mathrm{d}t$、$a_z\mathrm{d}u_z/\mathrm{d}t$。

根据牛顿第二定律可写出流体质点在 x 方向的运动方程为

$$\rho\mathrm{d}x\mathrm{d}y\mathrm{d}z\frac{\mathrm{d}u_x}{\mathrm{d}t} = f_x\rho\mathrm{d}x\mathrm{d}y\mathrm{d}z + \left(\frac{\partial \sigma_{xx}}{\partial x} + \frac{\partial \tau_{yx}}{\partial y} + \frac{\partial \tau_{zx}}{\partial z}\right)\mathrm{d}x\mathrm{d}y\mathrm{d}z$$

化简上式可得

$$\rho\frac{\mathrm{d}u_x}{\mathrm{d}t} = \rho f_x + \left(\frac{\partial \sigma_{xx}}{\partial x} + \frac{\partial \tau_{yx}}{\partial y} + \frac{\partial \tau_{zx}}{\partial z}\right) \tag{5-3}$$

同理可得 y、z 方向的运动微分方程式,它们一起组成下列方程组:

$$\left. \begin{aligned} \rho\frac{\mathrm{d}u_x}{\mathrm{d}t} &= \rho f_x + \left(\frac{\partial \sigma_{xx}}{\partial x} + \frac{\partial \tau_{yx}}{\partial y} + \frac{\partial \tau_{zx}}{\partial z}\right) \\ \rho\frac{\mathrm{d}u_y}{\mathrm{d}t} &= \rho f_y + \left(\frac{\partial \sigma_{yy}}{\partial y} + \frac{\partial \tau_{zy}}{\partial z} + \frac{\partial \tau_{xy}}{\partial x}\right) \\ \rho\frac{\mathrm{d}u_z}{\mathrm{d}t} &= \rho f_z + \left(\frac{\partial \sigma_{zz}}{\partial z} + \frac{\partial \tau_{xz}}{\partial x} + \frac{\partial \tau_{yz}}{\partial y}\right) \end{aligned} \right\} \tag{5-4}$$

方程组(5-4)即为以应力形式表示的黏性流体运动方程。方程中的九个应力分量与流体质点的变形速度及流体自身的物理性质有关。无论是牛顿流体还是非牛顿流体、是层流运动还是湍流运动,该方程均适用。

三、广义牛顿内摩擦定律

在第一章中已叙述过,对于牛顿流体平行层流流动,切应力与剪切变形速度成正比,即牛顿内摩擦定律:

$$\tau = \mu \frac{\mathrm{d}u}{\mathrm{d}y} = \mu \frac{\mathrm{d}\alpha}{\mathrm{d}t}$$

可将上式推广到黏性流体运动的一般情况。根据第三章第三节流体微团运动分析可知,在平面内微元正方形的角变形速度是剪切(角)变形速度的2倍,即

$$\lim \left(\frac{\mathrm{d}\alpha + \mathrm{d}\beta}{\mathrm{d}t} \right) = \frac{\partial u_y}{\partial x} + \frac{\partial u_x}{\partial y}$$

可以得到

$$\tau_{xy} = \tau_{yx} = \mu \left(\frac{\partial u_y}{\partial x} + \frac{\partial u_x}{\partial y} \right) \tag{5-5}$$

同理可得 y、z 方向切应力与剪切变形速度的关系式,它们一起组成下列方程组:

$$\left. \begin{aligned} \tau_{xy} = \tau_{yx} &= \mu \left(\frac{\partial u_y}{\partial x} + \frac{\partial u_x}{\partial y} \right) \\ \tau_{xz} = \tau_{zx} &= \mu \left(\frac{\partial u_x}{\partial z} + \frac{\partial u_z}{\partial x} \right) \\ \tau_{yz} = \tau_{zy} &= \mu \left(\frac{\partial u_z}{\partial y} + \frac{\partial u_y}{\partial z} \right) \end{aligned} \right\} \tag{5-6}$$

式(5-6)称为广义牛顿内摩擦定律。

在黏性流体运动时,作用在各面上的法向应力在同一点各个方向上是不相等的。这是因为黏性对法向应力产生了影响。除压应力外还会产生附加的法向应力,这个应力与线变形速度 $\partial u_x / \partial x$、$\partial u_y / \partial y$、$\partial u_z / \partial z$ 成比例。详细推导从略,这里直接给出 x、y、z 三个方向的法向应力表达式:

$$\left. \begin{aligned} \sigma_{xx} &= -p + 2\mu \frac{\partial u_x}{\partial x} - \frac{2}{3}\mu \left(\frac{\partial u_x}{\partial x} + \frac{\partial u_y}{\partial y} + \frac{\partial u_z}{\partial z} \right) \\ \sigma_{yy} &= -p + 2\mu \frac{\partial u_y}{\partial y} - \frac{2}{3}\mu \left(\frac{\partial u_x}{\partial x} + \frac{\partial u_y}{\partial y} + \frac{\partial u_z}{\partial z} \right) \\ \sigma_{zz} &= -p + 2\mu \frac{\partial u_z}{\partial z} - \frac{2}{3}\mu \left(\frac{\partial u_x}{\partial x} + \frac{\partial u_y}{\partial y} + \frac{\partial u_z}{\partial z} \right) \end{aligned} \right\} \tag{5-7}$$

式(5-6)和式(5-7)表达了黏性流体内应力与变形速度之间的关系,它们称为黏性流体的本构方程。

在一般情况下,式(5-7)中三个相互垂直的法向应力是不相等的,即 $\sigma_{xx} \neq \sigma_{yy} \neq \sigma_{zz}$。当流体为不可压缩流体时,根据连续性方程可知式(5-7)中最右边一项为零,此时有

$$\left. \begin{array}{l} \sigma_{xx} = -p + 2\mu \dfrac{\partial u_x}{\partial x} \\[2mm] \sigma_{yy} = -p + 2\mu \dfrac{\partial u_y}{\partial y} \\[2mm] \sigma_{zz} = -p + 2\mu \dfrac{\partial u_z}{\partial z} \end{array} \right\} \qquad (5-8)$$

将式(5-8)中三式相加,并取平均得

$$-\frac{1}{3}(\sigma_{xx} + \sigma_{yy} + \sigma_{zz}) = p - \frac{2}{3}\mu\left(\frac{\partial u_x}{\partial x} + \frac{\partial u_y}{\partial y} + \frac{\partial u_z}{\partial z}\right)$$

将三个法向应力之和的负三分之一定义为运动黏性流体内的平均压强 $\bar{p}$,于是得

$$\bar{p} = p - \frac{2}{3}\mu\left(\frac{\partial u_x}{\partial x} + \frac{\partial u_y}{\partial y} + \frac{\partial u_z}{\partial z}\right) \qquad (5-9)$$

对于不可压缩流体有

$$\bar{p} = p \qquad (5-10)$$

式(5-10)说明三个互相垂直的法向应力的平均值的负值等于该点处流体的压强。

四、黏性流体运动微分方程——Navier—Stokes 方程

对于不可压缩流体,将式(5-6)和式(5-8)代入式(5-4),可得

$$\left. \begin{array}{l} \dfrac{\mathrm{d}u_x}{\mathrm{d}t} = f_x - \dfrac{1}{\rho}\dfrac{\partial p}{\partial x} + \nu\left(\dfrac{\partial^2 u_x}{\partial x^2} + \dfrac{\partial^2 u_x}{\partial y^2} + \dfrac{\partial^2 u_x}{\partial z^2}\right) \\[3mm] \dfrac{\mathrm{d}u_y}{\mathrm{d}t} = f_y - \dfrac{1}{\rho}\dfrac{\partial p}{\partial y} + \nu\left(\dfrac{\partial^2 u_y}{\partial x^2} + \dfrac{\partial^2 u_y}{\partial y^2} + \dfrac{\partial^2 u_y}{\partial z^2}\right) \\[3mm] \dfrac{\mathrm{d}u_z}{\mathrm{d}t} = f_z - \dfrac{1}{\rho}\dfrac{\partial p}{\partial z} + \nu\left(\dfrac{\partial^2 u_z}{\partial x^2} + \dfrac{\partial^2 u_z}{\partial y^2} + \dfrac{\partial^2 u_z}{\partial z^2}\right) \end{array} \right\} \qquad (5-11)$$

把上式左边加速度项展开并整理得

$$\left. \begin{array}{l} \dfrac{\partial u_x}{\partial t} + u_x\dfrac{\partial u_x}{\partial x} + u_y\dfrac{\partial u_x}{\partial y} + u_z\dfrac{\partial u_x}{\partial z} = f_x - \dfrac{1}{\rho}\dfrac{\partial p}{\partial x} + \nu\left(\dfrac{\partial^2 u_x}{\partial x^2} + \dfrac{\partial^2 u_x}{\partial y^2} + \dfrac{\partial^2 u_x}{\partial z^2}\right) \\[3mm] \dfrac{\partial u_y}{\partial t} + u_x\dfrac{\partial u_y}{\partial x} + u_y\dfrac{\partial u_y}{\partial y} + u_z\dfrac{\partial u_y}{\partial z} = f_y - \dfrac{1}{\rho}\dfrac{\partial p}{\partial y} + \nu\left(\dfrac{\partial^2 u_y}{\partial x^2} + \dfrac{\partial^2 u_y}{\partial y^2} + \dfrac{\partial^2 u_y}{\partial z^2}\right) \\[3mm] \dfrac{\partial u_z}{\partial t} + u_x\dfrac{\partial u_z}{\partial x} + u_y\dfrac{\partial u_z}{\partial y} + u_z\dfrac{\partial u_z}{\partial z} = f_z - \dfrac{1}{\rho}\dfrac{\partial p}{\partial z} + \nu\left(\dfrac{\partial^2 u_z}{\partial x^2} + \dfrac{\partial^2 u_z}{\partial y^2} + \dfrac{\partial^2 u_z}{\partial z^2}\right) \end{array} \right\} \qquad (5-12)$$

式(5-12)为不可压缩性流体运动微分方程,也叫不可压缩流体的纳维埃—斯托克斯(Navier—Stokes)方程(简称 N—S 方程)。N—S 方程是现代流体力学的主干方程,几乎所有有关黏性流体流动问题的分析研究工作都是以该方程为基础的。

N—S 方程和流体运动的连续方程与能量方程共同组成流体力学基本方程。对于不可压缩流体,方程中密度为已知的常数,连续方程(3-24)和运动微分方程(5-12)已构成一个关于压强和速度的封闭方程组。

把式(5-12)和欧拉运动微分方程式相比可知,N—S 方程式比理想流体运动方程增加了黏性应力项。N—S 方程是二阶非线性方程组,一般不能得出解析解。在特别简单的运动情况下,即当非线性项(加速度部分)可以消去或者化为简单的形式时,方程组才有可能得出解

析解。

五、能量方程

实际流体运动时,由于黏性的作用,必然产生能量损失,即一部分运动的机械能转变为热能而耗散,系统中除了速度、压力等变化外,往往还伴有流体温度的变化。因此,对这种系统还需要用流体运动的能量方程来描述。

系统能量的增加等于外界对该系统所做的功和加入系统的热量之和,这就是能量守恒定律。下面根据能量守恒定律推导出流体运动的能量方程。

在运动的黏性流体内取体积 $\mathrm{d}V = \mathrm{d}x\mathrm{d}y\mathrm{d}z$ 的微元控制体,其质量 $\mathrm{d}m = \rho\mathrm{d}x\mathrm{d}y\mathrm{d}z$。对于微元控制体,$\mathrm{d}t$ 时间内微元控制体所含总能量的变化是下述原因所引起的各个变化的综合结果:

(1)质量经由三对控制面流入和流出;

(2)质量力所做的功;

(3)控制面上表面力所做的功;

(4)热传导所产生的热流。

这里不考虑微元控制体内总能量发生变化的其他原因,如热辐射等。

单位质量流体所具有的能量包括内能 e 和动能 $\frac{1}{2}u^2$。对于 $\mathrm{d}t$ 时间内微元控制体内能量变化率,当略去高阶小项后为

$$\frac{\partial}{\partial t}\left[\rho\left(e + \frac{1}{2}u^2\right)\right]\mathrm{d}t\mathrm{d}V$$

$\mathrm{d}t$ 时间内,带有能量的流体经由三对控制面流入和流出,从而引起微元控制体内能量变化。单位时间内 x 方向流入微元控制体的能量为

$$\rho u_x \mathrm{d}y\mathrm{d}z\left(e + \frac{1}{2}u^2\right)$$

流出微元控制体的能量为

$$\rho u_x \mathrm{d}y\mathrm{d}z\left(e + \frac{1}{2}u^2\right) + \frac{\partial}{\partial x}\left[\rho u_x\left(e + \frac{1}{2}u^2\right)\right]\mathrm{d}x\mathrm{d}y\mathrm{d}z$$

对其他方向作类似考虑,$\mathrm{d}t$ 时间内由控制面净流入微元控制体的能量为

$$\mathrm{d}E_m = -\left\{\frac{\partial}{\partial x}\left[\rho u_x\left(e + \frac{1}{2}u^2\right)\right] + \frac{\partial}{\partial y}\left[\rho u_y\left(e + \frac{1}{2}u^2\right)\right] + \frac{\partial}{\partial z}\left[\rho u_z\left(e + \frac{1}{2}u^2\right)\right]\right\}\mathrm{d}V\mathrm{d}t$$

$$(5-13)$$

作用于微元控制体表面上的表面力对微元控制体所做的功是速度和力的乘积。以 x 方向的法向应力 σ_{xx} 为例,$\mathrm{d}t$ 时间内做的功为

$$\left[-u_x\sigma_{xx} + \left(u_x + \frac{\partial u_x}{\partial x}\mathrm{d}x\right)\left(\sigma_{xx} + \frac{\partial\sigma_{xx}}{\partial x}\mathrm{d}x\right)\right]\mathrm{d}z\mathrm{d}y\mathrm{d}t = \frac{\partial}{\partial x}(u_x\sigma_{xx})\mathrm{d}V\mathrm{d}t$$

总的表面力做功应包括法向应力与切向应力做功之和,推广到三维流动问题中,得

$$\mathrm{d}W = \left[\frac{\partial}{\partial x}(u_x\sigma_{xx} + u_y\tau_{xy} + u_z\tau_{xz}) + \frac{\partial}{\partial y}(u_x\tau_{yx} + u_y\sigma_{yy} + u_z\tau_{yz})\right.$$
$$\left. + \frac{\partial}{\partial z}(u_x\tau_{zx} + u_y\tau_{zy} + u_z\sigma_{zz})\right]\mathrm{d}V\mathrm{d}t$$

$$(5-14)$$

根据傅里叶定律:单位时间内所传导的热量 Q 正比于温度梯度 $\mathrm{d}T/\mathrm{d}n$ 和垂直于热流方向

的截面积 A，可得到通过微元控制体传导的热量

$$Q = -KA\frac{\mathrm{d}T}{\mathrm{d}n} \qquad (5-15)$$

式中　n——热流方向坐标；

　　　K——导热系数。

将式(5-15)用于三维问题中的 x 方向，则导入微元控制体的热量

$$Q_x = -K\frac{\partial T}{\partial x}\mathrm{d}y\mathrm{d}z$$

导出微元控制体的热量

$$Q'_x = -\left[K\frac{\partial T}{\partial x} + \frac{\partial}{\partial x}\left(K\frac{\partial T}{\partial x}\right)\mathrm{d}x\right]\mathrm{d}y\mathrm{d}z$$

对其他方向作类似考虑，可得到 $\mathrm{d}t$ 时间内由热传导净输入微元控制体的热量为

$$\mathrm{d}Q = \left[\frac{\partial}{\partial x}\left(K\frac{\partial T}{\partial x}\right) + \frac{\partial}{\partial y}\left(K\frac{\partial T}{\partial y}\right) + \frac{\partial}{\partial z}\left(K\frac{\partial T}{\partial z}\right)\right]\mathrm{d}V\mathrm{d}t \qquad (5-16)$$

由能量守恒定律可得

$$\frac{\partial}{\partial t}\left[\rho\mathrm{d}V\left(e + \frac{1}{2}u^2\right)\right] = \frac{\mathrm{d}E_m}{\mathrm{d}t} + \frac{\mathrm{d}Q}{\mathrm{d}t} + \frac{\mathrm{d}W}{\mathrm{d}t} \qquad (5-17)$$

将式(5-13)、式(5-14)、式(5-16)及各应力分量与速度梯度之间的关系式(5-6)、式(5-7)代入式(5-17)，并利用

$$\frac{\partial\rho}{\partial t} = \frac{\partial(\rho u_x)}{\partial x} + \frac{\partial(\rho u_y)}{\partial y} + \frac{\partial(\rho u_z)}{\partial z}$$

$$\frac{\mathrm{d}\left(e + \frac{1}{2}u^2\right)}{\mathrm{d}t} = \frac{\partial\left(e + \frac{1}{2}u^2\right)}{\partial t} + u_x\frac{\partial\left(e + \frac{1}{2}u^2\right)}{\partial x} + u_y\frac{\partial\left(e + \frac{1}{2}u^2\right)}{\partial y} + u_z\frac{\partial\left(e + \frac{1}{2}u^2\right)}{\partial z}$$

则可得到直角坐标系中的总能量方程为

$$\frac{\mathrm{d}\left(e + \frac{1}{2}u^2\right)}{\mathrm{d}t} = \frac{1}{\rho}\frac{\partial}{\partial x}\left(K\frac{\partial T}{\partial x}\right) + \frac{1}{\rho}\frac{\partial}{\partial y}\left(K\frac{\partial T}{\partial y}\right) + \frac{1}{\rho}\frac{\partial}{\partial z}\left(K\frac{\partial T}{\partial z}\right) + \frac{\mu}{\rho}\phi \qquad (5-18)$$

其中 $\phi = 2\left[\left(\frac{\partial u_x}{\partial x}\right)^2 + \left(\frac{\partial u_y}{\partial y}\right)^2 + \left(\frac{\partial u_z}{\partial z}\right)^2\right] + \left(\frac{\partial u_y}{\partial x} + \frac{\partial u_x}{\partial y}\right)^2 + \left(\frac{\partial u_z}{\partial y} + \frac{\partial u_y}{\partial z}\right)^2 + \left(\frac{\partial u_x}{\partial z} + \frac{\partial u_z}{\partial x}\right)^2$

$$(5-19)$$

式中，ϕ 称为黏性耗散函数，它表明由于流体黏性产生内摩擦使一部分机械能转变为热量。从式(5-19)可知，只有当流体微团不产生变形时，ϕ 为零，流体才不耗散能量，而在其他情况下，$\phi > 0$，必然有能量耗散。

第二节　层流、湍流与雷诺数

实验表明，黏性流体运动有两种状态，即层流和湍流。流动状态不同，流体能量损失的规律也不同，因此，要进行能量损失的计算，首先要研究流体的流动状态。

英国物理学家雷诺(Reynolds)最早对流态进行了系统研究。1883 年，他公布了一个重要

实验。雷诺实验装置如图5-4所示,水箱中水位恒定的水流通过玻璃管流出,流速的大小可由装在玻璃管末端的阀门来控制。水箱上部容器中装有与水密度相近的有色液体,有色液体通过细管导入玻璃管中,并沿轴线流动,通过有色液体的流动情况可清楚识别管内流体的流动状态。

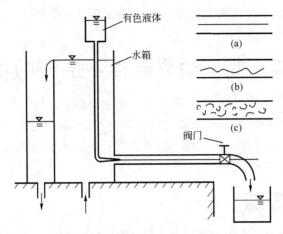

图5-4　雷诺实验

实验发现,当管内流体流速较小时,如图5-4中(a)所示,有色液体在玻璃管中呈现为一条直线,不与周围的流体相混杂,流体呈层状运动,这种流动状态称为层流。增大阀门开度,使管内流速增大,当管内流速增大到某一数值时,如图5-4中(b)所示,有色液体开始颤动,而后出现断断续续的不稳定状态。随着流速的继续增大,如图5-4中(c)所示,有色液体便不再连续,而是向周围液体紊乱地扩散,说明流体质点在运动中发生相互混杂,流体运动要素发生不规则的脉动,这种流动状态称为湍流。

雷诺通过实验发现:

(1)如果圆管管径d一定,流体的运动黏度ν一定,则从层流转变为湍流时的速度(平均速度)也一定,即上临界流速$\bar{u}_{c1}$为一定值;从湍流转变为层流时的速度也一定,即下临界流速$\bar{u}_{c2}$为一定值。而且上临界流速总是大于下临界流速,即$\bar{u}_{c1} > \bar{u}_{c2}$。如果改变$d$和$\nu$,则$\bar{u}_{c1}$和$\bar{u}_{c2}$也要变化。

(2)不论d、ν、$\bar{u}$的值怎样变化,流态之间相互转变时的无量纲数$\bar{u}d/\nu$都是定值,称此无量纲量数为雷诺数,用Re表示,即

$$Re = \frac{\bar{u}\mathrm{d}}{\nu} \qquad (5-20)$$

从层流转变为湍流时的雷诺数被称为上临界雷诺数,用Re_{c1}表示:

$$Re_{c1} = \frac{\bar{u}_{c1}\mathrm{d}}{\nu} \qquad (5-21)$$

从湍流转变为层流时的雷诺数被称为下临界雷诺数,用Re_{c2}表示:

$$Re_{c2} = \frac{\bar{u}_{c2}\mathrm{d}}{\nu} \qquad (5-22)$$

在十分平稳的条件下进行实验,测出的上临界雷诺数$Re_{c1} = 13800$,近代的实验有人测出达到50000;下临界雷诺数$Re_{c2} = 2300$。

如果圆管中流动雷诺数$Re > Re_{c1}$,则流动为湍流;如果$Re < Re_{c2}$,则流动为层流;如果

$Re_{c2} < Re < Re_{c1}$，则流动可能是层流，也可能是湍流。

在使用上规定以下临界雷诺数作为判别流态的标准，并简称为临界雷诺数，用 Re_c 表示，对于圆管中流动，一般取 $Re_c = 2300$。当 $Re < 2300$ 时，流动一般为层流；当 $Re > 4000$ 时，流动一般为湍流；当 $2300 < Re < 4000$ 时，流动可能是层流，也可能是湍流，与流动环境有关，称为过渡区。实践证明，在工程实际中由于扰动较大，故大多数流动为湍流。

第三节 简单边界条件下层流的精确解

对于大多数工程中的流动，由于流动比较复杂，一般不能用理论分析的方法求解，需要通过实验或数值计算的方法求解。但对两平板间或圆管中层流运动这类比较简单的流动问题，可以通过理论分析的方法求解。

一、流动边界条件

流体运动微分方程表示了流体流动遵从动量守恒定律的共性。不同流场流体流动的特点由边界条件确定。在工程实际中，常见的流场边界条件可分为三类：

（1）固壁—流体边界。因为流体具有黏滞性，所以在与流体接触的固体壁面上，流体的速度等于固体壁面的速度。在静止的固体壁面上，流体的速度为零。

（2）液体—气体边界。对于非高速流动，气液界面上的切应力比液相内的切应力要小得多，通常认为液相切应力在气液界面上为零，或液相速度梯度在气液界面上为零。

（3）液体—液体边界。因为流体在液液界面的速度分布或切应力具有连续性，所以液液界面两侧的速度或切应力相等。

二、平板间层流流动

如图 5-5 所示为两平行平板间的流动，两平板固定不动，平板间距为 h，平面尺寸比 h 大得多。平板间有黏性系数为 μ 的不可压缩流体在一定压差下作稳定的层流流动。为了分析平板间流体流动的特点，首先建立坐标系 $Oxyz$，x 轴指向流动方向，y 轴垂直于平板，z 轴与流动方向垂直。

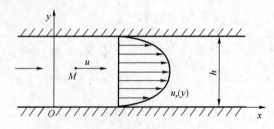

图 5-5 平板间流动

列出（N—S）方程在 x 方向的分式：

$$\frac{\partial u_x}{\partial t} + u_x \frac{\partial u_x}{\partial x} + u_y \frac{\partial u_x}{\partial y} + u_z \frac{\partial u_x}{\partial z} = f_x - \frac{1}{\rho} \frac{\partial p}{\partial x} + \nu \left(\frac{\partial^2 u_x}{\partial x^2} + \frac{\partial^2 u_x}{\partial y^2} + \frac{\partial^2 u_x}{\partial z^2} \right)$$

因为流动为平板间稳定层流流动,则有 $\partial u_x/\partial t = \partial u_y/\partial t = \partial u_z/\partial t = 0$, $u_x = u$, $u_y = u_z = 0$。根据连续方程

$$\frac{\partial u_x}{\partial x} + \frac{\partial u_y}{\partial y} + \frac{\partial u_z}{\partial z} = 0$$

可知 $\partial u_x/\partial x = 0$。因此流体在 x 轴方向的加速度为

$$\frac{\mathrm{d}u_x}{\mathrm{d}t} = \frac{\partial u_x}{\partial t} + u_x \frac{\partial u_x}{\partial x} + u_y \frac{\partial u_x}{\partial y} + u_z \frac{\partial u_x}{\partial z} = 0$$

流动的另一特点是压强 p 与 y、z 无关,只随 x 变化而变化,即 $p = p(x)$。则 N—S 方程将大为简化,仅剩下 x 方向的方程式:

$$-\frac{1}{\mu}\frac{\mathrm{d}p}{\mathrm{d}x} + \frac{\mathrm{d}^2 u_x}{\mathrm{d}y^2} = 0$$

对两平行平板间的流动,压强沿流动方向的变化率为定值,即

$$\frac{\mathrm{d}p}{\mathrm{d}x} = -\frac{\Delta p}{L} = \text{常数}$$

式中,Δp 为任意长度 L 管段内的压力降。

由前面两式可得

$$\frac{1}{\mu}\frac{\Delta p}{L} + \frac{\mathrm{d}^2 u_x}{\mathrm{d}y^2} = 0$$

对于具体流动,μ、$\Delta p/L$ 均为常数。对上式积分两次后可得

$$u_x = -\frac{1}{2\mu}\frac{\Delta p}{L}y^2 + C_1 y + C_2 \qquad\qquad (5-23)$$

由边界条件确定积分常数 C_1 和 C_2:在 $y = 0$ 处,$u_x = 0$,代入式(5-23)中可得 $C_2 = 0$;在 $y = h$ 处,$u_x = 0$,代入式(5-23)中可得 $C_1 = \frac{1}{2\mu}\frac{\Delta p}{L}h$。

把积分常数代入式(5-23)中得到两平板间流速分布公式:

$$u_x = \frac{1}{2\mu}\frac{\Delta p}{L}y(h - y) \qquad\qquad (5-24)$$

已知速度分布后即可求出平板表面处速度在 y 方向的梯度,进而可用牛顿内摩擦定律求出该处的切应力和一段板长上的黏性阻力。

三、圆管内层流流动

圆管内层流通常都发生在黏度较高或速度较低的情况下,一般输水管线很少出现层流,在输油管线中层流流动一般出现在流速较小及黏度较大的流动过程中,机械润滑系统往往多是层流流动。圆管内层流流动是一种特殊的简单流动,其运动微分方程式可以通过积分求解。下面,从理论上分析圆管内层流流动的几个特点及流动损失的计算方法。

如图 5-6 所示,半径为 R 的圆管水平放置,某种动力黏度为 μ 的流体沿管道轴向作稳定的层流流动。为了分析圆管内流体流动的特点,首先建立坐标系,坐标系 x 轴在圆管的中心线上。然后取一与圆管同轴线,半径为 r 的圆柱体进行受力分析。

圆柱上所受 x 方向的分力有质量力和两端面上的压力及圆柱侧表面上的摩擦力。忽略端

面上的压强变化,认为压强在同一截面上均匀分布。因此在 x 方向柱体所受的合力为

$$\sum F_x = p\pi r^2 - \left(p + \frac{\partial p}{\partial x}dx\right)\pi r^2 - \tau 2\pi r dx = -\frac{\partial p}{\partial x}\pi r^2 dx - \tau 2\pi r dx$$

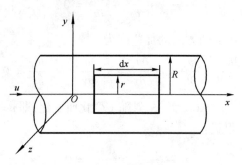

图 5 - 6　圆管层流分析

因为流动为管内稳定层流流动,且管截面不变,则有 $\partial u/\partial t = 0$,$u_x = u$,$u_y = u_z = 0$。根据连续方程可知 $\partial u_x/\partial x = 0$。因此流体在 x 轴方向的加速度为

$$\frac{du_x}{dt} = \frac{\partial u_x}{\partial t} + u_x\frac{\partial u_x}{\partial x} + u_y\frac{\partial u_x}{\partial y} + u_z\frac{\partial u_x}{\partial z} = 0$$

由牛顿第二定律可得

$$\sum F_x = \frac{du_x}{dt}$$

即

$$-\frac{\partial p}{\partial x}\pi r^2 dx - \tau 2\pi r dx = 0$$

圆管内层流流动的另一特点是压强 p 与 y、z 无关,只随 x 变化而变化,即 $p = p(x)$。在等直径圆管中,压强沿管轴向的变化率为定值,即

$$\frac{dp}{dx} = -\frac{\Delta p}{L} = 常数$$

式中,Δp 为任意长度 L 管段内的压力降,则有

$$\frac{\Delta p}{L}\pi r^2 dx - \tau 2\pi r dx = 0 \qquad\qquad (5-25)$$

根据牛顿内摩擦定律可知

$$\tau = -\mu\frac{du}{dr}$$

把上式代入式(5-25)并整理得

$$du = -\frac{\Delta p}{2\mu L}r dr$$

对上式积分得

$$u = -\frac{\Delta p}{4\mu L}r^2 + C$$

当 $r = R$ 时,$u = 0$,代入上式可确定常数

$$C = \frac{\Delta p}{4\mu L}R^2$$

最后得圆管内速度分布为

$$u = \frac{\Delta p}{4\mu L}(R^2 - r^2) \qquad (5-26)$$

式(5-26)就是水平放置圆管内层流速度分布公式,它表明有效断面上各点流速 u 沿半径方向按抛物线规律分布,从整个管子圆截面看就是按旋转抛物面规律分布。从上式可得到一系列圆管层流运动的规律。

当 r 最小时,即在管子轴心处,流速最大,即

$$u_{\max} = \frac{\Delta p}{4\mu L}R^2 \qquad (5-27)$$

取半径 r 处厚度为 dr 的微小圆环,如图 5-7 所示。通过此圆环的流量为 $dQ = u \cdot 2\pi r dr$,在整个有效断面上积分得出圆管中的流量

$$Q = \int_A dQ = \int_0^R u \cdot 2\pi r dr = \frac{\pi \Delta p}{8\mu L}R^4 \qquad (5-28)$$

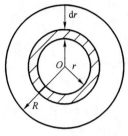

图 5-7　圆环面积

在管断面上平均流速为

$$\bar{u} = \frac{Q}{\pi R^2} = \frac{\Delta p}{8\mu L}R^2 = \frac{1}{2}u_{\max} \qquad (5-29)$$

作用在半径 r 处流体圆柱侧面上的切应力为

$$\tau = -\mu \frac{du}{dr} = \frac{\Delta p r}{2L} \qquad (5-30)$$

上式表明切应力在圆管截面上呈线性分布。在管壁处,$r = R$,则管壁处切应力为

$$\tau_0 = \frac{\Delta p R}{2L} \qquad (5-31)$$

对于水平直管稳定层流流动,当流体流过 L 长度时,压力降低 Δp,这个压降是由沿程水头损失引起的,根据(5-29)式可得

$$h_f = \frac{\Delta p}{\rho g} = \frac{8\mu L \bar{u}}{\rho g R^2} = \frac{32\mu L \bar{u}}{\rho g d^2} = \frac{64}{Re} \frac{L}{d} \frac{\bar{u}^2}{2g} \qquad (5-32)$$

式中,h_f 为沿程水头损失,d 为圆管直径。

令 $\lambda = 64/Re$,则有

$$h_f = \lambda \frac{L}{d} \frac{\bar{u}^2}{2g} \qquad (5-33)$$

式(5-33)为圆管层流流动沿程阻力计算公式,λ 称为沿程水力摩阻系数。

也可以直接用 N—S 方程来求出圆管内层流流动的速度分布、压降及管壁切应力。

以 O 为原点,以圆管轴向 x 为极坐标轴建立柱坐标系,N—S 方程在柱坐标中的形式为

$$\left. \begin{array}{l} \dfrac{\partial u_r}{\partial t} + u_r \dfrac{\partial u_r}{\partial r} + \dfrac{u_\theta}{r} \dfrac{\partial u_r}{\partial \theta} + u_x \dfrac{\partial u_r}{\partial x} - \dfrac{u_\theta^2}{r} = f_r - \dfrac{1}{\rho} \dfrac{\partial p}{\partial r} + \nu \left(\nabla^2 u_r - \dfrac{u_r}{r^2} - \dfrac{2}{r^2} \dfrac{\partial u_\theta}{\partial \theta} \right) \\[3mm] \dfrac{\partial u_\theta}{\partial t} + u_r \dfrac{\partial u_\theta}{\partial r} + \dfrac{u_\theta}{r} \dfrac{\partial u_\theta}{\partial \theta} + u_x \dfrac{\partial u_\theta}{\partial x} + \dfrac{u_r u_\theta}{r} = f_\theta - \dfrac{1}{\rho r} \dfrac{\partial p}{\partial \theta} + \nu \left(\nabla^2 u_\theta + \dfrac{u_\theta}{r^2} + \dfrac{2}{r^2} \dfrac{\partial u_r}{\partial \theta} \right) \\[3mm] \dfrac{\partial u_x}{\partial t} + u_r \dfrac{\partial u_x}{\partial r} + \dfrac{u_\theta}{r} \dfrac{\partial u_x}{\partial \theta} + u_x \dfrac{\partial u_x}{\partial x}x = f_x - \dfrac{1}{\rho} \dfrac{\partial p}{\partial x} + \nu \left(\nabla^2 u_x \right) \end{array} \right\}$$

$$(5-34)$$

因为流动为管内稳定层流流动,则有$\partial u_x / \partial t = \partial u_r / \partial t = \partial u_\theta / \partial t = 0$。由连续方程可知$\partial u_x / \partial x = 0$,则 N—S 方程组仅剩下 x 方向的方程式

$$\frac{\partial p}{\partial x} = \mu \nabla^2 u_x = \mu \frac{1}{r} \frac{\partial}{\partial r}\left(r \frac{\partial u_x}{\partial r} \right)$$

因圆管内流动沿轴向是对称的,则可得

$$\frac{\mathrm{d}}{\mathrm{d}r}\left(r \frac{\mathrm{d}u_x}{\mathrm{d}r} \right) = \frac{1}{\mu} \frac{\partial p}{\partial x} r$$

积分得

$$\frac{\mathrm{d}u_x}{\mathrm{d}r} = \frac{1}{2\mu} \frac{\partial p}{\partial x} r + C_1$$

在 $r = 0$ 处,u_x 为最大速度,此处 $\mathrm{d}u_x / \mathrm{d}r = 0$,代入上式可得 $C_1 = 0$。对上式积分得

$$u_x = \frac{1}{4\mu} \frac{\partial p}{\partial x} r^2 + C_2$$

在 $r = R$ 处,$u_x = 0$,代入上式得

$$C_2 = -\frac{1}{4\mu} \frac{\partial p}{\partial x} R^2$$

最后得到管中流速分布公式为

$$u_x = \frac{1}{4\mu} \frac{\partial p}{\partial x}(r^2 - R^2) = \frac{1}{4\mu} \frac{\Delta p}{L}(R^2 - r^2) \tag{5 - 35}$$

式(5 - 35)与第一种方法所得结果一样。其他参量也可用第一种方法求出。

四、壁面降膜流动

壁面降膜流动在湿壁塔、冷凝器、蒸发器以及产品涂层方面经常会出现。降膜流动是靠重力产生的,与前面的平板间流动和圆管内流动相比,其特点是液膜的一侧与气体接触。由于液膜的一侧与气体接触,根据液气边界条件,可以认为沿流动方向没有压力差。下面分析垂直平板上的层流降膜流动。

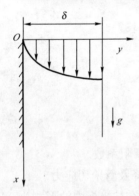

图 5 - 8 降膜流动

如图 5 - 8 所示为垂直平板上的降膜流动,其中液膜厚度为 δ,表面与气体接触,液膜在重力作用下沿平板向下作一维层流流动。为了分析流体流动的特点,首先建立坐标系 $Oxyz$,x 轴指向流动方向,y 轴垂直于平板,z 轴与流动方向垂直。

采用前面的分析方法对流动进行分析,可将 N—S 方程组简化为

$$\frac{\rho g}{\mu} + \frac{\mathrm{d}^2 u_x}{\mathrm{d}y^2} = 0$$

对上式积分得

$$\frac{\mathrm{d}u_x}{\mathrm{d}y} = -\frac{\rho g}{\mu} y + C_1 \tag{a}$$

再积分得

$$u_x = -\frac{\rho g}{2\mu} y^2 + C_1 y + C_2 \tag{b}$$

由边界条件确定积分常数 C_1 和 C_2：在 $y = 0$ 处，$u_x = 0$，代入式（b）中可得 $C_2 = 0$；在 $y = \delta$ 处，$du_x/dy = 0$，代入式（a）中可得

$$C_1 = \frac{\rho g \delta}{\mu}$$

把 C_1、C_2 代入式（b）得到降膜流动流速分布公式为

$$u_x = \frac{\rho g \delta^2}{\mu} \left[\frac{y}{\delta} - \frac{1}{2} \left(\frac{y}{\delta} \right)^2 \right] \tag{5-36}$$

第四节 边 界 层

黏性不可压缩流体运动方程组的解析解不多，远不能满足工程实际的需要。1904 年，普朗特（Prandtl）提出的边界层理论，不仅使许多流体力学问题得到解决，更为重要的是为近代流体力学的发展开辟了新的途径，推动了流体力学的发展。本节将对边界层进行介绍。

一、边界层概念

1. 边界层及流动阻力

在高雷诺数的流动中，流体中的惯性力远大于作用在流体上的黏性力，黏性力相对于惯性力可以忽略不计。但是，把高雷诺数流动视为无黏性的理想流体的流动后，由理想流体理论得到的速度场在固壁附近与实际情况相差甚远。在真实流动中，紧贴壁面的流体与壁面之间并无相对运动，在壁面附近沿壁面法线方向流体的速度梯度很大，黏性力在此起着重要作用。

按照普朗特提出的边界层理论，当黏性流体以高雷诺数绕过一物体时，整个流场可以分为速度分布明显不同的两个区域，如图 5-9 所示。其中一个区域是在固壁附近很薄的一层，这个区域由前驻点开始向下游逐渐增大其厚度，并一直延伸到被绕流物体后方的尾迹中。这一区域的流动特征是其速度从物体表面的零开始增长，在一个很短的法向距离内速度就变成物面外的主流速度，普朗特称这个薄层为边界层（或称为附面层），边界层内黏性力的作用极为重要，不可忽略。另一个区域是边界层以外的区域，这个区域法向速度梯度很小，在这个区域可不考虑流体的黏性，把流体当作理想流体处理，其流动为势流。从整个流场来看，主流区为理想流体流动区域，边界层仅是在固壁附近处一个很薄的黏性流体流动层。由于黏性作用被限制在一薄层内，所以黏性流体力学方程可以大为简化。

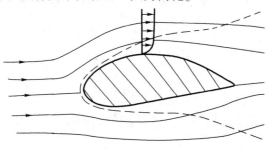

图 5-9 边界层

既然边界层内是黏性流动,因此边界层内也存在层流和湍流两种状态。边界层内流动状态转变的典型情况如图 5 – 10 所示,这是无穷远均匀来流绕过平板的绕流图形。当黏性流体流过平板时,在平板的前缘附近,当地雷诺数 $Re_x = u_\infty x/\nu$(x 代表沿平板流过的距离)较小,首先形成一段层流边界层。如果向下游流动时雷诺数始终不过大(如 u_∞ 较小或 ν 较大),平板又较光滑和外面势流的湍流度又很小时,边界层可保持很长一段层流状态。随着流体沿平板流过距离的增大,雷诺数逐渐增大,层流边界层将处于不稳定状态,并逐渐过渡为湍流边界层。当雷诺数增加到一定数值后,边界层完全处于湍流状态。边界层由层流转变为湍流的现象称作边界层转捩。实验测得边界层转捩大致发生在 $Re_x = 5 \times 10^5 \sim 3 \times 10^6$。

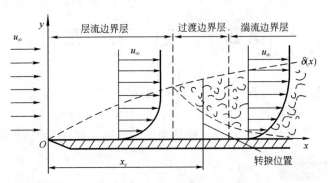

图 5 – 10　边界层流动状态转化

在边界层中呈现有较强的黏性作用,并形成对流动的阻力。该阻力产生的根源是流体与物体表面的黏性切应力。另外,边界层脱离会在物体后面形成尾迹,将导致物体表面产生沿流动方向压差。此压差会构成对流动的另一类阻力——压差阻力或形状阻力。要求得边界层中的黏性阻力和压差阻力,需要先求出边界层中的速度分布。

2. 边界层厚度

为了便于对边界层分析计算,在建立求解边界层速度分布所需的方程之前,先介绍一下人为规定的几种常用边界层厚度的概念和物理意义。

(1)边界层厚度 δ(名义厚度)。

严格说来,边界层与主流区之间并无明显的分界面,通常是以边界层内流速达到主流区流速 u_∞ 的99%处作为边界层的外边界。把由壁面到外边界的法向距离称为边界层厚度,用 δ 表示。边界层厚度 δ 沿着顺流的壁面方向是逐渐增长的。在这里要指出的是,边界层的外边界并不是流线。

在边界层内,惯性力与黏性力同样重要。图 5 – 11 所示为平板绕流,无穷远来流速度为 u_∞,板长为 l,边界层厚度为 δ,流体密度为 ρ。在边界层中,单位体积流体的惯性力和黏性力的量级可表示为

惯性力
$$\rho(u \cdot \nabla u) \sim \rho \frac{u_\infty^2}{l}$$

黏性力
$$\mu \frac{\partial^2 u}{\partial y^2} \sim \mu \frac{u_\infty}{\delta^2}$$

认为惯性力与黏性力在边界层中具有相同的量级,则应有

$$\mu \frac{u_\infty}{\delta^2} \sim \rho \frac{u_\infty^2}{l}$$

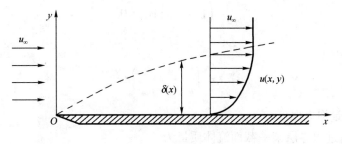

图 5 - 11　平板绕流

由此得

$$\frac{\delta}{l} \sim \frac{1}{\sqrt{Re}}$$

式中，$Re = u_\infty l/\nu$，对于高雷诺数流动，则有

$$\frac{\delta}{l} \ll 1$$

由此可见，在高雷诺数流动情况下，边界层厚度远小于被绕流物体的特征长度，边界层与物体相比是很薄的。

（2）边界层排挤厚度。

单位时间内通过边界层某一截面的流体若为理想流体，则其质量流量应为

$$\int_0^\delta \rho u_\infty \mathrm{d}y$$

式中　u_∞——边界层外缘主流速度。

由于存在黏性，实际通过该截面的流体质量为

$$\int_0^\delta \rho u \mathrm{d}y$$

式中　u——边界层内流体的流速。

可以看出，由于黏性存在，使边界层中流过物体的流量比以主流速度流过的流量减小了，上述两项之差就是因存在黏性而减少的流量，这部分流量只能被排挤到主流中去，它相当于在主流区增加了厚度为 δ_1 的一层流体，可表示为

$$\rho u_\infty \delta_1 = \int_0^\delta \rho u_\infty \mathrm{d}y - \int_0^\delta \rho u \mathrm{d}y$$

对不可压缩流体上式可写成

$$\delta_1 = \int_0^\delta \left(1 - \frac{u}{u_\infty}\right)\mathrm{d}y \qquad (5 - 37)$$

式中　δ_1——边界层排挤厚度。

由于边界层的存在，使主流区的边界向主流区推移了厚度 δ_1。因此，严格说来，在求解主流区流场时，它的边界条件应该在物面外加一层排挤厚度的边界上给出。图 5 - 12 所示为主流区边界层修正示意图。

由于边界层外 $u/u_\infty \approx 1$，因此有

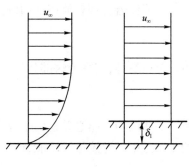

图 5 - 12　边界层修正

$$\int_{\delta}^{\infty} \left(1 - \frac{u}{u_{\infty}}\right) dy \approx 0$$

则式(5 - 37)可写成

$$\delta_1 = \int_0^{\infty} \left(1 - \frac{u}{u_{\infty}}\right) dy \qquad (5 - 38)$$

(3)边界层动量损失厚度。

单位时间内通过边界层某一截面流体质量为

$$\int_0^{\delta} \rho u \, dy$$

对这部分流体,若为理想流体,则应具有的动量为

$$u_{\infty} \int_0^{\delta} \rho u \, dy$$

由于存在黏性,实际上这部分流体具有的动量为

$$\int_0^{\delta} \rho u^2 \, dy$$

可以看出,边界层的存在使物体界面外势流原有的动量减少了,上述两项动量之差是由于存在黏性而产生的动量损失,这部分损失相当于以主流速度 u_{∞} 通过厚度为 δ_2 的理想流体所具有的动量,即

$$\rho u_{\infty}^2 \delta_2 = u_{\infty} \int_0^{\delta} \rho u \, dy - \int_0^{\delta} \rho u^2 \, dy$$

对不可压缩流体有

$$\delta_2 = \int_0^{\delta} \frac{u}{u_{\infty}} \left(1 - \frac{u}{u_{\infty}}\right) dy \qquad (5 - 39)$$

式中 δ_2——边界层动量损失厚度。

由于边界层外 $u/u_{\infty} \approx 1$,上式又可写成

$$\delta_2 = \int_0^{\infty} \frac{u}{u_{\infty}} \left(1 - \frac{u}{u_{\infty}}\right) dy \qquad (5 - 40)$$

(4)边界层能量损失厚度。

单位时间内通过边界层某截面的流体质量为

$$\int_0^{\delta} \rho u \, dy$$

这部分流体若为理想流体,则其应具有的动能为

$$\frac{1}{2} u_{\infty}^2 \int_0^{\delta} \rho u \, dy$$

由于存在黏性,实际上这部分流体的动能为

$$\frac{1}{2} \int_0^{\delta} \rho u^3 \, dy$$

上述两项动能之差是由于存在黏性而产生的动能损失,这部分损失相当于通过厚度为 δ_3 的主流区中理想流体的动能,即

$$\rho u_{\infty}^3 \delta_3 = u_{\infty}^2 \int_0^{\delta} \rho u \, dy - \int_0^{\delta} \rho u^3 \, dy$$

对于不可压缩流体有

$$\delta_3 = \int_0^\delta \frac{u}{u_\infty}\left(1 - \frac{u^2}{u_\infty^2}\right)\mathrm{d}y \qquad\qquad (5-41)$$

式中　δ_3——边界层动能损失厚度。

由于在边界层外 $u/u_\infty \approx 1$，故上式可写为

$$\delta_3 = \int_0^\infty \frac{u}{u_\infty}\left(1 - \frac{u^2}{u_\infty^2}\right)\mathrm{d}y \qquad\qquad (5-42)$$

二、边界层方程组及边界条件

边界层内流动是黏性流动，可以根据 N—S 方程来研究。根据边界层的特点，可以对边界层内的 N—S 方程进行简化，从而使问题变得易于求解。下面讨论一种比较简单的情况，即平板上的不可压缩流体平面层流边界层。

假设不可压缩黏性流体流过一半无穷大平板，且流动的雷诺数很大。如图 5-13 所示，取直角坐标系，原点 O 与平板前缘重合，x 轴与平板重合，y 轴与平板垂直。当不计质量力时，黏性不可压缩流体稳定流动的基本方程为

$$\left.\begin{array}{l}\dfrac{\partial u_x}{\partial x} + \dfrac{\partial u_y}{\partial y} = 0 \\[2mm] u_x \dfrac{\partial u_x}{\partial x} + u_y \dfrac{\partial u_x}{\partial y} = -\dfrac{1}{\rho}\dfrac{\partial p}{\partial x} + \nu\left(\dfrac{\partial^2 u_x}{\partial x^2} + \dfrac{\partial^2 u_x}{\partial y^2}\right) \\[2mm] u_x \dfrac{\partial u_y}{\partial x} + u_y \dfrac{\partial u_y}{\partial y} = -\dfrac{1}{\rho}\dfrac{\partial p}{\partial y} + \nu\left(\dfrac{\partial^2 u_y}{\partial x^2} + \dfrac{\partial^2 u_y}{\partial y^2}\right)\end{array}\right\} \qquad (5-43)$$

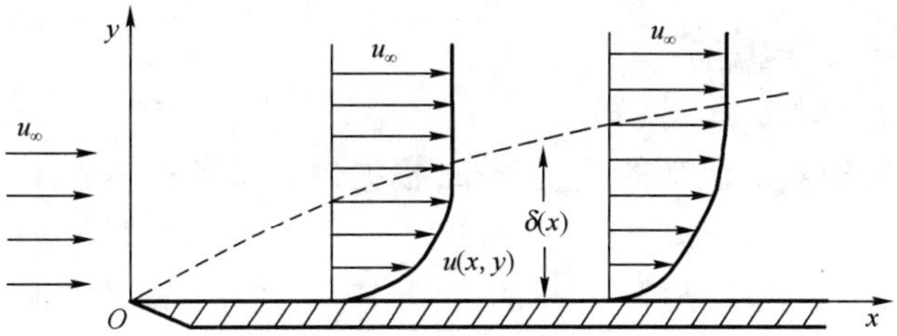

图 5-13　平板绕流

设在坐标 x 处边界层厚度为 δ，根据边界层流动的特点，除在 $x=0$ 点附近外，所有点处都有 $\delta \ll x$。将 x 的数量级当作 1，或写作 $x \sim O(1)$，则 $\delta \sim O(\varepsilon)$，其中 $\varepsilon \ll 1$。另外，将 u_x 的数量级也取为 $O(1)$。下面来分析方程（5-43）中各项的数量级。由连续方程式得

$$\frac{\partial u_x}{\partial x} = -\frac{\partial u_y}{\partial y} \qquad\qquad (5-44)$$

由前面量级设定可得 $\partial u_x/\partial x \sim O(1)$，因此有 $\partial u_y/\partial y \sim O(1)$。边界层中有 $y < \delta$，所以 $y \sim O(\varepsilon)$，于是有 $u_y \sim O(\varepsilon)$。于是对方程（5-43）中各项的数量级可作出如下判断：

$$u_x \frac{\partial u_x}{\partial x} \sim O(1),\ u_y \frac{\partial u_x}{\partial y} \sim O(1),\ \frac{\partial^2 u_x}{\partial x^2} \sim O(1),\ \frac{\partial^2 u_x}{\partial y^2} \sim O\left(\frac{1}{\varepsilon^2}\right),$$

$$u_x \frac{\partial u_y}{\partial x} \sim O(\varepsilon),\ u_y \frac{\partial u_y}{\partial y} \sim O(\varepsilon),\ \frac{\partial^2 u_y}{\partial x^2} \sim O(\varepsilon),\ \frac{\partial^2 u_y}{\partial y^2} \sim O\left(\frac{1}{\varepsilon}\right)$$

$\partial p / \partial x$ 与 $\partial p / \partial y$ 的数量级取决于方程中其他项的数量级。可将方程各项的数量级进行比较。在 (5-43) 第二个方程的右端的黏性项中，$\dfrac{\partial^2 u_x}{\partial y^2}$ 比 $\dfrac{\partial^2 u_x}{\partial x^2}$ 大得多，因而后者可略去不计。另外方程两端数量级应相等，即都应是 $O(1)$，所以应该有

$$\nu \frac{\partial^2 u_x}{\partial y^2} \sim O(1) \tag{5-45}$$

由式 (5-45) 可知 $\nu \sim O(\varepsilon^2)$，即流动的黏性应很小。

在式 (5-43) 第三个方程中，其右端的黏性项中的 $\nu \dfrac{\partial^2 u_x}{\partial x^2}$ 比 $\nu \dfrac{\partial^2 u_y}{\partial y^2}$ 小得多，可忽略。于是方程左端的惯性项与右端的黏性项的数量级都是 $O(\varepsilon^2)$，即 y 方向的惯性力与黏性力比 x 方向的这些力要小得多。可以认为边界层流动速度基本上是由 x 方向的方程所限定的，而不用考虑 y 方向的方程。另外从 y 方向的方程可知

$$\rho \frac{\partial p}{\partial y} \sim O(\varepsilon) \quad 或 \frac{\partial p}{\partial y} \sim O(\varepsilon) \tag{5-46}$$

式 (5-46) 说明，在边界层中沿 y 方向压强变化很小，因而可认为 $\partial p / \partial y = 0$，或 $p = p(x)$，与 y 无关。

经过在边界层中对 N—S 方程中各项的数量级大小的比较，可将方程简化为

$$\left.\begin{aligned} \frac{\partial u_x}{\partial x} + \frac{\partial u_y}{\partial y} &= 0 \\ u_x \frac{\partial u_x}{\partial x} + u_y \frac{\partial u_x}{\partial y} &= -\frac{1}{\rho} \frac{\partial p}{\partial x} + \nu \frac{\partial^2 u_x}{\partial y^2} \end{aligned}\right\} \tag{5-47}$$

这就是沿平壁面的不可压缩流体平面层流边界层的微分方程组，常称为普朗特方程。

相应的边界条件为：

(1) $y=0$ 时，$u_x=0$，$u_y=0$；

(2) $y \to \infty$（或 $y=\delta$）时，$u_x = u_\infty(x)$。

$u_\infty(x)$ 是边界层外边界上流动的速度分布，根据边界层渐近地趋于外流的性质，方程组 (5-47) 的解在 $y=\delta$ 处或在 $y \to \infty$ 处的值相差很少。具有边界条件 $y=\delta$ 的边界层理论有时称为有限厚度理论；而具有边界条件 $y \to \infty$ 的边界层理论则称为渐近理论。

边界层内的黏性流体运动和外层的理想流体流动是相互影响的。由于层内黏性流体的滞止作用，边界层内流线的流道有了扩张，流线向外移动以至将外流排挤出去一段距离，因而理想外流所绕流的物体已不是原来物体，而应是考虑了流线位移后加厚了的等效物体。等效物体的形状只有求出边界层内的解之后才会知道。由此可见，外流取决于边界层内的流动。另一方面，求解边界层方程也必须知道边界上外流的压力分布及速度分布。因而，边界层内的流动也取决于外流。所以，边界层内的流动和外流是相互影响的，应该联合求解。实际这样做却十分困难，因为要同时解两组相互影响的理想流体方程组及边界层方程组。为了克服上述困难，普朗特考虑到大 Re 数时边界层很薄的事实，认为流线的位移效应很小，等效物体与原物体相差不大。作为初步近似可忽略边界层对外流的影响，把外流当作是边界层不存在时绕原物体的流动，这样外流就可独立于边界层之外，运用解理想流体运动的方法求出。

外流确定后，再按方程组 (5-47) 和边界条件求边界层内的解，采用这种近似方法就可以将原来相互影响的两个问题化成可以逐步求解的两个问题。

根据此建议,边界层内的压力分布,应该等于势流中压力分布。注意到 $u_\infty = u_\infty(x)$,利用伯努利方程将压力与势流速度建立如下关系:

$$p + \frac{1}{2}\rho u_\infty^2 = C$$

因此有

$$\frac{\partial p}{\partial x} = -\rho u_\infty \frac{\mathrm{d}u_\infty}{\mathrm{d}x} \tag{5-48}$$

于是方程组(5-47)可写成:

$$\left.\begin{array}{l} \dfrac{\partial u_x}{\partial x} + \dfrac{\partial u_y}{\partial y} = 0 \\[4mm] u_x \dfrac{\partial u_x}{\partial x} + u_y \dfrac{\partial u_x}{\partial y} = u_\infty \dfrac{\mathrm{d}u_\infty}{\mathrm{d}x} + \nu \dfrac{\partial^2 u_x}{\partial y^2} \end{array}\right\} \tag{5-49}$$

三、 平板层流边界层的精确解

下面用边界层方程求不可压缩黏性流体以层流状态流过一半无穷大平板时,其边界层中的速度分布,进而求出平板表面上的黏性切应力及一段平板上的黏性阻力。

一均匀来流沿板面方向稳定地以速度 u_∞ 向一半无穷大平板流来,物面上将产生一个边界层。如图5-13所示,取直角坐标系,原点与平板前缘重合,x 轴沿来流方向,y 轴垂直于平板。

假定平板厚度为零,因平板没有厚度,流体沿平板方向流过平板时,平板对流动没有扰动,边界层外部区域的速度分布是均匀的,且为等速度 u_∞。根据伯努利方程可知,压强也是均匀分布的,即 p 为常数,或者 $\partial p/\partial x = 0$。

在零压强梯度的情况下,普朗特边界层方程可写成

$$\left.\begin{array}{l} \dfrac{\partial u_x}{\partial x} + \dfrac{\partial u_y}{\partial y} = 0 \\[4mm] u_x \dfrac{\partial u_x}{\partial x} + u_y \dfrac{\partial u_x}{\partial y} = \nu \dfrac{\partial^2 u_x}{\partial y^2} \end{array}\right\} \tag{5-50}$$

相应的边界条件为:

(1)$y=0$ 时,$u_x=0$,$u_y=0$;

(2)$y \to \infty$(或 $y=\delta$)时,$u_x \to u_\infty$。

方程组(5-50)与 N—S 方程相比虽有相当大的简化,但仍是一个二阶非线性的偏微分方程组,直接求解仍很困难。20世纪初,首先由布拉修斯用一种"相似性解法"求出了解析解。

布拉休斯假定各 x 处的边界层内速度剖面具有相似性,引进相似变换参数 f,表示为

$$\frac{u_x}{u_\infty} = \frac{\mathrm{d}f}{\mathrm{d}\eta} \tag{5-51}$$

积分得

$$f(\eta) = \int_0^\eta \frac{u_x}{u_\infty} \mathrm{d}\eta \tag{5-52}$$

而

$$\eta = y\sqrt{\frac{u_\infty}{\nu x}} \tag{5-53}$$

这种解法认为边界层内的速度 u 仅是无量纲变数 η 的函数,相当于将边界层内的 y 坐标按式(5-53)的比例表示,则各 x 处边界层内的无量纲速度剖面均是一样的。

因为讨论的是不可压缩流体的平面流动,则可以引进流函数 $\psi(x,y)$。在这里引进流函数 ψ,则有

$$u_x = \frac{\partial \psi}{\partial y} = \frac{\partial \psi}{\partial \eta} \cdot \frac{\partial \eta}{\partial y} = \frac{\partial \psi}{\partial \eta} \sqrt{\frac{u_\infty}{\nu x}}$$

反过来对 η 积分可得

$$\psi = \int_0^\eta u_x \sqrt{\frac{\nu x}{u_\infty}} \mathrm{d}\eta = \int_0^\eta u_\infty \left(\frac{u_x}{u_\infty}\right) \sqrt{\frac{\nu x}{u_\infty}} \mathrm{d}\eta = \sqrt{\nu x u_\infty} f(\eta)$$

可见,f 可视为无量纲的流函数,流函数自动满足连续方程。对式(5-50)中的第二分式中的物理量由流函数表示可得

$$u_x = \frac{\partial \psi}{\partial y} = \sqrt{\frac{u_\infty}{\nu x}} \frac{\mathrm{d}\psi}{\mathrm{d}\eta} = u_\infty \frac{\mathrm{d}f(\eta)}{\mathrm{d}\eta}$$

$$u_y = -\frac{\partial \psi}{\partial x} = \frac{1}{2}\sqrt{\frac{\nu u_\infty}{x}} \left[\eta \frac{\mathrm{d}f(\eta)}{\mathrm{d}\eta} - f(\eta)\right]$$

$$\frac{\partial u_x}{\partial x} = \frac{\partial u_x}{\partial \eta} \frac{\partial \eta}{\partial x} = -u_\infty \frac{\eta}{2x} \frac{\mathrm{d}^2 f(\eta)}{\mathrm{d}\eta^2}$$

$$\frac{\partial u_x}{\partial y} = \frac{\partial u_x}{\partial \eta} \frac{\partial \eta}{\partial y} = u_\infty \sqrt{\frac{u_\infty}{\nu x}} \frac{\mathrm{d}^2 f(\eta)}{\mathrm{d}\eta^2}$$

$$\frac{\partial^2 u_x}{\partial y^2} = u_\infty^2 \frac{1}{\nu x} \frac{\mathrm{d}^3 f(\eta)}{\mathrm{d}\eta^3}$$

将上述物理量代入式(5-50)的第二分式,整理后可得三阶常微分方程为

$$2\frac{\mathrm{d}^3 f}{\mathrm{d}\eta^3} + f\frac{\mathrm{d}^2 f}{\mathrm{d}\eta^2} = 0 \tag{5-54}$$

相应的边界条件为:当 $y=0$ 或 $\eta=0$ 时,$\mathrm{d}f/\mathrm{d}\eta=0$,$f=0$;当 $\eta=\infty$ 时,$\mathrm{d}f/\mathrm{d}\eta=1$。

式(5-54)是一个非线性的三阶常微分方程,形式虽简单,却无法找出封闭形式的解析解,需要采用数值计算的方法求解。布拉休斯首先给出了它们的数值解,随后又有不少学者进行了研究,表5-1为霍华斯给出的精确度较高的数值解。

表5-1 常微分方程数值解

η	$f(\eta)$	$\mathrm{d}f/\mathrm{d}\eta$	$\mathrm{d}^2 f/\mathrm{d}\eta^2$
0	0	0	0.33206
1.0	0.16557	0.32979	0.32301
2.0	0.65003	0.62977	0.26675
3.0	1.39682	0.84605	0.16136
4.0	2.30576	0.95552	0.06424
4.8	3.08534	0.98779	0.02187
5.0	3.28329	0.99115	0.01591
6.0	4.27964	0.99868	0.00240
7.0	5.27925	0.99992	0.00022
8.0	6.27923	1.00000	0.00001
8.8	7.07923	1.00000	0.00000

由表 5 - 1 中给出的数据,可以作出图 5 - 14 所示的速度分布曲线。

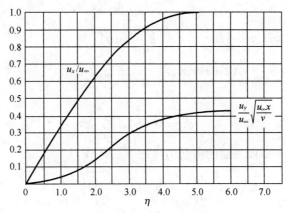

图 5 - 14　速度分布曲线

在图 5 - 14 中两条曲线分别为

$$\left.\begin{array}{c} \dfrac{u_x}{u_\infty} = \dfrac{\mathrm{d}f}{\mathrm{d}\eta} \\[3mm] \dfrac{u_y}{u_\infty}\sqrt{\dfrac{u_\infty x}{\nu}} = \dfrac{1}{2}\left(\eta\dfrac{\mathrm{d}f}{\mathrm{d}\eta} - f\right) \end{array}\right\} \tag{5-55}$$

可以看出,图 5 - 14 中层流边界层的速度分布 u_x/u_∞ 是一条光滑曲线,平板表面附近曲率很小,接近于直线,而后较陡地趋近于水平线 ($u_x/u_\infty = 1$)。同时可见,在平板的前方来流中不具有 y 向速度分布 u_y,而在边界层内出现有速度分量 u_y,并随 η 值的增大趋向于一个极限值:

$$u_y = 0.8604 u_\infty \sqrt{\dfrac{\nu}{u_\infty x}} \tag{5-56}$$

由上述理论计算获得的边界层内速度分布已被实验证明是正确的。已知边界层内的速度分布,就可以计算平面边界层的其他有关参数。

(1)边界层厚度。按照前面的规定,边界层厚度 δ 是 $u_x/u_\infty = 1$ 处到平面的距离。由图 5 - 14 的 u_x/u_∞ 曲线知,此时 $\eta = 5.0$。由式 (5 - 53) 可得

$$\delta\sqrt{\dfrac{u_\infty}{\nu x}} = 5.0$$

因此可得到边界层厚度为

$$\delta = 5.0\sqrt{\dfrac{\nu x}{u_\infty}} = \dfrac{5.0x}{\sqrt{Re_x}} \tag{5-57}$$

(2)边界层排挤厚度。排挤厚度可写为

$$\delta_1 = \int_0^\infty\left(1 - \dfrac{u_x}{u_\infty}\right)\mathrm{d}y = \sqrt{\dfrac{\nu x}{u_\infty}}\int_0^{\eta_\delta}\left(1 - \dfrac{u_x}{u_\infty}\right)\mathrm{d}\eta = \sqrt{\dfrac{\nu x}{u_\infty}}\left[\eta_\delta - f(\eta_\delta)\right]$$

上式中 $\eta_\delta = 5.0$,由表 5 - 1 查得 $f(\eta_\delta) = 3.28$,故平板层流边界层的排挤厚度为

$$\delta_1 = 1.72\sqrt{\dfrac{\nu x}{u_\infty}} \tag{5-58}$$

(3)边界层动量损失厚度。动量损失厚度可写为

$$\delta_2 = \int_\delta^\infty \frac{u_x}{u_\infty}\left(1 - \frac{u_x}{u_\infty}\right)\mathrm{d}y = \sqrt{\frac{\nu x}{u_\infty}} \int_0^{\delta\eta} \frac{u_x}{u_\infty}\left(1 - \frac{u_x}{u_\infty}\right)\mathrm{d}\eta$$

$$= \sqrt{\frac{\nu x}{u_\infty}}\left[f(\eta_\delta) - \int_0^{\eta_\delta}\left(\frac{\mathrm{d}f}{\mathrm{d}\eta}\right)^2 \mathrm{d}\eta\right]$$

上式中 $\eta_\delta = 5.0$,利用表 5 – 1 给出的数据,对上式进行数值积分,最后可得平板边界层动量损失厚度为

$$\delta_2 = 0.664\sqrt{\frac{\nu x}{u_\infty}} \tag{5 – 59}$$

(4)平板阻力系数。平板表面的剪切力可按下式计算:

$$\tau_0 = \mu\left(\frac{\mathrm{d}u}{\mathrm{d}y}\right)_{y=0} = \mu u_\infty \sqrt{\frac{\nu x}{u_\infty}}\left(\frac{\mathrm{d}^2 f}{\mathrm{d}\eta^2}\right)_{\eta=0}$$

由表 5 – 1 可查得

$$\left(\frac{\mathrm{d}^2 f}{\mathrm{d}\eta^2}\right)_{\eta=0} = 0.332$$

由此可得平板板面上的切应力分布为

$$\tau_0(x) = 0.332\mu u_\infty \sqrt{\frac{\nu x}{u_\infty}} = 0.332\rho u_\infty^2\sqrt{\frac{1}{Re_x}} \tag{5 – 60}$$

式中,雷诺数为

$$Re_x = \frac{\rho u_\infty x}{\mu}$$

距平板前缘 x 处的局部阻力系数为

$$C_\tau = \frac{\tau_0}{\frac{1}{2}\rho u_\infty^2} = \frac{0.664}{\sqrt{Re_x}} \tag{5 – 61}$$

长为 L,宽为 b 的平板单面上的摩擦力为

$$F_D = \int_0^L \tau_0(x)b\mathrm{d}x = \int_0^L 0.332 b\rho u_\infty^2 / \sqrt{Re_x}\mathrm{d}x = 0.664\rho u_\infty^2 bL/\sqrt{Re_L}$$

式中,雷诺数为

$$Re_L = \frac{\rho u_\infty L}{\mu}$$

平板的总阻力系数为

$$C_D = \frac{F_D}{\frac{1}{2}\rho u_\infty^2 \cdot bL} = \frac{1.328}{\sqrt{Re_L}} \tag{5 – 62}$$

四、边界层动量积分方程

边界层方程组虽然已大大简化,但它是非线性方程,用它对边界复杂的流动精确求解还是非常困难。这就促使人们去探求各种近似解法,在这些近似解法中,应用最广的是冯·卡门和

波尔豪森提出的边界层近似积分法。下面以不可压缩流体绕平板流动为研究对象介绍这种方法。

用边界层方程求出的速度分布应能使动量方程在边界层内每一点处都能得到满足。而近似解法只希望得到这样的速度分布,它们不必在边界层内每一点处都满足动量方程,但必须在整个边界层厚度范围内能平均地得到满足。如图 5－15 所示,在边界层内的任一部分,取宽度为 1 个单位,长度为 dx 的微元段边界层 ABCD 作为控制体。下面对控制体中的流体应用动量定理进行分析。

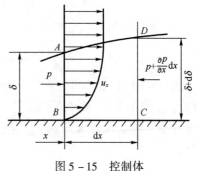

图 5－15　控制体

首先分析单位时间内通过控制面的流体的质量和动量。单位时间内通过 AB 面流进控制体的流体质量和动量为

流进质量
$$\int_0^\delta \rho u_x \mathrm{d}y$$

流进动量
$$\int_0^\delta \rho u_x^2 \mathrm{d}y$$

通过 CD 面流出控制体的流体质量和动量为

流出质量
$$\int_0^\delta \rho u_x \mathrm{d}y + \frac{\partial}{\partial x}\left(\int_0^\delta \rho u_x \mathrm{d}y\right)\mathrm{d}x$$

流出动量
$$\int_0^\delta \rho u_x^2 \mathrm{d}y + \frac{\partial}{\partial x}\left(\int_0^\delta \rho u_x^2 \mathrm{d}y\right)\mathrm{d}x$$

通过 AD 面流进控制体的流体质量和动量为

流进质量
$$\frac{\partial}{\partial x}\left(\int_0^\delta \rho u_x \mathrm{d}y\right)\mathrm{d}x$$

流进动量
$$u_\infty \frac{\partial}{\partial x}\left(\int_0^\delta \rho u_x \mathrm{d}y\right)\mathrm{d}x$$

式中,u_∞ 为边界层外主流速度。

控制体的 BC 面为固壁,没有流体的流进流出。

下面分析作用在控制面上的力在 x 方向的投影值。作用在 AB 面上的力为

$$p_\infty \delta$$

式中,p_∞ 为边界层外缘处的压强。

作用在 CD 面上的力为

$$-\left(p_\infty + \frac{\partial p_\infty}{\partial x}\mathrm{d}x\right)(\delta + \mathrm{d}\delta) = -p_\infty \delta - p_\infty \mathrm{d}\delta - \frac{\partial p_\infty}{\partial x}\delta \mathrm{d}x$$

上式忽略了无穷小量。

作用在 AD 面上的力在 x 方向的投影为

$$p_\infty \mathrm{d}\delta$$

作用在 BC 面上的力为

$$-\tau_0 \mathrm{d}x$$

于是可得作用在控制体 ABCD 上的合外力为

$$-\left(\frac{\partial p_\infty}{\partial x}\delta + \tau_0\right)\mathrm{d}x$$

根据动量定理可得

$$\rho \frac{\partial}{\partial x}\left(\int_0^\delta u_x^2 \mathrm{d}y\right)\mathrm{d}x - \rho u_\infty \frac{\partial}{\partial x}\left(\int_0^\delta u_x \mathrm{d}y\right)\mathrm{d}x = -\left(\frac{\partial p_\infty}{\partial x}\delta + \tau_0\right)\mathrm{d}x$$

把式(5-48)代入上式并整理得

$$\frac{\tau_0}{\rho} = \delta u_\infty \frac{\mathrm{d}u_\infty}{\mathrm{d}x} + u_\infty \frac{\partial}{\partial x}\int_0^\delta u_x \mathrm{d}y - \frac{\partial}{\partial x}\int_0^\delta u_x^2 \mathrm{d}y \qquad (5-63)$$

式(5-63)称为不可压缩流体稳定流动冯·卡门边界层动量积分方程式,它对层流和湍流都适用。任何一个能满足此方程的速度分布,都是在物理上的一个真实流动所应有的近似速度分布。此方程中未知函数 u_x 还位于积分号下,求解时必须选择合理的流速分布才能积分。

五、平板边界层的近似解

下面应用动量积分关系式对不可压缩流体绕流平板的层流边界层和湍流边界层进行近似求解。

1. 不可压缩流体平板层流边界层的近似解

如图5-16所示,一个半无穷大平板上方有密度为 ρ、速度为 u_∞ 的不可压缩稳定流沿平板表面方向流过。这时在平板表面上将形成边界层。

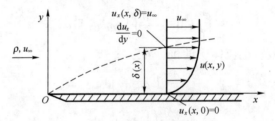

图5-16 平板绕流

由于动量积分方程式中含有 u_x、τ_0、δ 三个未知数,要求解该方程尚需补充两个方程,一般均先假设 u_x 的分布,并利用牛顿内摩擦定律。假设边界层内某处速度分布为 y 的幂函数,并且在边界层中不同 x 处都有相似的速度剖面。故可设边界层内速度分布为

$$u_x(y) = a_0 + a_1 y + a_2 y^2 + \cdots + a_n y^n$$

式中的常数系数 a_0、a_1、$\cdots$、a_n 还是未知的,它们需要由速度分布应遵守的边界条件来确定。所设幂函数形式的速度中,n 根据具体要求选取。这里取 $n=2$,则有

$$u_x(y) = a_0 + a_1 y + a_2 y^2$$

求上式中的三个常数系数 a_0、a_1、a_2 需要三个边界条件。

在物面上的边界条件为:$y=0$ 处,$u_x=0$;代入速度分布式可得 $a_0=0$。

在边界层外缘上的边界条件为:$y=\delta$ 处,$u_x=u_\infty$,$\mathrm{d}u_x/\mathrm{d}y=0$;代入速度分布式可得 $a_1 = 2\frac{u_\infty}{\delta}$,$a_2 = -\frac{u_\infty}{\delta^2}$。

最后得到假定的速度分布为

$$u_x(y) = u_\infty\left(2\frac{y}{\delta} - \frac{y^2}{\delta^2}\right) \qquad (5-64)$$

如果取 $n > 2$,求速度分布还需要更多的边界条件。

式(5-64)中边界层厚度 $\delta(x)$ 还是未知的,需要用动量积分方程来确定它。把式(5-64)代入式(5-63),解其右端两个积分得

$$\int_0^\delta u_x^2 \mathrm{d}y = \frac{8}{15} u_\infty^2 \delta$$

$$\int_0^\delta u_x \mathrm{d}y = \frac{2}{3} u_\infty \delta$$

在近壁处有

$$\tau_0 = \mu \left(\frac{\mathrm{d}u_x}{\mathrm{d}y} \right)_{y=0} = \frac{2\mu u_\infty}{\delta} \tag{5-65}$$

以及沿平板 $\mathrm{d}p/\mathrm{d}x = 0$,$\partial\delta/\partial x = \mathrm{d}\delta/\mathrm{d}x$,则整理动量方程(5-63)可写成

$$2\nu \frac{u_\infty}{\delta} = u_\infty^2 \frac{2}{15} \frac{\mathrm{d}\delta}{\mathrm{d}x}$$

分离积分变量:

$$\int_0^\delta \delta \mathrm{d}\delta = 15 \frac{\nu}{u_\infty} \int_0^x \mathrm{d}x$$

则得边界层厚度为

$$\delta = \sqrt{\frac{30\mu x}{\rho u_\infty}} + C$$

利用边界层的前缘边界条件来确定积分常数 C:在 $x = 0$ 处,$\delta = 0$,则得 $C = 0$。

最后得到层流边界层的厚度分布规律为

$$\delta = 5.48 \frac{x}{\sqrt{Re_x}} \tag{5-66}$$

其中

$$Re_x = \frac{\rho u_\infty x}{\mu}$$

将式(5-66)代入式(5-65),得流体施加在平板上的切应力为

$$\tau_0 = 2\mu \frac{u_\infty}{\delta} = \frac{0.365\rho u_\infty^2}{\sqrt{Re_x}} \tag{5-67}$$

则平板表面阻力系数为

$$C_\tau = \frac{\tau_0}{\frac{\rho u_\infty^2}{2}} = \frac{0.730}{\sqrt{Re_x}} \tag{5-68}$$

宽为 b,长为 L 的平板单面的阻力为

$$F_D = \int_0^L \tau_0 b \mathrm{d}x = \int_0^L \frac{0365\rho u_\infty^2}{\sqrt{Re_x}} b \mathrm{d}x = \frac{0.730 b L \rho u_\infty^2}{\sqrt{Re_L}} \tag{5-69}$$

其中

$$Re_L = \frac{\rho u_\infty L}{\mu} \tag{5-70}$$

则平板总阻力系数为

$$C_D = \frac{F_D}{\frac{\rho u_\infty^2}{2} b L} = \frac{1.46}{\sqrt{Re_L}} \tag{5-71}$$

当取流速分布为 $\dfrac{u_x}{u_\infty} = \sin\left(\dfrac{\pi}{2}\dfrac{y}{\delta}\right)$ 时,同理可求出

$$\delta = 4.80\,\frac{x}{\sqrt{Re_x}},\ \tau_0 = \frac{0.328\rho u_\infty^2}{\sqrt{Re_x}},\ C_\tau = \frac{0.656}{\sqrt{Re_x}},\ C_D = \frac{1.312}{\sqrt{Re_L}}$$

如果将通过边界层动量积分方程获得的层流边界层的近似解与布拉休斯精确解相比较,可以发现解的形式完全相同,结果都比较接近。可见应用边界层动量积分方程求解边界层参数是很好的近似方法。

2. 平板湍流边界层的近似解

假设在光滑平板上发生湍流边界层,应用边界层动量积分方程也可求得湍流边界层的近似解。与求解层流边界层一样,在应用动量积分方程求解湍流边界层时也要假设两个补充条件。普朗特将湍流边界层与圆管中的湍流进行了比较,认为它们有相同的特点。借助于圆管湍流的 1/7 指数速度分布规律,有

$$u_x(y) = u_\infty\left(\frac{y}{\delta}\right)^{1/7} \tag{5-72}$$

与之相应的切应力 τ_0 可表示为

$$\tau_0 = \frac{\lambda}{8}\rho u^2 \tag{5-73}$$

其中,摩阻系数 λ 在 $4000 \leqslant Re \leqslant 10^5$ 范围内采用布拉休斯公式:

$$\lambda = \frac{0.3164}{Re^{1/4}} = \frac{0.3164}{\left(\frac{\bar{u}d}{\nu}\right)^{1/4}} = \frac{0.2660}{\left(\frac{\bar{u}r}{\nu}\right)^{1/4}} \tag{5-74}$$

将式(5 - 74)代入式(5 - 73)得

$$\tau_0 = 0.03325\rho\bar{u}^{7/4}\left(\frac{\nu}{r}\right)^{1/4}$$

在以上雷诺数范围内,平均流速 $\bar{u}$ 约等于 $0.8u_\infty$,将 $\bar{u} = 0.8u_\infty$ 代入上式,并取 $r = \delta$,得

$$\tau_0 = 0.0225\rho u^{7/4}\left(\frac{\nu}{\delta}\right)^{1/4} = 0.0225\rho u_\infty^2\left(\frac{\nu}{u_\infty\delta}\right)^{1/4} \tag{5-75}$$

取 $\mathrm{d}p/\mathrm{d}x = 0$,将式(5 - 72)和式(5 - 73)代入动量积分方程式(5 - 63),得

$$\frac{\mathrm{d}}{\mathrm{d}x}\int_0^\delta\left[u_\infty\left(\frac{y}{\delta}\right)^{1/7}\right]^2\mathrm{d}y - u_\infty\frac{\mathrm{d}}{\mathrm{d}x}\int_0^\delta u_\infty\left(\frac{y}{\delta}\right)^{1/7}\mathrm{d}y = -0.0225u_\infty^2\left(\frac{\nu}{u_\infty\delta}\right)^{1/4}$$

对上式左端积分后把方程两边都除以 u_∞^2,得

$$\frac{7}{72}\frac{\mathrm{d}\delta}{\mathrm{d}x} = 0.0225\left(\frac{\nu}{u_\infty\delta}\right)^{1/4}$$

分离变量

$$\delta^{1/4}\mathrm{d}\delta = 0.0225 \times \frac{72}{7}\left(\frac{\nu}{u_\infty}\right)^{1/4}\mathrm{d}x$$

积分得

$$\delta = \frac{0.37x}{\sqrt[5]{Re_x}} \tag{5-76}$$

将式(5 - 76)代入式(5 - 75)得

$$\tau_0 = 0.0225\rho u_\infty^{7/4}\left(\frac{\nu}{\delta}\right)^{1/4} = \frac{0.0289\rho u_\infty^2}{\sqrt[5]{Re_x}} \qquad (5-77)$$

当地阻力系数为

$$C_\tau = \frac{\tau_0}{\frac{1}{2}\rho u_\infty^2} = \frac{0.0578}{\sqrt[5]{Re_x}} \qquad (5-78)$$

宽为 b、长为 L 的平板单面的阻力为

$$F_D = \int_0^L \tau_0 b\mathrm{d}x = \int_0^L 0.0289\rho u_\infty^2\left(\frac{\nu}{u_\infty x}\right)^{1/5}b\mathrm{d}x = \frac{0.036bL\rho u_\infty^2}{\sqrt[5]{Re_L}} \qquad (5-79)$$

则平板的总阻力系数为

$$C_D = \frac{F_D}{\frac{\rho u_\infty^2}{2}bL} = \frac{0.072}{\sqrt[5]{Re_L}} \qquad (5-80)$$

应用中常将式(5-80)修正为

$$C_D = \frac{0.074}{\sqrt[5]{Re_L}} \qquad (5-81)$$

实验证明,在 $Re_L = 5\times10^5 \sim 10^7$ 范围内,上式计算所得结果与实验结果吻合得较好。

3. 平板混合边界层的近似解

假设在平板绕流流场中,在平板的前段形成的是层流边界层,紧接层流边界层之后便是湍流边界层,边界层由层流向湍流过渡是突然完成的,没有过渡区。另外,在计算湍流边界层时,假定所发生的湍流边界层是在平板前缘开始发生的。这样,可以很方便地利用上述边界层的近似解来获得混合边界层的近似解。

假设平板层流边界层的长度为 x_l,那么相应的以板长 x_l 计算的雷诺数就成为临界雷诺数:

$$Re_r = \frac{\rho u_\infty x_l}{\mu} \qquad (5-82)$$

边界层由层流边界层转变为湍流边界层的临界雷诺数在 $5\times10^5 \sim 1\times10^6$ 范围内。

宽为 b、长为 L 的平板单面上的总阻力可按下式计算:

$$F_D = F_层(x_l\,段) + F_湍(L\,段) - F_湍(x_l\,段) \qquad (5-83)$$

式中　$F_层(x_l\,段)$——临界距离 x_l 段层流边界层的阻力;

$F_湍(L\,段)$——全板长均为湍流时的阻力;

$F_湍(x_l\,段)$——临界距离 x_l 段湍流边界层的阻力。

将式(5-69)和式(5-79)代入式(5-83)得

$$F_D = \frac{\rho u_\infty^2}{2}b\left(\frac{1.3x_l}{\sqrt{Re_r}} + \frac{0.074L}{\sqrt[5]{Re_L}} - \frac{0.074x_l}{\sqrt[5]{Re_r}}\right) \qquad (5-84)$$

这样,平板混合边界层的阻力系数 C_D 便为

$$C_D = \frac{F_D}{\frac{1}{2}\rho u_\infty^2 bL} = \frac{0.074}{\sqrt[5]{Re_L}} - \left(\frac{0.074}{\sqrt[5]{Re_r}} - \frac{1.3}{\sqrt{Re_r}}\right)\frac{x_l}{L} = \frac{0.074}{\sqrt[5]{Re_L}} - \frac{A}{Re_L} \qquad (5-85)$$

式中,A 与临界雷诺数 Re_r 有关,它们的关系见表5-2。

表 5-2   *A* 与 *Re*ᵣ 的关系

Re_r	10^5	3×10^5	5×10^5	10^6	3×10^6
A	320	1050	1700	3300	8700

【例 5-1】 已知矩形薄板的宽 $b = 0.6\text{m}$、长 $L = 50\text{m}$，平板以速度 10m/s 在石油中滑动，石油的动力黏度 $\mu = 0.0128\text{N} \cdot \text{s}/\text{m}^2$，密度 $\rho = 850\text{kg}/\text{m}^3$，设临界雷诺数 $Re_r = 5 \times 10^5$，不考虑板厚的影响，试确定：

（1）沿平板层流边界层的长度 x；

（2）平板阻力 F_D。

解 （1）用临界雷诺数来确定层流边界层的长度 x：

$$Re_r = \frac{\rho u_\infty x}{\mu} = 5 \times 10^5$$

$$x = 5 \times 10^5 \times \frac{0.0128}{850 \times 10} = 0.753(\text{m})$$

（2）由式（5-85）得

$$C_D = \frac{0.074}{\sqrt[5]{Re_L}} - \frac{A}{Re_L}$$

其中

$$Re_L = \frac{\rho u_\infty L}{\mu} = \frac{850 \times 10 \times 50}{0.0128} = 3.32 \times 10^7$$

由表 5-2 查得 $A = 1700$，最后得平板的阻力为

$$F_D = C_D \cdot \frac{\rho u_\infty^2}{2} \cdot 2bL = \left[\frac{0.074}{(3.32 \times 10^7)^{1/5}} - \frac{1700}{3.32 \times 10^7} \right] \times \frac{850 \times 10^2}{2} \times 2 \times 0.6 \times 50 = 5778(\text{N})$$

【例 5-2】 由六块宽度为 $b = 20\text{mm}$、长度为 $L = 150\text{mm}$ 的平板组成六角形蜂窝结构形通道，通道中有水流通过，水的运动黏度 $\nu = 10^{-6}\text{m}^2/\text{s}$，进口流速 $u_1 = 2\text{m/s}$，试确定此通道进出口压差大小。

解 设通道每一个边为单独平板，则有

$$Re_L = \frac{u_1 L}{\nu} = \frac{2 \times 0.15}{10^{-6}} = 3 \times 10^5$$

由于 $Re_L < Re_r$，故发生的边界层为层流边界层，由层流边界层的排挤厚度公式（5-58）可知：

$$\delta_1 = 1.72 \sqrt{\frac{\nu L}{u_1}} = 1.72 \sqrt{\frac{10^{-6} \times 0.15}{2}} = 4.71 \times 10^{-4}(\text{m})$$

出口处通道截面被阻塞值为

$$A_1 = 6\delta_1 b = 6 \times 4.71 \times 10^{-4} \times 0.02 = 5.65 \times 10^{-5}(\text{m}^2)$$

六角形通道的截面积为

$$A = 6 \times \frac{1}{2}b \times b\sin 60° = 1.04 \times 10^{-3}(\text{m}^2)$$

于是通道出口处的有效面积为

$$A - A_1 = 9.84 \times 10^{-4}(\text{m}^2)$$

故主流区出口速度为

$$u_2 = \frac{u_1 A}{A - A_1} = \frac{2 \times 1.04 \times 10^{-3}}{9.84 \times 10^{-4}} = 2.11\,(\text{m/s})$$

对于主流区,列理想流体的伯努利方程:

$$\frac{p_1}{\rho} + \frac{1}{2} u_1^2 = \frac{p_2}{\rho} + \frac{1}{2} u_2^2$$

所以通道进出口压差为

$$\Delta p = p_1 - p_2 = \frac{1}{2}\rho(u_2^2 - u_1^2) = \frac{1}{2} \times 10^3 (2.11^2 - 2^2) \approx 226\,(\text{N/m}^2)$$

六、边界层分离及控制

1. 边界层分离

在边界层的近似计算中,始终认为边界层是出现在靠近物面很薄的一层黏性流动区,是从绕流物体的前缘发生而沿物面向后发展的。但是,在沿物面压强增加的逆压区中,边界层难于继续存在,而会从物面上分离出去。边界层分离就是指边界层从某个位置开始的脱体现象,在此时物面附近会出现回流现象,这样的现象又称为边界层脱体现象。

下面通过分析分离发生的过程说明摩擦和逆压梯度怎样影响流动,引起分离。如图 5 – 17 所示为绕物体流动的边界层分离现象。当黏性流体绕流过此曲表面时,在黏性力的作用下,发生阻滞,消耗动能。在边界层中,切应力 τ 的分布具有这样的特性:越靠近壁面切应力越大,在边界层外缘切应力趋于零。因此越靠近壁面流动减速越剧烈,形成的速度梯度也越大。

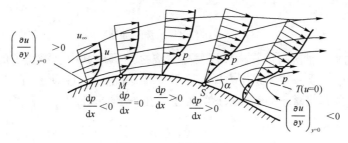

图 5 – 17   边界层分离

在曲面最高点 M 以前,由于主流断面逐渐缩小,造成增速降压,在此区域 $\mathrm{d}p/\mathrm{d}x < 0$,此区域称为顺压区,顺压区内部分压能转化为动能,流体虽受阻滞,但仍有足够的动能继续前进。在 M 点处,流速达到最大值,此处 $\mathrm{d}p/\mathrm{d}x = 0$。在 M 点后由于主流断面增大,造成流动减速增压,此区内 $\mathrm{d}p/\mathrm{d}x > 0$,称此区为逆压区,逆压区边界层内的流体将受到黏性阻力和压差阻力的双重作用,流速很快降低,导致边界层更加快增厚。开始由于边界层内流体具有一定流速,使流体继续向前流动,此时,壁面的速度梯度 $\left(\dfrac{\partial u}{\partial y}\right)_{y=0} > 0$。当流体流到曲面上某一点 S 处时,近壁流体的动能已耗尽,壁面的速度梯度 $\left(\dfrac{\partial u}{\partial y}\right)_{y=0} = 0$,在此处,流体停滞不前,且后面的来流将停滞而发生堆积。在过 S 点后,流场的压力继续升高,此区域内 $\mathrm{d}p/\mathrm{d}x > 0$,这就迫使流体反方向逆流,并迅速向外扩展,壁面上 $\left(\dfrac{\partial u}{\partial y}\right)_{y=0} < 0$。这样,流体就被挤得离开壁面,$S$ 点称为边界层的分离点。其后在 ST 线上流速均为零,成为主流和逆流之间的间断面。由于间断面的不稳定

性,微小扰动就会引起间断面的波动,进而发展并破裂形成旋涡。分离时形成的旋涡,将不断被主流带走,在物体后形成尾涡区。边界层分离后,静压很难进一步提高,而通常维持在分离点处的静压水平。

2. 边界层控制

边界层分离往往引起阻力和流动损失大大增加,因此,在工程上要减小绕流阻力和流动损失,应设法改变边界层流动结构,尽量控制边界层使其减弱或消除分离现象。边界层分离是因其中的流体质点在运动中受黏性阻力和压差阻力的双重作用而滞止造成的。据此可以找出控制边界层分离的途径。下面介绍几种经实验和工程验证的有效减弱或消除分离的措施和方法:

(1)合理的外形设计。将被绕流物体的外形设计成流线型,使最低压强点尽量移向物体的尾缘,可推迟边界层分离。

(2)边界层流动加速。对于因具体工况使边界层的升压区部位比较靠前的情况,可以采用对边界层中滞止了的流体提供附加能量的方法使流体得到新的能量以继续向升压区流动,一直不分离地流向下游。这可由设于物体内部的专门喷射装置来实现,如图 5-18(a)所示,在绕流物体内部设置一喷气气源,将高速气流从边界层将要分离处喷入边界层。也可直接利用主流本身的能量来实现,即开设狭缝将压力面的高压流体引到吸力面的阻滞区以防止边界层分离,如图 5-18(b)所示。

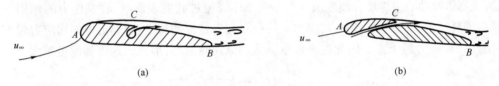

图 5-18 边界层流动加速

(3)边界层抽吸。抽吸可以在边界层发生分离之前吸取其中已滞止了的流体,流体不在此处堆积,使流体能承受一定的逆压力梯度而不分离。如图 5-19 所示,在绕流物体内开设狭缝,由内部的抽气装置将滞止的气体从该缝抽走。在一定的条件下,如能适当设计和安排吸气和狭缝,可完全消除分离。

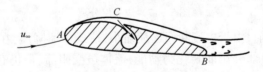

图 5-19 边界层抽吸

这里只讲述了少数几个边界层的控制方法,另外,根据具体情况还有多种方法可以减弱或消除边界层分离现象。

七、 圆柱绕流的边界层问题

横向绕过圆柱的流体流动在实际工程中有重要意义。风对塔、罐等设备的压力,海水对钻井平台支柱的冲击都是这种流动的实例。在各种热交换设备中,这种流动也是极为普遍的。

1. 圆柱绕流产生的力

对于圆柱绕流,当流体流过圆柱体前部时,压力逐渐降低,主流速度逐渐增大。当流体流到圆柱体后部时,沿流动方向,流体的压力逐渐增大,主流速度逐渐下降,根据上节分析可知,在此逆压区内可能发生边界层分离。通常情况下,圆柱绕流的流体作用在物体上的力可分解成两个分量,一个是与来流方向平行的分量力 F_D,通常称为流体作用于物体上的阻力,另一个是与来流方向相垂直的分量力 F_L,常称为升力或横向力。

阻力 F_D 又可分为摩擦阻力 $(F_D)_\tau$ 和压差阻力 $(F_D)_p$。摩擦阻力是作用在物面上的切应力 τ_b 在来流方向的总和,即

$$(F_D)_\tau = \int_A \tau_b \sin\alpha \mathrm{d}A \tag{5-86}$$

式中的 a 为物面法线方向与来流方向的夹角,如图 5-20
所示。压差阻力是由物面上的压力所引起的对物体的合力在来流方向的分量,即

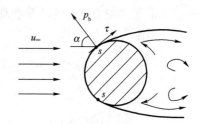

$$(F_D)_p = \int_A p_b \cos\alpha \mathrm{d}A \tag{5-87}$$

式中,p_b 为流体作用在物面上的压力分布。

如前面所述,尽管理想流体圆柱绕流问题比较简单,但黏性流体横向绕圆柱的流动却相当复杂,至今尚不能用分析的方法求解。下面仅简要介绍一些实验研究结果。

图 5-20　圆柱绕流

大量实验表明,随着雷诺数的变化,圆柱绕流将经历几次质变,流动现象有明显区别。下面分不同雷诺数的流动对圆柱绕流进行介绍。

对于不可压缩流动,圆柱绕流雷诺数的结构为

$$Re = \frac{\rho u_\infty D}{\mu} \tag{5-88}$$

式中　u_∞——前方未受扰动的来流速度;

　　　D——为圆柱直径。

因为流动状态只随雷诺数变化而变化,所以这里从很低雷诺数的流动开始,一直介绍到很高雷诺数的流动。

(1)在 $Re < 1$ 的条件下,流动如图 5-21 所示,这种流动是小雷诺数的缓慢流动,或称为蠕动流。其特点为流动上游与下游对称,呈一种稳定层流状态。物体所受阻力为物面黏性切应力的合力。

(2)在 $3 \sim 5 < Re < 30 \sim 40$ 的条件下,流动如图 5-22 所示。其特点是在背风面出现对称旋涡区,其中的流体不停地回旋,但不脱落,不流入下游。可以看出,随着雷诺数的增加,上游和下游的对称性消失了。物体所受阻力由两部分组成:摩擦阻力和压差阻力。在这种情况下,摩擦阻力与压差阻力具有同等重要性。

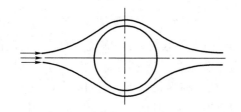

图 5-21　圆柱绕流($Re < 1$)

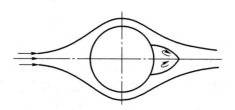

图 5-22　圆柱绕流($3 \sim 5 < Re < 30 \sim 40$)

（3）在 $30 \sim 40 < Re < 80 \sim 90$ 条件下,流动如图5-23所示。其特点是在背风区的对涡区发展得越来越大,并出现摆动,但仍呈层流状态。物体阻力由摩擦阻力和压差阻力组成,它们具有同等重要性。

（4）在 $80 \sim 90 < Re < 150 \sim 300$ 的条件下,流动状态如图5-24所示。其特点是背风面旋涡交替脱落向下游流去(但速度低于前方未受扰动的速度 u_∞),从而形成两排向下游流动的涡列。所有在同一侧的旋涡都以相同的方向旋转,另一侧的旋涡则都以相反的方向旋转。通常称这种流动为卡门涡街。交替脱落的旋涡将会在圆柱上产生交变作用的力,从而产生流动振动现象。当这种振动的频率与物体的固有频率一致时将会引起具有破坏性的共振,因而工程技术上非常关心这种流动振动现象并加以专门研究和讨论。此时,物体阻力虽仍由摩擦阻力和压差阻力组成,但以压差阻力为主。

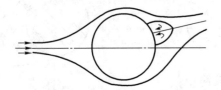 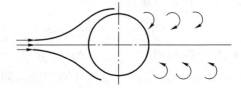

图5-23　圆柱绕流（$30 \sim 40 < Re < 80 \sim 90$）　　　图5-24　圆柱绕流（$80 \sim 90 < Re < 150 \sim 300$）

（5）在 $150 \sim 300 < Re < 1.3 \times 10^5$ 条件下,流动如图5-25所示。其特点是在背风面出现明显的低速而混乱的回流区。回流区中不断脱落的旋涡逐渐破裂为小旋涡,因而形成湍流,在物面的迎风面上形成层流边界层,边界层与物面的分离点发生在迎风面。这种情况称为亚临界状态。这种情况下,物体阻力虽仍由摩擦阻力和压差阻力组成,但以压差阻力为主。

（6）在 $Re > 1.3 \times 10^5$ 条件下,流动如图5-26所示。其特点是流动状态与（5）类似,但边界层分离前已由层流转变为湍流。分离点在背风面部分,由亚临界状态分离点 $\phi = 85°$ 左右的位置急剧地后移到 $\phi = 130°$ 左右的位置,这种状态称为超临界状态。分离点位置后移的原因是因为在这种情况下,转捩点在分离点之前,分离点附近已是湍流边界层。由于层内和层外流体通过脉动发生强烈的动量交换,所以动量较大的边界层外部的流体将有力地帮助边界层内的流体克服逆压和黏性力的作用而向前运动,这样就可推迟分离现象的产生。当分离点后移时,尾涡区将大为缩小,因而此时的压差阻力将减少。

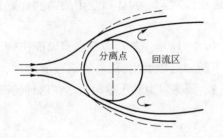 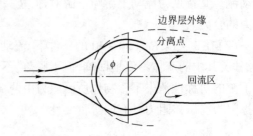

图5-25　圆柱绕流（$150 \sim 300 < Re < 1.3 \times 10^5$）　　　图5-26　圆柱绕流（$Re > 1.3 \times 10^5$）

在亚临界状态下,由于边界层分离发生在迎风面,故涡流区较大,而涡流区中的压力较低,故压差阻力增加。虽然层流边界层中物面摩擦阻力比湍流边界层中物面摩擦阻力小,但由于压差阻力是总阻力的主要成分,故总阻力仍然较大。在超临界状态下,涡流区减小,故物体的压差阻力减小。虽然在湍流边界层中物面摩擦阻力有所增加,但由于压差阻力是总阻力的主要成分,则总阻力仍有突然的下降。

2. 圆柱绕流总阻力

与平面绕流的阻力计算类似,单位长度圆柱体上的总阻力可按下式计算:

$$F_D = C_D D \rho \frac{u_\infty^2}{2} \qquad (5-89)$$

式中,阻力系数 C_D 是雷诺数的函数。图 5-27 所示为由实验获得的圆柱绕流阻力系数曲线,横坐标是流动雷诺数,纵坐标是阻力系数 C_D。由图可见,约在 $Re > 2 \times 10^5$ 处阻力系数突然下降,而约在 $Re = 5 \times 10^5$ 处阻力系数又开始明显回升。阻力系数突然下降点称为临界点,临界点以前的状态称为亚临界状态;临界点以后的状态称为超临界状态。

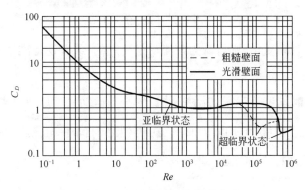

图 5-27　圆柱绕流阻力系数曲线

在亚临界状态下,边界层在迎流面分离,故压差阻力较大。在超临界状态下,边界层在背流面分离,故压差阻力下降。但当雷诺数逐渐增加时,转捩将更加提前,湍流边界层区域增大,层流边界层区域减少,因而摩擦阻力系数上升;再加上尾流区中压力进一步下降,故压差阻力系数上升。因而在 $Re = 5 \times 10^5$ 处总阻力系数有明显上升。

边界层分离是增加物体阻力的原因,因此,在工程上为克服减少压差阻力,应设法改变流动条件,尽量控制边界层使其不发生分离现象或推迟发生分离现象。

第五节　雷诺方程及湍流的半经验理论

湍流是自然界和工程中最普遍存在的流体运动。从雷诺实验可以看出,湍流运动中的流体质点是不断相互掺混和碰撞的,因此,流体每一点的流动变量 ϕ(如速度和压力)都不断随空间和时间随机地变化着。对于这类随机现象,要准确地描述流动随时间和空间的变化是非常困难的。往往人们对每点的瞬时变量并不感兴趣,而把注意力集中在平均运动上。对 N—S 方程进行时均化可得到相应的时均运动方程。

一、时均化方法及湍流度

1. 时间平均

尽管在湍流中流动变量是随时间脉动的,但在一段足够长的时间内,可以发现空间任意点上的流动变量始终是围绕着某个确定值上下波动,如图 5-28 所示。因此,用流动变量对时间

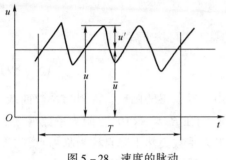

图 5 - 28　速度的脉动

的平均值(称为时均值)来研究流场,就可以使问题得到简化。这样就可以把湍流瞬时流动变量 ϕ 看作由时均量 $\bar{\phi}$ 和脉动量 ϕ' 叠加而成的,即

$$\phi = \bar{\phi} + \phi' \qquad (5-90)$$

设流动变量 ϕ 是空间和时间的函数,则 ϕ 的时间平均可定义如下:

$$\bar{\phi} = \frac{1}{T}\int_0^T \phi(x,y,z,t)\,\mathrm{d}t$$

可以证明,脉动值 ϕ' 的时间平均值等于零,即

$$\bar{\phi}' = \frac{1}{T}\int_0^T \phi'\mathrm{d}t = 0 \qquad (5-91)$$

若时均参数不随时间变化,则可认为该流动是稳定的,或者说是准稳定的。

2. 湍流度

由于脉动速度的时均值等于零,为了把湍流的脉动运动强度反映出来,在工程中经常使用所谓湍流度 ε 的概念。把脉动速度 u' 取平方,再使之时间平均,然后取其平方根 $\sqrt{\overline{u'^2}}$,把 $\sqrt{\overline{u'^2}}$ 与时均速度的比值称为湍流度,即

$$\varepsilon = \frac{\sqrt{\overline{u'^2}}}{\bar{u}} \qquad (5-92)$$

虽然脉动速度的时均值等于零,但脉动速度的平方的时均值一般不等于零,因此,湍流度不等于零。

二、不可压缩流体的时均连续方程和运动方程

1. 时均连续方程

为简单起见,这里仅考虑不可压缩流体的流动。

根据式(5-90),将湍流瞬时流动速度分解成时均速度和脉动速度之和,即

$$u_x = \bar{u}_x + u'_x,\ u_y = \bar{u}_y + u'_y,\ u_z = \bar{u}_z + u'_z \qquad (5-93)$$

将式(5-93)代入连续方程

$$\frac{\partial u_x}{\partial x} + \frac{\partial u_y}{\partial y} + \frac{\partial u_z}{\partial z} = 0$$

得

$$\frac{\partial(\bar{u}_x + u'_x)}{\partial x} + \frac{\partial(\bar{u}_y + u'_y)}{\partial y} + \frac{\partial(\bar{u}_z + u'_z)}{\partial z} = 0$$

展开上式:

$$\frac{\partial \bar{u}_x}{\partial x} + \frac{\partial u'_x}{\partial x} + \frac{\partial \bar{u}_y}{\partial y} + \frac{\partial u'_y}{\partial y} + \frac{\partial \bar{u}_z}{\partial z} + \frac{\partial u'_z}{\partial z} = 0 \qquad (5-94)$$

对上式进行时均化得

$$\frac{1}{T}\int_0^T\left(\frac{\partial \bar{u}_x}{\partial x} + \frac{\partial u'_x}{\partial x} + \frac{\partial \bar{u}_y}{\partial y} + \frac{\partial u'_y}{\partial y} + \frac{\partial \bar{u}_z}{\partial z} + \frac{\partial u'_z}{\partial z}\right)\mathrm{d}t = 0$$

根据时均值运算规则,逐一求出各项时均值,则得

$$\frac{\partial \overline{u_x}}{\partial x} + \frac{\overline{\partial u'_x}}{\partial x} + \frac{\partial \overline{u_y}}{\partial y} + \frac{\overline{\partial u'_y}}{\partial y} + \frac{\partial \overline{u_z}}{\partial z} + \frac{\overline{\partial u'_z}}{\partial z} = 0$$

由于脉动值的时均值为零,上式可写成

$$\frac{\partial \overline{u_x}}{\partial x} + \frac{\partial \overline{u_y}}{\partial y} + \frac{\partial \overline{u_z}}{\partial z} = 0 \tag{5-95}$$

式(5-95)即为时均连续方程。

将式(5-95)与式(5-94)比较,可得

$$\frac{\partial u'_x}{\partial x} + \frac{\partial u'_y}{\partial y} + \frac{\partial u'_z}{\partial z} = 0 \tag{5-96}$$

这就是瞬时脉动的连续方程。

2. 时均运动方程

下面对 N—S 方程进行时均化。以 x 轴方向为例,对 N—S 方程两边取时间平均值,得

$$\overline{\frac{\mathrm{d}u_x}{\mathrm{d}t}} = \overline{\frac{\partial u_x}{\partial t}} + \overline{u_x \frac{\partial u_x}{\partial x}} + \overline{u_y \frac{\partial u_y}{\partial y}} + \overline{u_z \frac{\partial u_z}{\partial z}} + \overline{f_x}$$

$$= -\frac{1}{\rho} \frac{\partial \overline{p}}{\partial x} + \nu \left(\frac{\partial^2 \overline{u_x}}{\partial x^2} + \frac{\partial^2 \overline{u_x}}{\partial y^2} + \frac{\partial^2 \overline{u_x}}{\partial z^2} \right) + \overline{f_x} \tag{5-97}$$

其中

$$\overline{u_x \frac{\partial u_x}{\partial x}} = \overline{(\overline{u_x} + u'_x) \frac{\partial(\overline{u_x} + u'_x)}{\partial x}} = \overline{\overline{u_x} \frac{\partial \overline{u_x}}{\partial x}} + \overline{u'_x \frac{\partial \overline{u_x}}{\partial x}} + \overline{\overline{u_x} \frac{\partial u'_x}{\partial x}} + \overline{u'_x \frac{\partial u'_x}{\partial x}}$$

$$= \overline{u_x} \frac{\partial \overline{u_x}}{\partial x} + \overline{u'_x} \frac{\partial \overline{u_x}}{\partial x} + \overline{u_x} \frac{\overline{\partial u'_x}}{\partial x} + \overline{u'_x \frac{\partial u'_x}{\partial x}}$$

因 $\overline{u'_x} = 0$,则上式可写成

$$\overline{u_x \frac{\partial u_x}{\partial x}} = \overline{u_x} \frac{\partial \overline{u_x}}{\partial x} + \overline{u'_x \frac{\partial u'_x}{\partial x}}$$

同理可求得

$$\overline{u_y \frac{\partial u_x}{\partial y}} = \overline{u_y} \frac{\partial \overline{u_x}}{\partial y} + \overline{u'_y \frac{\partial u'_x}{\partial y}}$$

$$\overline{u_z \frac{\partial u_x}{\partial z}} = \overline{u_z} \frac{\partial \overline{u_x}}{\partial z} + \overline{u'_z \frac{\partial u'_x}{\partial z}}$$

因 $\overline{u_x}$、$\overline{u_y}$、$\overline{u_z}$ 与时间无关,故可得

$$\overline{u_x \frac{\partial u_x}{\partial x}} + \overline{u_y \frac{\partial u_x}{\partial y}} + \overline{u_z \frac{\partial u_x}{\partial z}}$$

$$= \overline{u_x} \frac{\partial \overline{u_x}}{\partial x} + \overline{u_y} \frac{\partial \overline{u_x}}{\partial y} + \overline{u_z} \frac{\partial \overline{u_x}}{\partial z} + \overline{u'_x \frac{\partial u'_x}{\partial x}} + \overline{u'_y \frac{\partial u'_x}{\partial y}} + \overline{u'_z \frac{\partial u'_x}{\partial z}} \tag{5-98}$$

其中

$$\overline{u'_x \frac{\partial u'_x}{\partial x} + u'_y \frac{\partial u'_x}{\partial y} + u'_z \frac{\partial u'_x}{\partial z}}$$

$$= \overline{\left[\frac{\partial (u'_x u'_x)}{\partial x} - u'_x \frac{\partial u'_x}{\partial x} \right] + \left[\frac{\partial (u'_x u'_y)}{\partial y} - u'_x \frac{\partial u'_y}{\partial y} \right] + \left[\frac{\partial (u'_x u'_z)}{\partial z} - u'_x \frac{\partial u'_z}{\partial z} \right]}$$

$$= \frac{\partial \overline{(u'_x u'_x)}}{\partial x} + \frac{\partial \overline{(u'_x u'_y)}}{\partial y} + \frac{\partial \overline{(u'_x u'_z)}}{\partial z} - \overline{u'_x \left(\frac{\partial u'_x}{\partial x} + \frac{\partial u'_y}{\partial y} + \frac{\partial u'_z}{\partial z} \right)} \qquad (5-99)$$

由式(5 - 96)可知式(5 - 99)右侧最后一项为零,将式(5 - 98)、式(5 - 99)代入式(5 - 97)得

$$\frac{\partial \bar{u}_x}{\partial t} + \bar{u}_x \frac{\partial \bar{u}_x}{\partial x} + \bar{u}_y \frac{\partial \bar{u}_x}{\partial y} + \bar{u}_z \frac{\partial \bar{u}_x}{\partial z} + \frac{\partial \overline{(u'_x u'_x)}}{\partial x} + \frac{\partial \overline{(u'_x u'_y)}}{\partial y} + \frac{\partial \overline{(u'_x u'_z)}}{\partial z} + \bar{f}_x$$

$$= -\frac{1}{\rho} \frac{\partial \bar{p}}{\partial x} + \nu \nabla^2 \bar{u}_x + \bar{f}_x \qquad (5-100)$$

同理可得 y 轴方向和 z 轴方向的时均化方程,将它们写在一起即为湍流时均运动所遵循的运动方程,即雷诺方程:

$$\left.\begin{array}{l}
\dfrac{\partial \bar{u}_x}{\partial t} + \bar{u}_x \dfrac{\partial \bar{u}_x}{\partial x} + \bar{u}_y \dfrac{\partial \bar{u}_x}{\partial y} + \bar{u}_z \dfrac{\partial \bar{u}_x}{\partial z} \\[2mm]
+ \dfrac{\partial \overline{(u'_x u'_x)}}{\partial x} + \dfrac{\partial \overline{(u'_x u'_y)}}{\partial y} + \dfrac{\partial \overline{(u'_x u'_z)}}{\partial z} = \bar{f}_x - \dfrac{1}{\rho} \dfrac{\partial \bar{p}}{\partial x} + \nu \nabla^2 \bar{u}_x + \\[2mm]
\dfrac{\partial \bar{u}_y}{\partial t} + \bar{u}_x \dfrac{\partial \bar{u}_y}{\partial x} + \bar{u}_y \dfrac{\partial \bar{u}_y}{\partial y} + \bar{u}_z \dfrac{\partial \bar{u}_y}{\partial z} \\[2mm]
+ \dfrac{\partial \overline{(u'_x u'_y)}}{\partial x} + \dfrac{\partial \overline{(u'_y u'_y)}}{\partial y} + \dfrac{\partial \overline{(u'_y u'_z)}}{\partial z} = \bar{f}_y - \dfrac{1}{\rho} \dfrac{\partial \bar{p}}{\partial y} + \nu \nabla^2 \bar{u}_y + \\[2mm]
\dfrac{\partial \bar{u}_z}{\partial t} + \bar{u}_x \dfrac{\partial \bar{u}_z}{\partial x} + \bar{u}_y \dfrac{\partial \bar{u}_z}{\partial y} + \bar{u}_z \dfrac{\partial \bar{u}_z}{\partial z} \\[2mm]
+ \dfrac{\partial \overline{(u'_x u'_z)}}{\partial x} + \dfrac{\partial \overline{(u'_y u'_z)}}{\partial y} + \dfrac{\partial \overline{(u'_z u'_z)}}{\partial z} = \bar{f}_z - \dfrac{1}{\rho} \dfrac{\partial \bar{p}}{\partial z} + \nu \nabla^2 \bar{u}_z +
\end{array}\right\} \qquad (5-101)$$

雷诺方程和对应的 N—S 方程(5 - 12)比较,方程中出现了九项脉动量乘积的时均值 $\overline{u'_x u'_x}$、$\overline{u'_x u'_y}$、$\overline{u'_x u'_z}$ 等,其中,$\overline{u'_x u'_y} = \overline{u'_y u'_x}$、$\overline{u'_x u'_z} = \overline{u'_z u'_x}$、$\overline{u'_y u'_z} = \overline{u'_z u'_y}$,即九个脉动量乘积只有六个量是独立的。

这几项脉动量乘积称为脉动速度的相关矩,这些量的值多数情况下为负值。由于 $-\rho \overline{u'_x u'_x}$、$-\rho \overline{u'_x u'_y}$、$-\rho \overline{u'_x u'_z}$ 等有应力的量纲,习惯上称为雷诺应力,它们是由于湍流脉动而产生的附加的切应力分量。由于雷诺应力的出现,使湍流平均运动满足的基本方程组不封闭,只有补充了有关雷诺应力的计算关系式,才能使湍流方程组封闭。解决湍流问题的困难即在对雷诺应力的处理上,中心问题是建立有效的雷诺应力的物理方程。

虽然雷诺方程比对应的 N—S 方程多了雷诺应力项,但因它避免了处理复杂的瞬时脉动

问题而获得了广泛应用。

三、混合长度理论

由于湍流中存在雷诺应力,理论上无法求解。为使湍流时均运动方程组封闭,一百多年来,人们做了大量工作,特别是先进测试技术和计算技术的应用使这方面工作取得了很大进展。人们根据对湍流的长期观察研究,提出了一些雷诺应力的近似计算方法,通常称其为湍流模式理论。湍流模式理论已成为解决工程实际问题比较有效的现实手段。

湍流模式理论的思想可追溯到 100 多年以前。1872 年布辛涅斯克(Boussinesq)就提出用涡黏性系数来模拟雷诺应力:

$$- \rho \overline{u'_x u'_y} = \mu_T \frac{\mathrm{d}\bar{u}}{\mathrm{d}y} \qquad (5-102)$$

将式(5-102)与牛顿内摩擦定律比较可以看出,式中 μ_T 与动力黏性系数 μ 有类似之处,故将 μ_T 称为涡黏性系数或湍流黏性系数。实验证明,在湍流中 μ_T 是随空间和时间变化的函数,这是涡黏性系数与动力黏性系数的重要区别之一。

直到第二次世界大战前,发展了一系列半经验理论。其中包括得到最广泛应用的普朗特的混合长度理论,以及泰勒的涡量转移理论和冯·卡门的相似性理论等。在这里,只介绍最广泛应用的普朗特的混合长度理论。

对不可压缩黏性流体的剪切流动,如图 5-29 所示,时均速度为 $\bar{u}_x(y)$,在 y 方向存在着时均速度梯度,对于这样的湍流,雷诺应力为 $-\overline{\rho u'_x u'_y}$。为了确定脉动速度 u'_x、u'_y 的大小,普朗特认为流体质点在 y 方向脉动,即由一层跳入另一层时,要经过一段不与其他任何流体质点相碰撞的距离 l,以自己原来的动量和新位置周围的质点相混,完成动量交换。流体质点从一层跳入另一层所经过的这一段距离 l 称为混合长度,它是流体质点在横向混杂运动中其自由行程的平均值。从这个基本假定出发,普朗特假定:

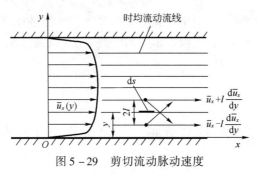

图 5-29 剪切流动脉动速度

(1)流体质点的纵向脉动速度 u'_x 近似等于两层流体的时均速度之差 $\frac{\mathrm{d}u_x}{\mathrm{d}y}l$。因为从图 5-29 中可以看出,在 $(y+l)$ 层上的流体质点的时均速度是 $\bar{u}_x + \frac{\mathrm{d}\bar{u}_x}{\mathrm{d}y}l$,当它脉动到 y 层上时,其速度比 y 层上质点速度大 $\frac{\mathrm{d}\bar{u}_x}{\mathrm{d}y}l$,这就相当于在 y 层上引起了大小为 $\frac{\mathrm{d}\bar{u}_x}{\mathrm{d}y}l$ 的纵向脉动。同理,$(y-l)$ 层上的流体质点脉动与 y 层流体混合时,在 y 层上也引起大小为 $-\frac{\mathrm{d}\bar{u}_x}{\mathrm{d}y}l$ 的纵向脉动。可以看出在流体质点跳跃混合过程中,u'_x 与 u'_y 具有相反的符号,所以 $-\overline{\rho u'_x u'_y}$ 将始终是一个正值。

这说明雷诺应力将使流体内部的剪切应力增大。

（2）脉动速度 u'_x 与 u'_y 量级相同。脉动速度 u'_x 与 u'_y 量级相同，即 $u'_y \sim u'_x$，也可写成

$$u'_y = cu'_x = C\frac{\mathrm{d}\bar{u}_x}{\mathrm{d}y}l$$

普朗特引入混合长度的概念，确定了脉动速度 u'_x、u'_y 的大小与时均速度的关系，从而就确定了准稳定流动中雷诺应力的大小：

$$-\rho\,\overline{u'_x u'_y} = \rho C\left(l\,\frac{\mathrm{d}\bar{u}_x}{\mathrm{d}y}\right)^2 \tag{5-103}$$

若考虑雷诺应力的方向，式（5-103）可进一步写作

$$-\rho\,\overline{u'_x u'_y} = \rho Cl^2\left|\frac{\mathrm{d}\bar{u}_x}{\mathrm{d}y}\right|\frac{\mathrm{d}\bar{u}_x}{\mathrm{d}y} \tag{5-104}$$

这里混合长度 l 还是一个未定的长度，在处理时，可以将 l 作适当的改变，因此不妨取 $C=1$。这样湍流切应力就可写作

$$-\rho\,\overline{u'_x u'_y} = \rho l^2\left|\frac{\mathrm{d}\bar{u}_x}{\mathrm{d}y}\right|\frac{\mathrm{d}\bar{u}_x}{\mathrm{d}y} \tag{5-105}$$

对于固体壁面，普朗特认为在近壁处混合长度 l 与距壁面的距离 y 成正比，即

$$l = ky \tag{5-106}$$

式中，k 为经验常数。经实验测定，对于光滑管壁 $k=0.4$，对于光滑平壁 $k=0.417$。

普朗特还进一步推论，靠近壁面处有效切应力近似为常数，即近似等于壁面上的切应力 τ_w。

第六节　圆管中湍流的速度分布

湍流的流动情况十分复杂，因而不能像对层流那样，通过严格的理论分析推导出管内的速度分布。在分析圆管中的湍流时，可根据适当的经验方法（或湍流模式）对准稳定流动方程进行分析，得出圆管内的速度分布。

一、湍流构成

实验研究表明，壁面附近的湍流流动如图5-30所示，可分三个区域：黏性底层，过渡区，湍流区。

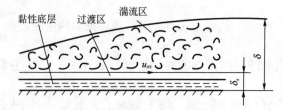

图5-30　壁面附近的湍流流动

1. 黏性底层

黏性底层是贴近壁面处厚度极薄的流体层，在这一层中，受壁面的制约，流动仍保持为黏

性层流状态,因此也称其为层流底层。黏性底层内流体的剪切应力主要是平均速度梯度确定的黏性摩擦力,即

$$\tau_w = \mu \frac{d\bar{u}}{dy}$$

定义摩擦速度 u^* 为

$$u^* = \sqrt{\frac{\tau_w}{\rho}} \tag{5-107}$$

式中　τ_w——壁面切应力;

　　ρ——流体密度。

由实验确定的黏性底层的厚度为

$$y \leqslant \frac{5\nu}{u^*} \tag{5-108}$$

由于黏性底层极薄,从而可以认为其中的速度按线性规律分布,即

$$\frac{d\bar{u}}{dy} = \frac{\bar{u}}{y}$$

在黏性底层中

$$\tau_w = \mu \frac{d\bar{u}}{dy} = \mu \frac{\bar{u}}{y}$$

因而可得

$$\bar{u} = \frac{\tau_w}{\mu} y = \frac{\tau_w}{\rho} \frac{y}{\nu} = u^{*2} \frac{y}{\nu}$$

或

$$\frac{\bar{u}}{u^*} = u^* \frac{y}{\nu} \tag{5-109}$$

这就是黏性底层中的速度分布规律。

2. 过渡区

在黏性底层外有一个由黏性底层向湍流区发展的过渡层,在这层中黏性切应力与雷诺应力同样重要,流体所受的总切应力为

$$\tau_w = \mu \frac{d\bar{u}}{dy} - \rho \overline{u'_x u'_y}$$

由实验确定的过渡层的厚度为

$$\frac{5\nu}{u^*} \leqslant y \leqslant (30 \sim 70) \frac{\nu}{u^*} \tag{5-110}$$

在过渡区中,黏性切应力与雷诺应力有同样量级,因此难以作理论分析。其速度主要通过实验来确定。

3. 湍流区

在距壁面稍远处,流动为充分发展的湍流状态,此区域称为湍流区。在湍流区中,雷诺应力起主要作用,可忽略黏性切应力,则流体所受的总切应力应为

$$\tau_w = -\rho \overline{u'_x u'_y} \tag{5-111}$$

由实验确定的充分发展的湍流区在

$$y > (30 - 70) \frac{\nu}{u^*} \tag{5 - 112}$$

将式(5 - 105)和式(5 - 106)代入式(5 - 111)可得

$$\rho k^2 y^2 \left| \frac{d\bar{u}}{dy} \right| \frac{d\bar{u}}{dy} = \tau_w \tag{5 - 113}$$

把式(5 - 107)代入式(5 - 113)得

$$\frac{1}{u^*} \frac{d\bar{u}}{dy} = \frac{1}{ky}$$

积分得

$$\frac{\bar{u}}{u^*} = \frac{1}{k}\ln y + C \tag{5 - 114}$$

这就是壁面附近湍流速度分布的一般公式,将其推广用于层流底层以外的整个过流断面,同实测速度分布仍相符,此式称为普朗特—卡门(Prandtl—Karman)对数分布律。其中 k 和 C 均为常数,由实验确定。

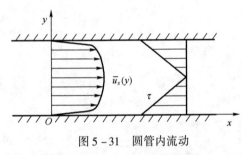

图 5 - 31　圆管内流动

二、速度分布

图 5 - 31 所示为一直圆管内的流动,圆管半径为 r_0,取 x 轴沿管壁面方向,y 轴垂直于管壁面。下面对圆管内湍流流动的速度分布进行分析。

圆管内湍流流动中黏性底层对湍流流动的能量损失有着重要的影响,同时这种影响还与管道壁面的粗糙度有关。将管壁粗糙突起部分的平均高度称为绝对粗糙度,也称为当量粗糙度,常用符号 Δ 表示。Δ 与管道直径的比值称为的相对粗糙度,常用管道的绝对粗糙度见表 5 - 3。

表 5 - 3　管道的绝对粗糙度

管壁表面特征	绝对粗糙度 Δ,mm	管壁表面特征	绝对粗糙度 Δ,mm
干净的、整体的黄铜管、钢管、铅管	0.0015 ~ 0.01	旧钢管	0.50 ~ 0.60
新的精制无缝钢管	0.04 ~ 0.17	普通的新铸铁管	0.25 ~ 0.42
通用输油钢管	0.14 ~ 0.15	普通铸铁管	0.50 ~ 0.85
普通钢管	0.19	生锈铸铁管	1.00 ~ 1.50
涂柏油钢管	0.12 ~ 0.21	结水垢铸铁管	1.50 ~ 3.00
旧的生锈钢管	0.50 ~ 0.60	干净的玻璃管	0.0015 ~ 0.01
精制镀锌钢管	0.25	橡胶软管	0.01 ~ 0.03
普通镀锌钢管	0.39	光滑水泥管	0.30 ~ 0.80
粗、陋的镀锌钢管	0.50	粗制水泥管	1.00 ~ 2.00

对完全发展的湍流流动,在近壁处存在两种状态:当雷诺数较小时,近壁处黏性底层完全掩盖住管壁粗糙突起($\delta > \Delta$),此时粗糙度对湍流不起作用,这种情况称为水力光滑,如图 5 - 32(a)所示;随着雷诺数的增大,黏性底层变薄,当粗糙突起高出黏性底层之外时($\Delta > \delta$),

粗糙突起造成加剧湍动,粗糙突起越高,阻力越大,这种情况称为水力粗糙,如图5-32(b)所示。这两种状态下管内流速分布有一定区别,下面分述两种状态的流速分布规律。

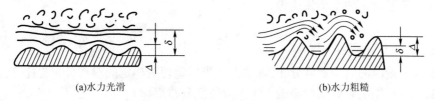

(a)水力光滑   (b)水力粗糙

图5-32   水力光滑和水力粗糙

1. 水力光滑管

水力光滑管内流动的速度分布可以分为黏性底层和湍流核心两部分。黏性底层速度采用式(5-109)计算,湍流核心区速度分布采用式(5-114)计算。

黏性底层外缘处的层流速度等于该处的湍流速度(这里假定层流直接转为湍流,避开过渡区带来的复杂性)。取近壁黏性底层厚度为 δ,设 δ 处流速为 u_0,则由式(5-109)和式(5-114)可得

$$\frac{u_0}{u^*} = u^* \frac{\delta}{\nu} \tag{a}$$

$$\frac{u_0}{u^*} = \frac{1}{k}\ln\delta + C \tag{b}$$

由于黏性底层的雷诺数 $Re = u_0\delta/\nu = $ 常数 N,式中的常数 N 由实验确定。故由式(a)可得

$$\frac{u_0}{u^*} = \frac{u_0\delta}{\nu} \cdot \frac{u^*}{u_0} = Re\frac{u^*}{u_0}$$

所以

$$\frac{u_0}{u^*} = \sqrt{Re} \tag{c}$$

把式(c)代入式(b)得

$$C = \frac{u_0}{u^*} - \frac{1}{k}\ln\delta = \sqrt{Re} - \frac{1}{k}\ln\frac{u_0\nu}{u^{*2}} = \frac{1}{k}\ln\frac{u^*}{\nu} + \sqrt{Re} - \frac{1}{k}\ln\sqrt{Re}$$

将上式代入式(5-114)得

$$\frac{\bar{u}}{u^*} = \frac{1}{k}\ln\frac{u^*y}{\nu} + C_1 \tag{5-115}$$

其中 $C_1 = \sqrt{Re} - \frac{1}{k}\ln\sqrt{Re}$,此常数需要由实验来确定。

尼古拉兹(Nikuladse)对光滑管中的湍流进行实验得到的结果是

$$k = 0.40, C_1 = 5.5$$

把实验结果代入式(5-115),得到水力光滑管中湍流时均速度分布规律为

$$\frac{\bar{u}}{u^*} = 2.5\ln\frac{u^*y}{\nu} + 5.5 \tag{5-116}$$

式(5-116)在所有的湍流情况下都可以近似地用于整个管子,但在黏性底层内不适用。

由式(5-116)可得在管轴线上的时均流速为

$$\bar{u}_{\max} = u^* \left(2.5 \ln \frac{u^* r_0}{\nu} + 5.5 \right) \qquad (5-117)$$

在管截面上由流量确定的平均流速为

$$\bar{u}_m = \frac{Q}{\pi r_0^2} = \frac{1}{\pi r_0^2} \int_0^{r_0} \bar{u} 2\pi (r_0 - y) dy = u^* \left(2.5 \ln \frac{u^* r_0}{\nu} + 1.75 \right) \qquad (5-118)$$

对直圆管内湍流的时均速度分布,除了上述半经验理论确定的对数分布规律外,也常用布拉修斯(Blasius)根据实验数据确定的 1/7 次方速度分布规律:

$$\frac{\bar{u}}{u^*} = 8.74 \left(\frac{u^* y}{\nu} \right)^{1/7} \qquad (5-119)$$

2. 水力粗糙管

当管壁突起完全暴露在湍流区时形成粗糙管。此时黏性底层的厚度小于管壁粗糙突起的高度,黏性底层已被破坏,整个断面按湍流核心处理。水力粗糙管的速度分布只与管壁粗糙度有关,为确定式(5-114)中的常数 C,令 u_0 为 $y = \Delta$ 处的近壁流速,它决定于 τ_w, ρ 和 Δ。

取

$$\frac{u_0}{u^*} = f \left(\frac{u^* \Delta}{\nu} \right) = M$$

由式(b)得

$$C = \frac{u_0}{u^*} - \frac{1}{k} \ln \Delta = M - 2.5 \ln \Delta$$

由实验得 $M = 8.5$,则式(5-114)变为

$$\frac{\bar{u}}{u^*} = 2.5 \ln \frac{y}{\Delta} + 8.5 \qquad (5-120)$$

由于黏性底层和过渡层都很薄,故可近似用上式积分求得平均速度:

$$\bar{u}_m = u^* \left(2.5 \ln \frac{y}{\Delta} + 4.75 \right) \qquad (5-121)$$

大量实验表明,湍流中流速分布也可近似地用下式表示:

$$u = u_{\max} \left(\frac{y}{r_0} \right)^n \qquad (5-122)$$

式中　$u_{\max}$——管轴处流速;

　　　　y——自管壁算起的径向距离;

　　　　r_0——管道半径。

对水力光滑管,当 $Re < 10^5$ 时,可取 $n = 1/7$;当 $1 \times 10^5 < Re < 4 \times 10^5$ 时,可取 $n = 1/8$。对水力粗糙管,可取 $n = 1/10$。

习题五

5-1　从 N—S 方程证明:实际流体是不可能作无旋运动的。

5-2　用 N—S 方程证明不可压缩黏性流体二维平面运动时的流函数满足

$$\frac{\partial}{\partial t} \nabla^2 \psi + \frac{\partial (\psi, \nabla^2 \psi)}{\partial (x, y)} = \nu \nabla^4 \psi$$

5-3　证明二维流动的流函数

$$\psi = a\left(b^2 y - \frac{1}{3}y^3\right)$$

满足黏性不可压缩流体的运动微分方程，说明这是怎样的流动，式中 a、b 的物理意义是什么？

5-4　讨论简单平面剪切流中温度分布及流体与固体壁面的热交换情况。设下固定板上 $T = T_0$（常数），上面运动板上 $u = u_0$，$T = T_1$（常数）。

5-5　怎样判别黏性流体的两种液态——层流和紊流？

5-6　通风管直径为 250mm，输送的空气温度为 20℃，试求保持层流的最大流量。若输送空气的质量流量为 200kg/h，其流态是层流还是紊流？

5-7　两块无限大平板之间有不可压黏性流体作层流运动，两平板相距 10mm，流体的密度 $\rho = 890\text{kg/m}^3$，动力黏度 $\mu = 1.1\text{N} \cdot \text{s/m}^2$，平板对地面的倾斜角为 45°，上板以速度 1m/s 相对于下板向流动反方向滑动。在上板上开两个测压孔，测压孔的高差为 1m，已知测出的表压为 200kN/m² 和 50kN/m²，试确定平板之间的速度分布和压力分布，以及上板面所受的切应力。

5-8　充分发展了的黏性流体层流，因重力作用沿倾角为 θ 的倾斜平面下滑，液膜厚度为常数 δ，忽略液面上大气压强的作用，试证明液膜中的流速分布与液膜流量分别为

$$u = \frac{\rho g \sin\theta}{2\mu}y(2\delta - y),\quad q = \rho g \delta^3 \sin\theta / 3\mu$$

5-9　流量为 30L/s 的甘油通过一根长 40m、直径为 100mm、与水平面倾斜 30° 的圆管向上流动，甘油的动力黏度 $\mu = 0.9\text{N} \cdot \text{s/m}^2$，$\rho = 1260\text{kg/m}^3$，进口压强为 590kN/m²，如忽略端部影响，求出口压强及壁面上平均剪应力。

5-10　同轴圆管之间的环形通道中，液体沿管轴方向作层流运动。已知管道水平放置，大管直径为 R_1，小管外径为 R_2，试求出通道中的流速分布。（假定沿程阻力损失 $\Delta p / L = C$）

5-11　沿平板流动的两种介质，一种是标准状态的空气，其流速为 30m/s；另一种是 20℃ 的水，其流速为 1.2m/s。求二者在同一位置处的层流边界层厚度之比。

5-12　设流速分布 $u = u_\infty (y/\delta)^n$，试求边界层的 δ_1/δ、δ_2/δ、δ_3/δ 的表达式，并计算出 $n = 1/7$ 时，这些厚度比的具体数值。

5-13　试计算光滑平壁面层流边界层的排挤厚度 δ_1，动量损失厚度 δ_2，已知层流边界层中的速度分布为：

$(1)\ u = u_\infty \dfrac{y}{\delta}$；

$(2)\ u = u_\infty \sin\left(\dfrac{\pi}{2}\dfrac{y}{\delta}\right)$；

$(3)\ u = u_\infty\left[2\dfrac{y}{\delta} - 2\left(\dfrac{y}{\delta}\right)^3 + \left(\dfrac{y}{\delta}\right)^4\right]$。

5-14　令 δ_{2l} 为长度 l 的平板尾缘处的动量损失厚度，试证

$$C_D = \frac{2\delta_{2l}}{l}$$

5-15　用一块平板在水面上作边界层实验，已知临界雷诺数 $Re = 10 \times 10^5$，水的运动黏度 $\nu = 1.13 \times 10^{-6}\text{m}^2/\text{s}$，为保证全平板为层流，平板的长度应不超过多少？

5-16 水以速度 $u_0 = 0.2\text{m/s}$ 流过一顺置平板,已知水的运动黏度 $\nu = 1.13 \times 10^{-6}\text{m}^2/\text{s}$,求距平板前缘 $x = 2\text{m}$ 和 $x = 5\text{m}$ 处的边界层厚度。

5-17 空气以速度 $u = 10\text{m/s}$ 流过光滑平板,空气的运动黏度 $\nu = 1.5 \times 10^5\text{m}^2/\text{s}$,平板长 $l = 1\text{m}$,假定平板面发生层流边界层,试求:

(1) 离平板前缘 5cm 和 50cm 两处的边界层厚度;

(2) 平板单面阻力系数。

5-18 空气以速度 $u_\infty = 10\text{m/s}$ 流过光滑平板,试求:

(1) 离平板前缘 30cm 处的边界层厚度;

(2) 在 $x = 30\text{cm}$ 处,当 $u = 0.5u_\infty$ 时的位置离板面的垂直距离 h;

(3) 在 $x = 30\text{cm}, y = h$ 处的 y 方向速度分量。

5-19 已知平板层流边界层中速度分布为

$$u = u_\infty \sin\left(\frac{\pi}{2} \frac{y}{\delta}\right)$$

试用边界层动量积分关系式确定平板上边界层厚度分布,切应力分布和阻力系数 C_x。

5-20 长 4m、宽 1m 的光滑平板以 $u = 5\text{m/s}$ 速度水平等速飞行,已知空气的运动黏度 $\nu = 1 \times 10^5\text{m}^2/\text{s}$,离前缘 0.9m 处边界层内流动由层流转变为湍流,求平板一个侧面上所受的阻力。

5-21 一宽度 $b = 5\text{m}$、长度 $l = 50\text{m}$ 的平板以 $u = 5\text{m/s}$ 的速度在空气中运动,空气的运动黏度为 $\nu = 1.5 \times 10^5\text{m}^2/\text{s}$,若转换雷诺数 $Re = 3 \times 10^6$。试求:

(1) 平板末端的边界层厚度;

(2) 平板总阻力 F_D。

5-22 圆柱形烟囱高 $h = 20\text{m}$,直径 $d = 0.6\text{m}$,水平风速 $u_\infty = 20\text{m/s}$,求烟囱所受的水平推力。

5-23 输电塔间距 500m,两塔间架设 20 根直径 2cm 的电缆线。已知空气的密度为 1.29kg/m^3,空气的黏度为 $0.7 \times 10^{-5}\text{Pa} \cdot \text{s}$。假设电缆之间无干扰,试求风速以 80km/h 横向吹过电缆时电塔所承受的力。

5-24 在 1000m 高空有一直径为 $d = 1\text{m}$ 的气球用绳索拉住,绳索与地面倾角为 $60°$,不计气球重量,求风速。

第六章　相似原理及量纲分析

　　工程中很多流体流动问题都很复杂,即使对某些问题进行简化,也不一定能够通过理论分析的方法完全掌握其运动规律,或者说理论分析的结果与实际相差甚远。因此对很多工程实际中的流动问题,不得不靠实验研究的方法来解决。流体力学中的实验主要有两种:一种是工程性的模型实验,如船舶的阻力要靠水池中的船模试验来获得结果,飞机的升力要靠风洞中飞机模型实验来获得结果等,这些实验的设计、模型的制造、数据的整理都是按相似原理进行的;另一种是探索性的研究实验,对很多非常复杂流动问题,现在还不能建立起描述其运动规律的微分方程,只知道影响流动的一些物理参数,对于这类流动,可以借助量纲分析对控制流动现象的参数进行分析,为指导实验、处理实验数据提供极大的方便。

第一节　相　似　原　理

一、流动相似

　　分析研究模型和实物(原型)间相似关系的基本原理称为相似原理。在两个几何相似空间中的流动系统,若对应点处的同名物理量之间成一定的比例,那么这两个流动系统是相似的。流动相似包括几何相似、运动相似和动力相似三个方面的关系。下面分别讨论这些相似各参数的关系。

　　1. 几何相似

　　几何相似是指原型流动与模型流动的空间及边界对应的几何尺寸成比例,对应的几何角度相等。用 c_l、c_A、c_V 分别表示线性比例尺、面积比例尺、体积比例尺,则几何相似的关系式为

$$c_l = \frac{l_R}{l_m} \tag{6-1}$$

$$c_A = \frac{A_R}{A_m} = \frac{l_R^2}{l_m^2} = c_l^2 \tag{6-2}$$

$$c_V = \frac{V_R}{V_m} = \frac{l_R^3}{l_m^3} = c_l^3 \tag{6-3}$$

式中,下标为 m 的参数为模型的参数,下标为 R 的参数为原型的参数。

2. 运动相似

运动相似是指原型和模型两个流场的空间和边界所对应点上的速度方向相同、大小成比例。用 c_t、c_u、c_a 分别表示时间比例尺、速度比例尺、加速度比例尺,则有

$$c_t = \frac{t_R}{t_m} \tag{6-4}$$

$$c_u = \frac{u_R}{u_m} = \frac{l_R/t_R}{l_m/t_m} = \frac{c_l}{c_t} \tag{6-5}$$

$$c_a = \frac{a_R}{a_m} = \frac{l_R/t_R^2}{l_m/t_m^2} = \frac{c_l}{c_t^2} \tag{6-6}$$

从上两式可看出由运动相似和几何相似必可得到时间相似和加速度相似。

3. 动力相似

动力相似是指原型与模型两个流场对应点上的各种同类力方向相同,大小成比例。用 c_F 表示力的比例尺,则有

$$c_F = \frac{F_R}{F_m} \tag{6-7}$$

在上述几种流动相似中,几何相似是必须满足的,只需将模型按比例放大或缩小就可以做到几何相似。动力相似是流动的主要因素,只有动力相似才能保证运动相似,达到流动相似。

在两个几何相似的流场中,要实现动力相似,就要使作用在对应点上的各种力的比值要满足一定的约束关系,这种约束关系称为相似准则。

二、相似准则

下面从方程出发来讨论两个流场中存在的相似准则。为了简化起见,分析黏性不可压缩流体流动情况。黏性不可压缩流动的控制方程为连续方程和 N—S 方程:

$$\left.\begin{array}{l} \dfrac{\partial u_x}{\partial t} + u_x \dfrac{\partial u_x}{\partial x} + u_y \dfrac{\partial u_x}{\partial y} + u_z \dfrac{\partial u_x}{\partial z} = f_x - \dfrac{1}{\rho}\dfrac{\partial p}{\partial x} + \nu\left(\dfrac{\partial^2 u_x}{\partial x^2} + \dfrac{\partial^2 u_x}{\partial y^2} + \dfrac{\partial^2 u_x}{\partial z^2}\right) \\[2mm] \dfrac{\partial u_y}{\partial t} + u_x \dfrac{\partial u_y}{\partial x} + u_y \dfrac{\partial u_y}{\partial y} + u_z \dfrac{\partial u_y}{\partial z} = f_y - \dfrac{1}{\rho}\dfrac{\partial p}{\partial y} + \nu\left(\dfrac{\partial^2 u_y}{\partial x^2} + \dfrac{\partial^2 u_y}{\partial y^2} + \dfrac{\partial^2 u_y}{\partial z^2}\right) \\[2mm] \dfrac{\partial u_z}{\partial t} + u_x \dfrac{\partial u_z}{\partial x} + u_y \dfrac{\partial u_z}{\partial y} + u_z \dfrac{\partial u_z}{\partial z} = f_z - \dfrac{1}{\rho}\dfrac{\partial p}{\partial z} + \nu\left(\dfrac{\partial^2 u_z}{\partial x^2} + \dfrac{\partial^2 u_z}{\partial y^2} + \dfrac{\partial^2 u_z}{\partial z^2}\right) \end{array}\right\} \tag{6-8}$$

根据流动相似的条件,原型流动和模型流动都有同样形式的运动基本方程。由各种相似知:$l_R = c_l l_m$,$x_R = c_l x_m$,$y_R = c_l y_m$,$z_R = c_l z_m$,$u_R = c_u u_m$,$t_R = c_t t_m$,$p_R = c_p p_m$(面力),$f_R = c_g f_m$(体积力),$\rho_R = c_\rho \rho_m$,$\nu_R = c_\nu \nu_m$,其中 c_p、c_g、c_ρ、c_ν 分别表示相应的比例尺。

将上述参量代入方程组(6-8),就可得到模型流动的方程组(为了方便,仅以 x 方向为例进行分析)

$$\frac{c_u}{c_t}\frac{\partial u_{xm}}{\partial t_m} + \frac{c_u^2}{c_l}\left(u_{xm}\frac{\partial u_{xm}}{\partial x_m} + u_{ym}\frac{\partial u_{xm}}{\partial y_m} + u_{zm}\frac{\partial u_{xm}}{\partial z_m}\right)$$

$$= c_g f_{xm} - \frac{1}{c_\rho \rho_m}\frac{c_p}{c_l}\frac{\partial p_m}{\partial x_m} + \frac{c_u c_\nu \nu_m}{c_l^2}\left(\frac{\partial^2 u_{xm}}{\partial x_m^2} + \frac{\partial^2 u_{xm}}{\partial y_m^2} + \frac{\partial^2 u_{xm}}{\partial z_m^2}\right) \tag{6-9}$$

方程式(6-8)和式(6-9)仅是各项系数有区别,根据流动相似条件,相对应点处作用同性质的力并互成比例,将方程组的同名各项相除得同一比例:

$$\frac{c_u}{c_t} = \frac{c_u^2}{c_l} = c_g = \frac{c_p}{c_\rho c_l} = \frac{c_\nu c_u}{c_l^2} \qquad (6-10)$$

用$\frac{c_u^2}{c_l}$除各项后整理得到四个无量纲数:

$$\frac{c_l}{c_u c_t} = 1 , 即 \frac{l_R}{u_R t_R} = \frac{l_m}{u_m t_m} \qquad (6-11)$$

$$\frac{c_u^2}{c_g c_l} = 1 , 即 \frac{u_R^2}{g l_R} = \frac{u_m^2}{g l_m} \qquad (6-12)$$

$$\frac{c_p}{c_\rho c_u^2} = 1 , 即 \frac{p_R}{\rho_R u_R^2} = \frac{p_m}{\rho_m u_m^2} \qquad (6-13)$$

$$\frac{c_u c_l}{c_\nu} = 1 , 即 \frac{u_R l_R}{\nu_R} = \frac{u_m l_m}{\nu_m} \qquad (6-14)$$

为使几何相似的模型与原型的不可压缩黏性流动动力相似,需要两个流场的这几个无量纲数相等,这些无量纲数便成了流动动力相似的准则数:$Sr = l/ut$,称为斯特劳哈尔数;$Fr = u^2/gl$,称为弗劳德数;$Eu = p/\rho u^2$,称为欧拉数;$Re = ul/\nu$,称为雷诺数。

下面来讨论这几个准则数的物理意义:

(1)斯特劳哈尔数。流体的加速度由当地加速度和迁移加速度组成,与当地加速度相应的当地惯性力$= m\frac{\partial u}{\partial t} = \rho V\frac{\partial u}{\partial t} \sim \rho l^3 u/t$;与迁移加速度相应的迁移惯性力$= m \cdot u\frac{\partial u}{\partial x} \sim \rho l^2 u^2$。

当地惯性力与迁移惯性力的比值为

$$\frac{当地惯性力}{迁移惯性力} = \frac{\rho l^3 u/t}{\rho l^2 u^2} = \frac{l}{ut} = Sr \qquad (6-15)$$

由此可知斯特劳哈尔数是当地惯性力与迁移惯性力的比值。当流体作稳定流动时,当地惯性力为零,可以不考虑。当流体作非稳定流动时,它反映了非稳定流动影响的相似准则判据。

(2)弗劳德数。在具有自由液面的流体中,重力是起主要作用的力,例如研究船舶在海面行驶以及明渠中的流动情况,重力起到重要的作用。重力为$G = mg = \rho g V \sim \rho g l^3$。

惯性力与重力的比值为

$$\frac{惯性力}{重力} = \frac{\rho l^2 u^2}{\rho g l^3} = \frac{u^2}{gl} = Fr \qquad (6-16)$$

由此可知弗劳德数是与重力有关的准则数,它表示流动中惯性力与重力的比值。

(3)欧拉数。研究淹没在流体中的物体表面上的压力分布时,压力是起主要作用的力。作用在物体表面的总压力为

$$P = pA \sim pl^2$$

压力与惯性力的比值为

$$\frac{压力}{惯性力} = \frac{pl^2}{\rho l^2 u^2} = \frac{p}{\rho u^2} = Eu \qquad (6-17)$$

由此可知欧拉数是与压力有关的准则数,它表示流动中的压力与惯性力的比值。

(4)雷诺数。对完全封闭的流动,如管流、流量计、泵、透平等,或在流场中物体完全被淹没,如潜水艇、飞机等,这种形式的流动不计自由表面,重力被浮力所平衡。此时,黏性力起重要作用,黏性力引起的内摩擦力 $T = \mu A \dfrac{\mathrm{d}u}{\mathrm{d}y} \sim \mu l u$。

惯性力与黏性力的比值为

$$\frac{惯性力}{黏性力} = \frac{\rho l^2 u^2}{\mu l u} = \frac{lu}{\nu} = Re \tag{6-18}$$

由此可知雷诺数是与流动黏性有关的相似准则数,它表示流动的惯性力与黏性力的比值。

以上提到的 4 个相似准则是从不可压黏性流场中得来的。如果是讨论可压缩黏性流动还可以得到更多的动力相似准则数,在这不加详述。

在安排模型实验时,除了要保证模型与原型流场间的几何相似外,还要保证两流场满足动力相似,即要求两个流场有相同的相似准则数。实际上模型与原型流场间在很多情况下都不能完全满足动力相似,即不能保证所有的相似准则数都相同。在进行模型实验时,需要根据具体情况选择几个对实验结果影响大的相似准则数,使这几个准则数相同,就可以得到需要的结果。

【例 6-1】 为测定高 $h = 1.5\mathrm{m}$ 的汽车以速度 30m/s 运动时的阻力,以几何相似的汽车模型做阻力试验,在速度 $u = 45\mathrm{m/s}$ 时测得阻力 $F_m = 1500\mathrm{N}$,试确定汽车模型为多高?汽车所受阻力是多少?

解 模型场与实物场都在空气中进行,由雷诺数 Re 相等得模型汽车的高度为

$$\frac{u_R h_R}{\nu_R} = \frac{u_m h_m}{\nu_m}$$

$$h_m = \frac{u_R h_R}{u_m} = 1(\mathrm{m})$$

再由欧拉数相等得压强比为

$$\frac{p_R}{p_m} = \frac{\rho_R u_R^2}{\rho_m u_m^2}$$

这里 $\rho_R = \rho_m$,将上式乘以面积比 $\dfrac{h_R^2}{h_m^2}$ 后可得阻力比关系为

$$\frac{F_R}{F_m} = \frac{u_R^2 h_R^2}{u_m^2 h_m^2}$$

故汽车的阻力为

$$F_R = F_m \frac{u_R^2 h_R^2}{u_m^2 h_m^2} = 1500(\mathrm{N})$$

【例 6-2】 煤油管路上的文丘里流量计,入口直径为 300mm,喉部直径为 50mm,在 1:3 的模型中用水进行实验,已知煤油的相对密度为 0.82,水的运动黏度为 $1.0 \times 10^{-6}\mathrm{m^2/s}$,煤油的运动黏度为 $4.5 \times 10^{-6}\mathrm{m^2/s}$。

(1)已知原型煤油流量 $Q_R = 100\mathrm{L/s}$,为达到动力相似,模型中水的流量 Q_m 应为多少?

(2)若在模型中测得入口和喉部断面的测压管水头差 $\Delta h_m = 1.05\mathrm{m}$,推算原型中的测压管

水头差 Δh_R 应为多少?

解 此流动的主要作用力为压力和阻力,所以决定相似的准则数为 Re 和 Eu。

(1)由阻力相似的比例尺关系

$$Re_R = Re_m$$

即

$$\frac{u_R \mathrm{d}_R}{\nu_R} = \frac{u_m \mathrm{d}_m}{\nu_m}$$

可得

$$\frac{u_R \mathrm{d}_R}{u_m \mathrm{d}_m} = \frac{\nu_R}{\nu_m}$$

即

$$c_u \cdot c_l = c_\nu$$

流量比例尺为

$$c_Q = c_u \cdot c_l \cdot c_l = c_\nu \cdot c_l = \frac{4.5 \times 10^{-6}}{1.0 \times 10^{-6}} \times 3 = 13.5$$

则可得到模型中的流量为

$$Q_m = \frac{Q_R}{c_Q} = \frac{100}{13.5} = 7.41(\mathrm{L/s})$$

(2)由压力相似的比例尺关系

$$\frac{\Delta p_R}{\rho_R u_R^2} = \frac{\Delta p_m}{\rho_m u_m^2}$$

可得

$$\frac{\Delta p_R}{\Delta p_m} = \frac{\rho_R u_R^2}{\rho_m u_m^2}$$

即

$$c_{\Delta p} = c_\rho \cdot c_u^2$$

因为有 $p = \gamma h$,则可得到

$$c_{\Delta p} = c_\gamma \cdot c_{\Delta h}$$

则可得到

$$c_{\Delta h} = \frac{c_\rho}{c_\gamma} \cdot c_u^2 = c_u^2$$

由原型与模型的雷诺数相等可得出

$$c_u = \frac{c_\nu}{c_l}$$

则可得

$$c_{\Delta h} = \left(\frac{c_\nu}{c_l}\right)^2 = \left(\frac{4.5}{3}\right)^2 = 2.25$$

$$\Delta h_R = c_{\Delta h} \cdot \Delta h_m = 2.25 \times 1.05 = 2.36(\mathrm{m})$$

第二节　量纲基本概念

一、量纲和单位

在流体力学中涉及各种不同的物理量,如长度、时间、质量、力、速度、加速度、密度等,所有这些物理量都是由自身的物理属性(或称类别)和为度量物理属性而规定的量度标准(或称量度单位)两个因素构成的。例如长度,它的物理属性是线性几何量,量度单位则规定有米、厘米、英尺、光年等不同的标准。

把物理量的属性(类别)称为量纲或因次。显然,量纲是物理量的实质,不含有人为的影响。通常以 L 代表长度量纲,M 代表质量量纲,T 代表时间量纲。量纲的表达式常用方括号[ ]来表示。例如面积 A 的量纲可表示为

$$[A] = [L^2]$$

同样,密度 ρ 的量纲表示为

$$[\rho] = [ML^{-3}]$$

不具有量纲的量称为无量纲量,就是纯数,如圆周率 π = (圆周长/直径) = 3.14159…,角度 α = (弧长/曲率半径),都是无量纲量。

单位是人为规定的量度标准,例如现行的长度单位米,就是人为规定的。因为有量纲量是由量纲和单位两个因素决定的,因此含有人的意志影响。

二、基本量纲和导出量纲

一个力学过程所涉及的各物理量的量纲之间是有联系的,例如速度的量纲 $[u] = [LT^{-1}]$ 就是与长度和时间的量纲相联系的。根据物理量量纲之间的关系,把无任何联系且相互独立的量纲作为基本量纲,可以由基本量纲导出的量纲就是导出量纲。

为了应用方便,并同国际单位制相一致,普遍采用 M—L—T—Θ 基本量纲系,即选取质量 M、长度 L、时间 T、温度 Θ 为基本量纲。对于不可压缩流体运动,则选取 M、L、T 三个基本量纲,其他物理量量纲均为导出量纲。例如:

速度 $\qquad\qquad [u] = [LT^{-1}]$

加速度 $\qquad\quad\ \ [a] = [LT^{-2}]$

力 $\qquad\qquad\quad [F] = [MLT^{-2}]$

动力黏度 $\qquad\ \ [\mu] = [ML^{-1}T^{-1}]$

综合以上各量纲式,某一物理量 Φ 的量纲都可用 3 个基本量纲的指数乘积形式表示:

$$[\Phi] = M^\alpha L^\beta T^\gamma \qquad\qquad (6-19)$$

上式称为量纲公式。

三、量纲和谐原理

一个正确反映客观规律的物理方程式中各项的量纲是一致的,这就是量纲和谐原理,或称

为量纲齐次原理。量纲和谐原理是被无数事实证实了的客观原理,它是量纲分析的基础。

由量纲和谐原理可引申出以下两点:

(1)凡正确反映客观规律的物理方程,一定能表示成由无量纲项组成的无量纲方程。因为方程中各项的量纲相同,只需用其中一项遍除各项,便得到一个由无量纲项组成的无量纲式,该式仍保持原方程的性质。

(2)量纲和谐原理规定了一个物理过程中有关物理量之间的关系。因为一个正确完整的物理方程中,各物理量量纲之间的关系是确定的,按物理量量纲之间的这一确定性,能建立该物理过程各物理量的关系式。

【例 6 – 3】 试求出流体动力黏度 μ 的量纲表达式。

解 利用牛顿内摩擦定律

$$\tau = \mu \frac{\mathrm{d}u}{\mathrm{d}y}$$

可知

$$[\mu] = [\tau][l]/[u]$$
$$[\mu] = (\mathrm{ML^{-1}T^{-2}})(\mathrm{L/LT^{-1}}) = \mathrm{ML^{-1}T^{-1}}$$

第三节　量纲分析法

在量纲和谐原理基础上发展起来的量纲分析法常用的有瑞利法和 π 定理,瑞利法适用于比较简单的问题,π 定理是一种具有普遍性的方法。

一、瑞利法及其应用

对某一物理现象经过大量的观察、实验、分析,找出影响该物理现象的主要因素去 $q_1, q_2, \cdots, q_n$,这些物理量之间待定的函数关系为

$$f(q_1, q_2, \cdots, q_n) = 0$$

其中某一个物理量 q_i 可表示为其他物理量的某种幂次乘积:

$$q_i = K q_1^{a_1} q_2^{a_2} \cdots q_{n-1}^{a_{n-1}}$$

式中,K 是无量纲系数,由实验确定;$a_1, a_2, \cdots, a_{n-1}$ 为待定指数,根据量纲和谐性原理确定。

写出量纲式

$$[q_i] = [K q_1^{a_1} q_2^{a_2} \cdots q_{n-1}^{a_{n-1}}]$$

将量纲式中各物理量的量纲按式(6 – 19)表示为基本量纲的幂次乘积形式,并根据量纲和谐原理,确定指数 $a_1, a_2, \cdots, a_{n-1}$ 后,就可得出表达该物理过程的方程式。

下面通过例题介绍瑞利法的解题步骤。

【例 6 – 4】 影响圆管层流流量的物理量包括管段两端的压强差 Δp、管段长 l、半径 r_0、流体的黏度 μ。根据经验和已有实验资料的分析,得知流量 Q 与压强差 Δp 成正比,与管段长 l 成反比。试求圆管层流的流量关系式。

解 可将 Δp、l 归并为一项 $\Delta p/l$,写出待定函数关系式

$$f\left(Q, \frac{\Delta p}{l}, r_0, \mu\right) = 0$$

按瑞利法将上式写成幂次乘积的形式：

$$Q = K\left(\frac{\Delta p}{l}\right)^a (r_0)^b (\mu)^c \qquad\qquad (a)$$

上式的量纲关系式为

$$[Q] = \left[K\left(\frac{\Delta p}{l}\right)^a (r_0)^b (\mu)^c\right]$$

用基本量纲表示方程中各物理量量纲，写成量纲方程得

$$L^3 T^{-1} = (ML^{-2}T^{-2})^a (L)^b (ML^{-1}T^{-1})^c$$

根据量纲和谐原理求量纲指数：

$$[M]:0 = a + c$$
$$[L]:3 = -2a + b - c$$
$$[T]: -1 = -2a - c$$

解得

$$a = 1, b = 4, c = -1$$

代入方程式(a)，得

$$Q = K\left(\frac{\Delta p}{l}\right)r_0^4 \mu^{-1} = K\frac{\Delta p r_0^4}{l\mu}$$

系数 K 由实验确定，$K = \pi/8$，代入上式得

$$Q = \frac{\pi}{8}\frac{\Delta p r_0^4}{l\mu} = \frac{J}{8\rho g \mu}\pi r_0^4$$

其中

$$J = \frac{\Delta p \rho g}{l}$$

用瑞利法求力学方程，在有关物理量不超过 4 个，待求的量纲指数不超过 3 个时，可直接根据量纲和谐条件，求出各量纲指数，建立方程。当有关物理量超过 4 个时，则需要归并有关物理量或选待定系数，以求得量纲指数。

二、π 定理及其应用

对某物理现象所包括的各物理量之间的函数关系，如果选用一定的单位制，则其关系的函数式就确定了。若改变了单位制，其函数关系可能会受到影响。如果采用无量纲的函数关系，关系式将不受单位制选择的影响。π 定理就是化有量纲的函数关系为无量纲的函数关系的方法，π 定理又称为布金汉(E. Buckingham)定理。

设物理量 $q_1, q_2, \cdots, q_m, q_{m+1}, \cdots, q_n$ 是某一现象所涉及的参数，则它们的函数关系式可写为

$$f(q_1, q_2, \cdots, q_n) = 0$$

如果物理量中涉及 m 个基本量纲，那么通过量纲分析法可以组成 $n-m$ 个无量纲数 π_1，$\pi_2, \cdots, \pi_{n-m}$。上面的函数式可由这 $n-m$ 个无量纲的组合来描述：

$$f(\pi_1, \pi_2, \cdots, \pi_{n-m}) = 0$$

下面通过例题说明 π 定理的求解过程。

【例 6-5】 有一直径为 D 的光滑圆球，在无界静止的流体中以速度 u 运动，流体密度为

ρ,动力黏度为μ,试用量纲分析法找出圆球的阻力规律。

解 (1)找出影响流动现象的物理参数,写出函数关系式。在这一流动现象中,阻力F是由流体作用于球面上的切应力和压应力产生的,它与流体密度ρ、黏性系数μ、圆球直径D和速度u有关,它们之间的函数关系式可表示成如下形式:

$$f(F,\rho,u,D,\mu) = 0$$

(2)选取基本变量。基本变量的选取应保证它们之间的量纲包括所有的基本量纲,它们中任何一个量的量纲都不能从另外的基本量的量纲中导出,而另外几个变量的量纲都能从基本量的量纲中导出。

阻力函数关系中5个物理量的基本量纲为M、L、T,即基本量纲数有3个,则应在这5个物理量里选3个基本变量。为了保证几何相似,应选一个长度变量,这里选直径D;为了保证运动相似,应选一个与时间有关的物理量,这里选速度u;为了保证动力相似,应选一个与质量有关的物理量,这里选密度ρ。

(3)组成无量纲π项,建立无量纲函数关系。函数式中涉及的变量有5个,这5个量的量纲可分别表示为$[F] = \mathrm{LMT}^{-2}$,$[\rho] = \mathrm{ML}^{-3}$,$[u] = \mathrm{LT}^{-1}$,$[D] = \mathrm{L}$,$[\mu] = \mathrm{L}^{-1}\mathrm{MT}^{-1}$。

三个基本变量与另两个变量F、μ组合可得到两个无量纲数π_1、π_2:

$$\begin{cases} \pi_1 = F\rho^{a_1}u^{b_1}D^{c_1} \\ \pi_2 = \mu\rho^{a_2}u^{b_2}D^{c_2} \end{cases}$$

写出第一个关系式相应的量纲关系:

$$[\mathrm{M}^0\mathrm{L}^0\mathrm{T}^0] = [\mathrm{LMT}^{-2}][\mathrm{ML}^{-3}]^{a_1}[\mathrm{LT}^{-1}]^{b_1}[\mathrm{L}]^{c_1}$$

根据量纲的和谐原理,由上式可得

$$\begin{cases} 1 + a_1 = 0 \\ 1 - 3a_1 + b_1 + c_1 = 0 \\ -2 - b_1 = 0 \end{cases}$$

解方程组得

$$\begin{cases} a_1 = -1 \\ b_1 = -2 \\ c_1 = -2 \end{cases}$$

代入第一个关系式得

$$\pi_1 = \frac{F}{\rho u^2 D^2}$$

用同样的方法可求得

$$\pi_2 = \frac{\mu}{\rho u D}$$

因此圆球所受阻力的函数关系可表达为下式:

$$f_1(\pi_1,\pi_2) = 0$$

即

$$f\left(\frac{F}{\rho u^2 D^2},\frac{\mu}{\rho u D}\right) = 0$$

或

$$\pi_1 = f(\pi_2)$$

即

$$\frac{F}{\rho u^2 D^2} = f\left(\frac{\mu}{\rho u D}\right)$$

由前面分析可知

$$Re = \frac{\rho u D}{\mu}$$

无量纲关系式中函数关系还没确定,因此无量纲关系式也可写成下面形式:

$$F = f(Re)\rho u^2 D^2$$

可以看出,π 定理可把控制流动的函数式变成了无量纲式,减少了方程中的变量,避开了具体物理单位的影响,为模型实验指出了方向。同时也可看出,用量纲分析的方法只能估计有关物理问题的无量纲数群,但不能确定各物理量之间的具体函数关系。这一函数关系的具体形式还需要通过实验确定。

习题六

6-1 为了研究在油液中水平运动的几何尺寸较小的固体颗粒运动特性,用放大 8 倍的模型在 15℃ 水中进行实验。物体在油液中运动速度 13.72m/s,油的密度 0.864kg/m^3,黏度 0.0258N·s/m^2。

(1)为保证模型与原型流动相似,模型运动物体的速度应取多大?

(2)实验测定出模型运动物体的阻力为 3.56N,试求原型固体颗粒所受阻力。

6-2 用水管模拟输油管道。已知输油管直径 500mm,管长 100m,输油量 0.1m^3/s,油的运动黏度为 1.5×10^{-4}m^2/s,水管直径 25mm,水的运动黏度为 1.01×10^{-6}m^2/s。试求:

(1)模型管道的长度和模型的流量。

(2)如模型上测得的压强差 $\Delta p/\rho g = 2.35$cm 水柱,输油管上的压强差 $\Delta p/\rho g$ 是多少?

6-3 为研究输水管道上直径 600mm 阀门的阻力特性,采用直径 300mm,几何相似的阀门用气流做模型实验。已知输水管道的流量为 0.283m^3/s,水的运动黏度 $\nu = 1 \times 10^{-6}$m^2/s,空气的运动黏度 $\nu_m = 1.6 \times 10^{-5}$m^2/s,试求模型的气流量。

6-4 为研究汽车的动力特性,在风洞中进行模型实验。已知汽车高 $h_R = 1.5$m,模型车的高度 $h_m = 1$m,行车速度 $u_R = 30$m/s,测得模型车的阻力 $P_m = 1.4$kN,试求风洞风速 u_m 和汽车受到的阻力。

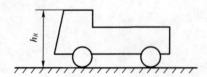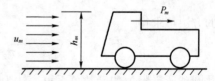

习题 6-4 图

6-5 油泵抽储油池中的石油,为保证不发生漩涡及吸入空气,必须用实验方法确定最小油位 h。已知原型设备中吸入管直径 $d_R = 250$mm,$\nu_R = 0.75 \times 10^{-4}$m^2/s,$Q_R = 140$L/s,实验在 1:5 的模型中进行,试确定:

(1)模型中 ν_m 和 Q_m。

(2)若模型中出现漩涡的最小液柱高度 $h_m = 60$mm,求 h_R。

6-6 假设自由落体的下落距离 s 与落体的质量 m、重力加速度 g 及下落时间 t 有关,试用瑞利法导出自由落体下落距离的关系式。

6-7 水泵的轴功率 N 与泵轴的转矩 M、角速度 ω 有关,试用瑞利法导出轴功率表达式。

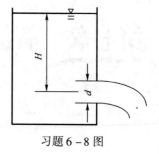

习题 6-8 图

6-8 圆形孔口出流的流速 u 与作用水头 H、孔口直径 d、水的密度 ρ 和动力黏度 μ、重力加速度 g 有关,试用 π 定理推导孔口流量公式。

6-9 球形固体颗粒在流体中的自由沉降速度 u_f 与颗粒的直径 d、密度 ρ_s 以及流体的密度 ρ、动力黏度 μ、重力加速度 g 有关,试用 π 定理证明自由沉降速度关系式:

$$u_f = f\left(\frac{\rho_s}{\rho}, \frac{\rho u_f d}{\mu}\right)\sqrt{gd}$$

第七章　管流水力计算

　　流体力学已广泛应用于石油工程、机械工程、水利工程和动力工程等行业的多数领域。本章主要讲述流体力学的基本理论与经验公式在工程实际中的应用,重点介绍管内流动时沿程阻力和局部阻力在工程中的计算方法及阻力减少措施。

第一节　管流沿程阻力计算

一、沿程阻力计算通式

　　在工程实际中,有很多涉及管内流动的问题。管内流动大多属于湍流流动,由于湍流流动十分复杂,管内沿程阻力目前尚不能从理论上很完善地解决,但是大量的经验公式已在工程实际中普遍使用,并获得很好的效果。

　　下面通过量纲分析方法分析影响沿程阻力的各项因素,组成无量纲的函数式,再通过模型实验,找出计算管内沿程阻力的一般方法。

　　管内流体的压力降 Δp 是沿程阻力的一种度量。在管内流动中,影响压降的因素有管道直径 d、管长 l、流体的密度 ρ、流体的黏性系数 μ、流体的平均速度 $\bar{u}$、管壁的粗糙度 Δ 等,故管内压降可表示为如下关系式:

$$\Delta p = f(d, l, \rho, \mu, \bar{u}, \Delta) \tag{7-1}$$

　　选取 L、M、T 作为基本量纲,上式中各参数的量纲为

$[\Delta p] = ML^{-1}T^{-2}, [d] = L, [l] = L, [\Delta] = L, [\rho] = ML^{-3}, [\mu] = ML^{-1}T^{-1}, [\bar{u}] = LT^{-1}$。

　　取 ρ、u、d 为基本变量,可组成四个无量纲数 π_1、π_2、π_3、π_4:

$$\left.\begin{aligned}
\pi_1 &= \Delta p \bar{u}^{a_1} d^{b_1} \rho^{c_1} \\
\pi_2 &= \mu \bar{u}^{a_2} d^{b_2} \rho^{c_2} \\
\pi_3 &= l \bar{u}^{a_3} d^{b_3} \rho^{c_3} \\
\pi_4 &= \Delta \bar{u}^{a_4} d^{b_4} \rho^{c_4}
\end{aligned}\right\} \tag{7-2}$$

　　对于 π_1 项有下面的量纲关系:

$$[M^0L^0T^0] = [ML^{-1}T^{-2}][LT^{-1}]^{a_1}[L]^{b_1}[ML^{-3}]^{c_1} \qquad (7-3)$$

根据量纲和谐原理,可得到下面的方程组:

$$\left.\begin{array}{l} 1 + c_1 = 0 \\ -1 + a_1 + b_1 - 3c_1 = 0 \\ -2 - a_1 = 0 \end{array}\right\} \qquad (7-4)$$

解得

$$\left.\begin{array}{l} a_1 = -2 \\ b_1 = 0 \\ c_1 = -1 \end{array}\right\}$$

于是得

$$\pi_1 = \frac{\Delta p}{\rho \bar{u}^2} \qquad (7-5)$$

用同样的方法求得

$$\pi_2 = \frac{\mu}{\rho \bar{u} d}, \quad \pi_3 = \frac{l}{d}, \quad \pi_4 = \frac{\Delta}{d}$$

可写出无量纲函数关系式:

$$\frac{\Delta p}{\rho \bar{u}^2} = f\left(\frac{\mu}{\rho \bar{u} d}, \frac{l}{d}, \frac{\Delta}{d}\right) \qquad (7-6)$$

式中,$\frac{\rho \bar{u} d}{\mu} = Re$ 为雷诺数。

这样,管内沿程阻力公式可表示为

$$\Delta p = f\left(Re, \frac{l}{d}, \frac{\Delta}{d}\right)\rho \bar{u}^2 \qquad (7-7)$$

实验证明,在流动的其他条件不变的情况下,水平管中压差 Δp 与管长成正比,与管径成反比。因此式(7-7)可变成下式:

$$\Delta p = f\left(Re, \frac{\Delta}{d}\right)\frac{l}{d}\rho \bar{u}^2 = 2f\left(Re, \frac{\Delta}{d}\right)\frac{l}{d}\frac{\rho}{2}\bar{u}^2 \qquad (7-8)$$

令 $\lambda = 2f\left(Re, \frac{\Delta}{d}\right)$,称为沿程阻力系数,则得到管内流动沿程阻力的计算公式:

$$\Delta p = \lambda \frac{l}{d}\frac{\rho}{2}\bar{u}^2 \qquad (7-9)$$

因为 $h_f = \frac{\Delta p}{\rho g}$,则式(7-9)可写成下式:

$$h_f = \lambda \frac{l}{d}\frac{\bar{u}^2}{2g} \qquad (7-10)$$

式(7-10)就是计算沿程阻力的达西公式。

二、 沿程阻力系数的确定

根据达西公式可以看出,计算沿程阻力的主要任务已归结为如何求解沿程阻力系数的问题。在不同流动情况下,沿程阻力系数是不同的。对于层流,沿程阻力系数既可以用解析方法求出,又可以由实验得到;对于湍流,沿程阻力系数只能借助实验得到的经验与半经验公式求出。如前所述,一般情况下,湍流流动可分为"水力光滑管"和"水力粗糙管",在"水力光滑管"中,沿程阻力系数λ与Re有关,在"水力粗糙管"中,λ与Re和相对粗糙度Δ/d有关。下面介绍确定沿程阻力系数λ的尼古拉兹曲线图、计算公式和对工业管道比较适用的莫迪(Moody)图。

1. 尼古拉兹曲线图

尼古拉兹于1933年对管路的沿程阻力进行了全面的实验研究。为了研究管壁粗糙度Δ对沿程损失的影响,他把不同粒径的均匀砂粒分别黏贴在不同直径的管道内壁上,形成了人工粗糙管。

他对不同管径、不同流量的管道流动进行了实验,其实验范围为:雷诺数$Re = 600 \sim 10^6$;管壁相对粗糙度$\Delta/d = 1/1014 \sim 1/30$。实验时测出不同流动条件下管内平均流速$\bar{u}$及相应的沿程损失$h_f$,代入达西公式中计算出$\lambda$,并计算出相应的雷诺数$Re$,绘出它们之间的关系曲线。

尼古拉兹实验曲线如图7-1所示,实验曲线用对数坐标来表达,其中横坐标为$\lg Re$,纵坐标为$\lg(100\lambda)$,相对粗糙度Δ/d为参变量。尼古拉兹实验曲线可以分为五个区域:层流区、层流向湍流的过渡区、湍流水力光滑管区、湍流水力粗糙管过渡区和湍流粗糙管阻力平方区。不同区域有不同的计算沿程阻力系数λ的经验公式。

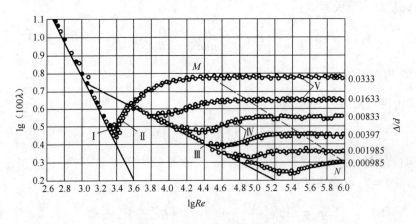

图7-1　尼古拉兹实验曲线

(1)层流区。$Re < 2300$时,流动为层流。从图7-1可以看到,此时不同相对粗糙度的实验点基本上都落在直线Ⅰ上,这表明沿程阻力系数λ只与Re有关,而与相对粗糙度Δ/d无关,沿程阻力系数λ只是雷诺数Re的函数,即$\lambda = f(Re)$。直线Ⅰ的方程为

$$\lambda = \frac{64}{Re} \tag{7-11}$$

式(7-11)为层流沿程阻力系数公式。这与前面理论分析得出的结果完全吻合,实验充分验证了理论分析的正确性。将$\lambda = 64/Re$代入达西公式,可知层流时沿程损失h_f与流速$\bar{u}$的平方成正比。

(2)层流向湍流过渡区。在$2300 < Re < 4000$的范围内,属于层流向湍流的过渡的区域,在这个区域内,实验点集中在曲线Ⅱ周围,此区范围较小,实验点比较分散。工程实际中雷诺数Re在这个区域的较少,对它的研究也较少,目前尚无合理的经验公式,如果涉及此区域,通常按下述水力光滑区处理。

（3）湍流水力光滑管区。在 $4000 < Re < 26.98\left(\dfrac{d}{\Delta}\right)^{8/7}$ 的范围内，流动已完全发展为湍流。该区各种相对粗糙度的实验点均落在直线Ⅲ上。这说明在此流动区域内沿程阻力系数 λ 与相对粗糙度 Δ/d 无关，只与雷诺数 Re 有关，λ 也只是 Re 的函数，即 $\lambda = f(Re)$。这是因为在"水力光滑管"的情况下，由于黏性底层厚度 δ 大于管壁绝对粗糙度 Δ，所以粗糙度对湍流没有影响。

湍流水力光滑管区计算 λ 的常用的经验公式有：

①$4000 < Re < 10^5$ 时，可用按布拉修斯 1/7 次方速度分布式导出的公式：

$$\lambda = \frac{0.3164}{Re^{0.25}} \qquad (7-12)$$

将其代入达西公式，可知此时沿程损失 h_f 与流速的 1.75 次方成正比。所以，湍流水力光滑管区又称 1.75 次方阻力区。

②当 $10^5 < Re < 3 \times 10^6$ 时，可用尼古拉兹公式计算 λ，即

$$\lambda = 0.032 + \frac{0.221}{Re^{0.237}} \qquad (7-13)$$

（4）湍流水力粗糙管过渡区。当 $26.98\left(\dfrac{d}{\Delta}\right)^{8/7} < Re < 4160\left(\dfrac{d}{2\Delta}\right)^{0.85}$ 时，随着雷诺数的增大，湍流流动的黏性底层逐渐减薄，黏性底层已掩盖不了管壁粗糙突起，以前水力光滑的管道相继变为水力粗糙管。在这个区域，不同相对粗糙度管道的实验点开始从Ⅲ线的不同点分离出来，进入粗糙管过渡区Ⅳ。在该区域内，在相同雷诺数情况下，相对粗糙度大的管道，其沿程阻力系数也大，对于相对粗糙度相同的管道，随着 Re 的增加，λ 也相应有所增大。可见，此区域的 λ 不仅与相对粗糙度 Δ/d 有关，也与雷诺数 Re 有关，即 $\lambda = f(Re, \Delta/d)$。

在此区域内，λ 可用洛巴耶夫公式计算，即

$$\lambda = \frac{1.42}{\left[\lg\left(Re\dfrac{d}{\Delta}\right)\right]^2} \qquad (7-14)$$

一般工业管道常按科尔布鲁克（Colebrook）经验公式计算，即

$$\frac{1}{\sqrt{\lambda}} = -2\lg\left(\frac{2.51}{Re\sqrt{\lambda}} + \frac{\Delta}{3.7d}\right) \qquad (7-15)$$

科尔布鲁克公式实际上是综合了水力光滑管区与水力粗糙管平方阻力区的 λ 计算公式而得出的。所以，它可以用来求取湍流中三个区域的沿程阻力系数 λ。只是该公式等号两边都含有 λ，是隐函数形式，求解比较困难，可以用试算法解决这一问题。

（5）湍流粗糙管阻力平方区。在 $Re > 4160\left(\dfrac{d}{2\Delta}\right)^{0.85}$ 的范围内，流动将完全处于水力粗糙状态，此区域在 MN 线右侧Ⅴ区域，从图 7-1 可以看出，不同相对粗糙度管道的实验点分别自成水平直线，这表明该区域中，λ 已与 Re 无关，而仅同 Δ/d 有关。这是因为随着 Re 的增大，黏性底层厚度 δ 继续变小，此时 δ 已远远小于绝对粗糙度 Δ，沿程损失主要来自湍流绕过壁面凸出高度 Δ 时形成的小旋涡，黏性底层对沿程阻力的影响已可忽略。

该区域沿程阻力系数 λ 可用尼古拉兹提出的阻力平方区公式计算，即

$$\lambda = \frac{1}{\left(1.74 + 2\lg\dfrac{d}{\Delta}\right)^2} \qquad (7-16)$$

把它代入达西公式计算沿程损失时,可得 h_f 与流速平方成比例,所以称该区域为粗糙管阻力平方区。

尼古拉兹实验中所用粗糙管是用人工方法制成的。工程实际中使用的管道壁面粗糙度不会如此均匀,在进行沿程阻力系数 λ 值计算时,要使用管道的当量粗糙度。当量粗糙度表示在阻力的效果上与人工粗糙的管道相当的绝对粗糙度,通过实验和计算确定。几种工业上常用管壁当量粗糙度见表 5 - 3。

2. 工业管道的莫迪图

尼古拉兹实验给出了管道沿程阻力系数 λ 与雷诺数 Re、相对粗糙度 Δ/d 的关系曲线以及经验公式。但毕竟实验是在人工粗糙的管道中进行的,而实际应用的管道内壁粗糙度不可能像人工粗糙管那样均匀。为此,莫迪以科尔布鲁克(Colebrook)公式为基础,用实际工业管道进行了实验,于 1944 给出了沿程阻力系数 λ 与 Re、Δ/d 之间关系的曲线图,即莫迪图。如图 7 - 2 所示,莫迪图以雷诺数 Re 为横坐标,以沿程阻力系数 λ 为纵坐标,以相对粗糙度 Δ/d 为参变量。

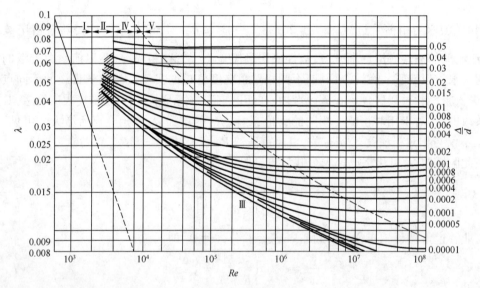

图 7 - 2 莫迪图

莫迪图也可以分为五个区域,即层流区、临界区(相当于尼古拉兹曲线的层流向湍流过渡区)、光滑管区、过渡区(相当于尼古拉兹曲线的湍流水力粗糙管过渡区)和完全湍流粗糙管区(相当于尼古拉兹曲线的湍流粗糙管阻力平方区)。

应用莫迪图查取 λ 的方法为:从已求得的 Re 处作横坐标的垂线,与该管道相对粗糙度所成的曲线交于一点,过该点作横坐标的平行线,向左与表示 λ 的纵坐标轴相交,该交点的值即为所求管道流动的沿程阻力系数 λ。

【例 7 -1】 长度 $l = 1000\text{m}$、内径 $d = 200\text{mm}$ 的普通镀锌钢管,用来输送运动黏度 $\nu = 0.355 \times 10^{-4}\text{m}^2/\text{s}$ 的重油,重油的流量 $Q = 0.038\text{m}^3/\text{s}$。问其沿程损失为多少($\Delta = 0.2\text{mm}$)?

解 确定流动类型,计算 Re 数:

$$u = \frac{Q}{0.25\pi d^2} = \frac{4 \times 0.038}{3.14 \times 0.2^2} = 1.21(\text{m/s})$$

$$Re = \frac{ud}{\nu} = \frac{1.21 \times 0.2}{0.355 \times 10^{-4}} = 6817$$

因为

$$Re = 6817 > 4000$$

计算边界雷诺数 Re_1：

$$Re_1 = 26.98 \left(\frac{d}{\Delta} \right)^{8/7} = 26.98 \times \left(\frac{200}{0.2} \right)^{8/7} = 72379 > 6817$$

所以流动属于水力光滑区。

又因 $Re = 6817 < 10^5$，采用布拉修斯公式计算 λ 值：

$$\lambda = \frac{0.3164}{Re^{0.25}} = \frac{0.3164}{6817^{0.25}} = 0.0348$$

因此可得到管道沿程阻力系数为

$$h_f = \lambda \frac{l}{d} \frac{u^2}{2g} = 0.0348 \times \frac{1000}{0.2} \times \frac{1.21^2}{2 \times 9.8} = 12.99 (\text{m})$$

三、 非圆截面管道沿程损失的计算

在工程实际中，除了使用圆形截面的管道外，也经常用到非圆形截面的管道。例如空调、通风系统中的风道，锅炉设备中的烟道和风道常采用矩形截面，某些换热器中也采用圆环形截面等。下面介绍如何进行计算非圆形截面管道的沿程损失。

计算圆形截面管道沿程损失的达西公式对非圆形截面的管道依然适用。所不同的是，公式中的圆管直径 d 应该以非圆形截面管道的当量直径 d_e 来代替。这样，达西公式变为

$$h_f = \lambda \frac{l}{d_e} \frac{u^2}{2g} \tag{7-17}$$

在确定式 $(7-17)$ 沿程损失系数 λ 时，雷诺数 Re 中的直径 d 也代之以相应的当量直径 d_e，变为

$$Re = \frac{u d_e}{\nu} \tag{7-18}$$

圆管的相对粗糙度 Δ / d 在非圆形截面的管道则变为 Δ / d_e。

这样，就可以套用上一节中根据圆形管道分析得出的公式和曲线图，把沿程损失系数 λ 确定下来，非圆形截面管道沿程损失的计算问题也就解决了。

应用当量直径 d_e 计算非圆形截面管道的沿程损失时，截面形状越接近圆形，产生的误差越小；截面形状与圆形相差越大，产生的误差也就越大。所以，在应用当量直径进行计算时，要求矩形截面的长边最大不超过短边的 8 倍，圆环形截面的外圆直径至少要大于内圆直径 3 倍。

第二节　管流局部阻力计算

在管道系统中通常装有阀门、弯管、变径管等管路附件。流体流经这些管路附件时流速将重新分布，流体质点与质点和管路附件发生碰撞、产生漩涡等，会使流体的流动受到阻碍，由于

这种阻碍是发生在局部急变的流动区段,所以称为局部阻力。流体为克服局部阻力所损失的能量,称为局部损失。

一、局部损失产生的原因

虽然引起局部阻力损失的原因很多,但产生能量损失的原因大致分下面三类:

(1)流动中流速的重新分布;

(2)在旋涡中黏性力做功;

(3)流体中质点的相互掺混、撞击引起的变化。

下面分析几种流动现象,这几种流动现象中引起局部阻力损失的原因主要有上述三类。

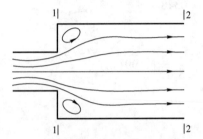

图 7 - 3 管道截面面积突然扩大的流线分布

1. 管道截面面积变化引起的局部能量损失

管道截面面积局部突然扩大、局部突然缩小、逐渐扩大和逐渐缩小等都属于这类情况。下面以管道截面面积局部突然扩大的情况为例来说明能量损失产生的原因。

如图 7 - 3 所示为管道截面面积突然扩大时的流动情况,流体流过突然扩大截面时,由于流体质点的惯性,流体的流动不能按照管壁的形状突然转折扩大,在管壁的拐角处出现主流与边壁的脱离现象,形成旋涡区,旋涡区的流体不断打旋。这时可将流动分成两个区域,即旋涡区和向前流动的主流区。在旋涡区,流体质点在主流的带动下不断旋转,使旋涡区流体质点之间和流体质点与管壁间的摩擦加剧,消耗掉一部分能量。同时,旋涡区的流体质点不断被主流带走,也不断有新的流体质点从主流中补充进来,即两个区域之间存在流体质点的动量和质量交换,造成流动阻力,又产生一部分能量损失。在突扩管中旋涡能量损失占主导地位。这些能量损失全部转化为热能而耗散,造成局部损失。

2. 管道弯曲引起的局部能量损失

下面分析流体流过 90°弯头的情况。流体进入弯管段以前,截面上的压力是均匀的,当流体进入弯管后,流线发生弯曲,因而流体将受到离心力的作用,在离心力的作用下,弯管外侧的压力就高于内侧的压力,这样,就会在径向平面内形成一个二次流动。二次流动与主流叠加在一起形成一个螺旋流。另外,在某些位置,会产生主流脱离壁面现象,在壁面附近形成旋涡区。这两种情况都会造成较大的局部能量损失。

3. 流体绕过物体的能量损失

如果在管道内装设阀门、闸板等物体,当流体绕过这些物体时,物体表面的边界层总要发生脱体现象,结果在物体后部产生旋涡区。

旋涡区内的压力低于物体前的压力,因此物体受到前后压差的作用,反过来,物体对流体有阻力作用,这就是产生局部阻力的原因。流体损失掉的这部分能量消耗在维持涡流区的运动上,最终耗散成热。

二、局部损失计算

流体流过局部装置有很多种情况,因此难以对局部损失的产生作一般的分析。下面以流体从小截面管道流向突然扩大的大截面管道(简称突扩管)为例进行分析,并求出计算局部阻力的公式。

管道截面突然扩大时,其局部损失系数可通过理论分析法取得。可以应用一元稳定流动的连续性方程、伯努利方程和动量方程来求得局部损失。

如图7-3所示,对截面1—1和截面2—2建立黏性流体总流伯努利方程,取动能修正系数 $\alpha = 1$,得

$$\frac{p_1}{\rho g} + \frac{u_1^2}{2g} = \frac{p_2}{\rho g} + \frac{u_2^2}{2g} + h_j$$

局部损失为

$$h_j = \frac{p_1 - p_2}{\rho g} + \frac{u_1^2 - u_2^2}{2g} \tag{a}$$

对截面1—1和截面2—2间的流体建立动量方程,得

$$p_1 A_1 - p_2 A_2 + p(A_2 - A_1) = \rho Q(u_2 - u_1) = \rho A_2 u_2 (u_2 - u_1)$$

式中,p 是扩大管凸肩圆环处流体的压强,经实验测定证实 $p = p_1$,所以扩大管凸肩圆环对流体的作用力为

$$p(A_2 - A_1) = p_1(A_2 - A_1)$$

代入动量方程,化简后可得

$$p_1 - p_2 = \rho u_2 (u_2 - u_1) \tag{b}$$

把式(b)代入式(a),得

$$h_j = \frac{u_2(u_2 - u_1)}{g} + \frac{u_1^2 - u_2^2}{2g} = \frac{(u_2 - u_1)^2}{2g} \tag{7-19}$$

式(7-19)表示流体流过截面突然扩大管道时的局部损失。

根据连续性方程 $u_1 A_1 = u_2 A_2$,式(7-19)可变为

$$h_j = \xi_1 \frac{u_1^2}{2g} \tag{7-20}$$

或

$$h_j = \xi_2 \frac{u_2^2}{2g} \tag{7-21}$$

其中

$$\left. \begin{array}{l} \xi_1 = \left(1 - \dfrac{A_1}{A_2}\right)^2 \\[2mm] \hline \xi_2 = \left(\dfrac{A_2}{A_1} - 1\right)^2 \end{array} \right\} \tag{7-22}$$

管道截面突然扩大的局部损失系数有两个,计算局部损失时,务必选用与之对应的速度水头 $u_1^2/2g$ 或 $u_2^2/2g$。

对突然扩大管道,如果知道管道的面积比 A_2/A_1,就可以计算出局部阻力系数 ξ。当 $A_2 = A_1$,即管道截面未改变时,$\xi = 0$,这意味着流体在等截面管道中的流动没有局部损失。而当 $A_2 \gg A_1$,流体从管道流入很大的容器时,$\xi \approx 1$,这意味着管道入口速度水头 $u_1^2/2g$ 全部损失掉了。

用实验方法确定局部水头损失时,通常都写成下面的形式:

$$h_j = \xi \frac{u^2}{2g} \tag{7-23}$$

式中　ξ——局部阻力系数。

可以看出,欲求管件的局部损失,关键在于得到局部阻力系数 ξ。局部阻力系数主要与局部管件的形状和尺寸有关。

在工程实际中,为了便于把局部水头损失和沿程水头损失合并计算,有时把局部水头损失换算为相当于 $l_当$ 管长的沿程水头损失:

$$h_j = \lambda \frac{l_当}{d} \frac{u^2}{2g} \tag{7-24}$$

式中　$l_当$——当量长度。

把式(7-24)与式(7-23)比较可得

$$\xi = \lambda \frac{l_当}{d} \tag{7-25}$$

或

$$l_当 = \frac{\xi}{\lambda} d \tag{7-26}$$

三、常用管件的局部阻力系数

由于影响局部损失的因素很多,而且大部分流动都处于湍流状态,因此除了极少数管件可由理论分析求得局部阻力系数以外,绝大部分都要靠实验测定。工程中常用管件的局部阻力系数 ξ 一般都可以查表取得,有关的流体力学书籍以及管路手册中都会有各种管件的局部损失系数表可供查阅。表7-1给出了几种常用管件的局部阻力系数值。

表7-1　输油管路常用的局部阻力系数

图　式	$l_当/d$	ξ_0	图　式	$l_当/d$	ξ_0
管道入口	 23	0.50	圆弯头 $R=4d$	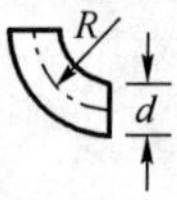 18	0.40
45°焊接弯头	 14	0.30	闸阀	 16	0.35
90°单折焊接弯头	 60	1.30	球阀	 320	7.00
90°双折焊接弯头	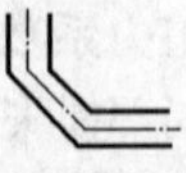 30	0.65	转心阀	 23	0.50
圆弯头 $R=3d$	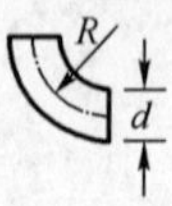 23	0.50	单向阀	 360	8.00

表中 ξ_0 是根据 $\lambda_0 = 0.022$ 的湍流流动过程确定的。如果实际管路中的水力摩阻系数为 λ，则需按比例把它换算成

$$\xi = \xi_0 \frac{\lambda}{0.022} \qquad (7-27)$$

确定局部阻力系数时，有些局部管件前后的流速不一样，所选用的局部阻力系数要与速度相对应。一般来说，局部阻力系数是相对于局部管件后的速度。

以上讨论的都是单个管件的局部阻力系数，当两个管件非常靠近时，由于它们之间的相互影响，如果将两个管件的局部损失相叠加，则较实际的损失要大。要准确确定两相邻管件的能量损失，则要通过试验确定。

【例 7-2】 水从水箱流入一管径不同的管道，管道连接情况如图 7-4 所示，已知：$d_1 = 150\text{mm}$、$l_1 = 25\text{m}$、$\lambda_1 = 0.037$、$d_2 = 125\text{mm}$、$l_2 = 10\text{m}$、$\lambda_2 = 0.039$、$\xi_{进口} = 0.5$、$\xi_{收缩} = 0.15$、$\xi_{阀门} = 2.0$（以上 ξ 值均采用发生局部水头损失后的流速）。当管道输水流量为 25L/s 时，求所需要的水头 H。

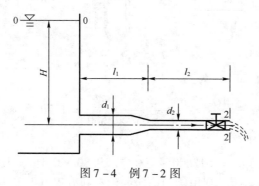

图 7-4 例 7-2 图

解 在 0—0、2—2 断面间建立伯努利方程：

$$z_0 + \frac{p_0}{\rho g} + \frac{u_0^2}{2g} = z_2 + \frac{p_2}{\rho g} + \frac{u_2^2}{2g} + h_w$$

其中 $z_0 - z_2 = H$，0—0、2—2 都通大气，所以有 $p_0 = 0$、$p_2 = 0$，容器截面比管道截面大很多，因此可以认为 $u_0 = 0$，管道的总阻力为

$$h_w = \sum h_f + \sum h_j = h_{f1} + h_{f2} + h_{j进口} + h_{j收缩} + h_{j阀门}$$

$$= \lambda_1 \frac{l_1}{d_1} \frac{u_1^2}{2g} + \lambda_2 \frac{l_2}{d_2} \frac{u_2^2}{2g} + \xi_{进口} \frac{u_1^2}{2g} + \xi_{收缩} \frac{u_2^2}{2g} + \xi_{阀门} \frac{u_2^2}{2g}$$

$$u_1 = \frac{Q}{A_1} = \frac{0.025}{\dfrac{3.14 \times 0.15^2}{4}} = 1.42(\text{m/s})$$

$$u_2 = \frac{Q}{A_2} = \frac{0.025}{\dfrac{3.14 \times 0.125^2}{4}} = 2.04(\text{m/s})$$

$$H = \frac{u_2^2}{2g} + h_w = \frac{u_2^2}{2g} + \lambda_1 \frac{l_1}{d_1} \frac{u_1^2}{2g} + \lambda_2 \frac{l_2}{d_2} \frac{u_2^2}{2g} + \xi_{进口} \frac{u_1^2}{2g} + \xi_{收缩} \frac{u_2^2}{2g} + \xi_{阀门} \frac{u_2^2}{2g}$$

代入数据，解得

$$H = 2.01(\text{m})$$

故所需水头为 2.01m。

【例 7 – 3】 如图 7 – 5 所示为一种用于测试阀门的设备,20℃的水从一容器通过锐边入口进入管系,钢管的内径均为 50mm,当量粗糙度为 0.04mm,管路中三个弯管的管径与曲率半径之比 $d/R = 0.25$,用水泵保持管道中的流量 Q 为 12m³/h,在给定流量下水银差压计的读数为 150mm,试求:

(1)水通过阀门的压力降;

(2)阀门的局部阻力系数;

(3)阀门前的相对压强;

(4)不计水泵损失,求通过该系统的总损失。

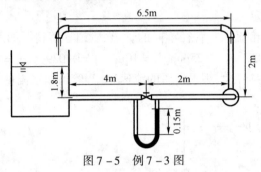

图 7 – 5 例 7 – 3 图

解 管内的平均流速为

$$u = \frac{4Q}{\pi d^2} = \frac{4 \times 12}{\pi \times 0.05^2 \times 3600} = 1.70 (\text{m/s})$$

(1)水流过阀门的压力降:

$$\Delta p = (\rho_{\text{Hg}} - \rho)gh = (13600 - 1000) \times 9.80 \times 0.15 = 1.85 \times 10^4 (\text{Pa})$$

(2)阀门的局部阻力系数。列出阀门前后的伯努利方程可得

$$\frac{\Delta p}{\rho g} = h_j = \xi \frac{u^2}{2g}$$

局部阻力系数:

$$\xi = \frac{2\Delta p}{\rho u^2} = \frac{2 \times 18522}{1000 \times 1.70^2} = 12.83$$

(3)计算阀门前的相对压强。20℃水的动力黏度 $\mu = 1.005 \times 10^{-3}$ Pa · s,流动的雷诺数为

$$Re = \frac{ud}{\nu} = 8.45 \times 10^4 > 2000$$

$$26.98 (d/\Delta)^{\frac{8}{7}} = 26.98 (50/0.04)^{\frac{8}{7}} = 9.34 \times 10^4$$

由于 $4000 < Re < 9.34 \times 10^4$,流动处于湍流光滑管区,用布拉休斯公式计算 λ,即

$$\lambda = \frac{0.3164}{Re^{0.25}} = \frac{0.3164}{(8.45 \times 10^4)^{0.25}} = 0.018$$

查表 7 – 1 可得,管道入口的局部阻力系数 $\xi = 0.5$。

列容器液面与阀门前有效断面的伯努利方程可得

$$1.8 = \frac{p}{\rho g} + \frac{u^2}{2g} + \left(\lambda \frac{l}{d} + \xi\right)\frac{u^2}{2g}$$

故阀门前的相对压强为

$$p = \rho g \left[1.8 - \left(1 + \lambda \frac{l}{d} + \xi \right) \frac{u^2}{2g} \right]$$

$$= 1000 \times 9.8 \times \left[1.8 - \left(1 + 0.018 \times \frac{4}{0.05} + 0.5 \right) \frac{1.70^2}{2 \times 9.8} \right] = 1.36 \times 10^4 (\text{Pa})$$

(4)计算管道系统的总损失。查表 7 – 1 可得,弯管的局部阻力系数 $\xi = 0.40$,管道系统的总损失为

$$h_w = \sum h_f + \sum h_j$$

$$= \left(0.018 \times \frac{4 + 2 + 2 + 6.5}{0.05} + 0.5 + 3 \times 0.40 + 12.83 \right) \times \frac{1.70^2}{2 \times 9.807}$$

$$= 2.91 (\text{m})$$

第三节　管流总阻力计算及减少阻力的措施

一、总阻力计算

在工程实际中,管道系统一般由许多不同管径的管段组成,而且管道系统中又有许多管件,如阀门、弯管、孔板等。管道系统中流体的总能量损失为所有沿程损失和局部损失之和,即

$$h_w = \sum h_f + \sum h_j = \sum \lambda \frac{l}{d} \frac{u^2}{2g} + \sum \xi \frac{u^2}{2g} \qquad (7 - 28)$$

如果在整个管道系统中,各截面上的平均流速相同,则总阻力损失的计算公式可写为

$$h_w = \left(\sum \lambda \frac{l}{d} + \sum \xi \right) \frac{u^2}{2g} = \xi_{总} \frac{u^2}{2g} \qquad (7 - 29)$$

式中,$\xi_{总} = \sum \lambda \dfrac{l}{d} + \sum \xi$,称为总阻力系数。

二、减少阻力损失的措施

阻力损失是指黏性流体流动中,摩擦阻力对流体做负功,这部分功最后变成其他形式的能量(热、声、振动等)而耗散掉。因此,阻力损失越大,能量的利用率越低。为节约能源,在工程实际中应采取措施减少阻力损失。

1. 减小沿程损失

圆管中沿程损失的计算公式为

$$h_f = \lambda \frac{l}{d} \frac{u^2}{2g}$$

式中,$\lambda = f(Re, \Delta/d)$

对上式进行分析,可以得到减小沿程损失的途径如下:

(1)减小管道长度 l。在满足工程需要和安全性的前提下,应尽可能采用直管,以减小管道长度。

（2）合理增大管径 d。管径增大后，平均流速相应降低，可以降低沿程损失。但管径增大后，将使管材消耗量增加，投资和维修费用相对增加。因此，设计时要通过技术经济比较来合理选择管径。

（3）降低管壁的当量粗糙度 Δ。当量粗糙度 Δ 对沿程阻力系数影响很大，工程实际中应尽量减小管道的量粗糙度 Δ。例如，对铸造管道，对内壁进行打磨和喷砂以消除毛刺，降低粗糙度，减小沿程阻力系数。

（4）尽可能采用圆管。在管道有效断面面积和其他流动条件相同的情况下，圆管的摩擦面积最小，沿程损失也最小。因此，在条件允许的情况下，应尽可能采用圆管。

（5）降低流体的黏度。降低流体的黏度可有效地减小流动的沿程阻力，在工程实际中，为减少沿程损失，应适当降低流体的黏度。比如，在原油管道输送中，可通过提高油温或在液体中添加适量的添加剂（如高分子化合物、金属皂、分散的悬浮物等）来降低黏度，以达到减少沿程损失的目的。但是提高油温或添加添加剂会增加加热费用和原料费用，因此，实际生产中要通过技术经济比较来合理选择降低流体黏度的方法。

2. 减小局部损失

局部阻力系数与局部阻力成正比，减小局部阻力系数可有效减小局部损失。局部阻力系数主要与产生局部阻力部件的类型和边界形状有关。因此，减少局部损失可从以下两个方面着手。

（1）在满足工艺条件的前提下，尽量减少局部阻力管件，以减少整个系统的局部阻力系数。

（2）改善局部阻力管件流动通道的边界形状，使流速的大小和方向的变化更趋平稳。常见改善局部阻力管件流动通道的边界形状的方法有以下几种：

①加工管件时，应尽量使进口边缘光滑。因为在管道进口处，其阻力系数与进口边缘的形状有关，有些光滑流线型进口比突缩锐缘进口的阻力系数可以减小90%。

②用渐扩管和渐缩管来代替突扩管和突缩管，可使流动的变化更趋平稳，减小局部损失。

③在弯管处，适当增大弯曲半径和在弯道内安装导流叶片。弯管的局部阻力系数与弯管的中心角 θ、管径 d 和弯曲半径 R 有关。在中心角一定的条件下，适当增大弯曲半径和在弯道内安装导流叶片（图7-6），可显著降低局部阻力系数。如选择合理的叶片形状，可使直角弯头的局部阻力系数由 1.1 降到 0.25。在三通管处，可加装合流板和分流板（图7-7和图7-8），这样可以使流动平稳，减小局部阻力系数。

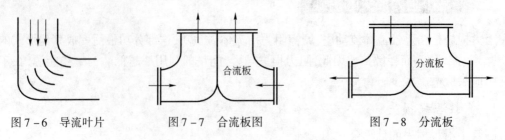

图7-6　导流叶片　　　　图7-7　合流板图　　　　图7-8　分流板

第四节　压力管路的水力计算

凡是液流充满全管，并在一定压差下流动的管路都称为压力管路。管路计算是工程设计与校核中经常遇到的一个问题，也是流体力学这门课程应用于工程领域的一个重要方面，其目的在于通过合理的设计,尽量减小能量损失,最大限度地节省材料。前面讨论了管路能量损失的计算方法,把这些方法应用于工程实际中时,常要参考设计和施工的经验作一些简化,才能总结出实用的计算方法。

本节将通过对长管和短管的计算方法进行分析,导出实用的计算公式,并结合油品输送过程的一些实际问题,如长输管线的水力计算、油库泵站的装卸油、转输管线的水力计算等,介绍处理这些复杂管路水力计算的基本方法,确定流量、管道尺寸等和流动阻力之间的关系。

一、管道系统分类

压力管路中压力可高于大气压,也可低于大气压。压力管路流动过程中产生阻力,其阻力既包括沿程阻力又包括局部阻力。对于不同的管道系统,其计算方法不同,下面介绍管道系统的分类。

1. 按能量损失的类型分类

这种分类把管路分为长管和短管。长管是指流体沿管路流动时的水头损失以沿程损失为主,而局部损失和速度水头二者总和与沿程阻力相比很小,一般不足其5%,为简化起见,可以在水力计算中忽略局部损失和速度水头。短管是指流体沿管道流动时局部损失和速度水头数值在总损失中所占比例较大,与沿程阻力相比不可忽略的管道。

长管和短管都反映着动力和阻力的矛盾,矛盾结果体现为流量的大小,这也是压力管路的总特性。

2. 按管道系统的结构分类

这种分类把管路分为简单管路和复杂管路。简单管路是指管道的截面和粗糙度均不变,输送的流体质量流量始终保持为一常数的管路,如图7-9(a)所示。复杂管路是指除简单管路以外的管路系统,任何复杂管路都是由简单管路连接而成的。复杂管路一般可分为以下四种类型:

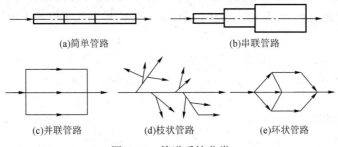

(a)简单管路   (b)串联管路

(c)并联管路   (d)枝状管路   (e)环状管路

图7-9　管道系统分类

(1)串联管路。不同管径的管段逐段首尾连接而成的管路称为串联管路,该类型管路在输水干线、输油干线、库区的分支管中都比较常见。如图7-9(b)所示为由三种不同管径顺接而成的串联管路。

(2)并联管路。入口端和出口端分别连接在一起的两条或两条以上的简单管路或串联管路称为并联管路。图7-9(c)所示为由三条简单管路组成的并联管路。

(3)枝状管路。由一个总的供液源向不同地点供给流体,或由不同地点向一个地点汇集流体,出流管段在主干管段的不同位置分流,分流后的液流不再与主流汇合,这类管路系统称为枝状管路,如图7-9(d)所示。给排水工程、油库栈桥装卸油系统和油田中从油井向集油站集油系统等多属于枝状管路。

(4)环状管路。由不同管段所组成的不规则的闭合管路系统为环状管路,如图7-9(e)所示。

二、长管水力计算

1. 简单管路的水力计算

对于简单长管,可忽略局部损失和速度水头。一段简单长管水头损失为

$$h_w = h_f = \lambda \frac{l}{d} \frac{u^2}{2g}$$

在工程上,计算一般常用流量而不用流速。因而可把上式的速度用流量代替,则上式变为

$$h_w = \frac{8\lambda}{\pi^2 g} \frac{l}{d^5} Q^2 = 0.0827 \frac{\lambda l}{d^5} Q^2 \tag{7-30}$$

在工程实际中,根据管路计算的目的,按所求未知量的不同,管路问题可分为三大类:

(1)第一类问题。已知流体的属性、流量、管路参数(管长、管径及粗糙度)和地形(管道的起点和终点位置),要求计算管路中的压力降,或确定起点所需的压头。在工程中,管路上泵的选择即为这类问题。例如某一输油系统,管路已建成使用,即管径 d、管长 l 都已确定。由于需要增加产量,即输量要有所增加,则需要根据新的输量 Q 计算管路的总阻力 h_w,以确定现有泵的扬程 H 是否能满足输量增加的要求,是否需要增加新的管道泵,增加多少等。

(2)第二类问题。已知流体的属性、管路参数(管径、管长及粗糙度)、地形和压力降,计算流量大小。在已有设备情况下作管线设计和校核时常遇到这类问题。由于不知道流量的大小,无法确定流态,计算时可根据经验先假定流动属于某种流态,算出流速和 Re 值,再校核与假定的流态是否相符,如不符,再重新假设流态试算,直到假设与算得结果相符为止,最后根据 u 求出流量 Q。即采用试算法进行计算。

【例7-4】 相对密度为0.95、运动黏度为1.3St的重油,沿直径为0.203m的管路输送。管长24km,泵出口压力为10.5at,终点压力为1at。管路起点低于终点15m,试求每小时能输送重油多少吨?

解 列出泵出口和终点间的伯努利方程:

$$z_1 + \frac{p_1}{\rho g} + \frac{u_1^2}{2g} = z_2 + \frac{p_2}{\rho g} + \frac{u_2^2}{2g} + h_w$$

由上式计算出沿程损失:

$$h_w = z_1 - z_2 + \frac{p_1 - p_2}{\rho g} = -15 + \frac{10.5 - 1}{0.95 \times 9800} \times 9.8 \times 10^4 = 85(\text{m})$$

用试算法求管内流速,假定流动处于水力光滑管区,由式(7-12)得

$$\lambda = \frac{0.3164}{Re^{0.25}}$$

把上式代入式(7-30)得

$$h_w = 0.0827 \times 0.3164 \times \frac{\nu^{0.25} l Q^2}{u^{0.25} d^{0.25} d^5} = 0.0246 \frac{Q^{1.75} \nu^{0.25} l}{d^{4.75}}$$

把已知条件代入上式得

$$Q = \sqrt[1.75]{6.94 \times 10^{-4}} = 0.0159 (\text{m}^3/\text{s})$$

验算流态,此时

$$u = \frac{4Q}{\pi d^2} = \frac{4 \times 0.0159}{3.14 \times (0.203)^2} = 0.49 (\text{m/s})$$

$$Re = \frac{ud}{\nu} = \frac{0.49 \times 0.203}{1.3 \times 10^{-4}} = 765$$

算出的流态与假设不符,需重算。假设流动为层流状态,则得

$$\lambda = \frac{64}{Re} = \frac{16\pi d\nu}{Q}$$

把上式代入式(7-30)得

$$h_w = 4.15 \frac{Ql\nu}{d^4}$$

把已知条件代入上式得

$$Q = \frac{h_w d^4}{4.15\nu l} = \frac{85 \times (0.203)^4}{4.15 \times 1.3 \times 10^{-4} \times 24 \times 10^3} = 0.0111 (\text{m}^3/\text{s})$$

验算流态,此时

$$u = \frac{4Q}{\pi d^2} = 0.343 (\text{m/s})$$

$$Re = ud/\nu = 536$$

流动属于层流,与假设一样,故假设是正确的,则可得质量流量为

$$Q_m = \rho g Q = 0.95 \times 0.0111 \times 3600 = 37.9 (\text{T/h})$$

(3)第三类问题。给定流体的属性、流量、管长和地形,要求设计最经济的管径。这类问题在进行初步设计时会遇到。决定所用管道的管径时,即要满足流量要求,又要做到经济合理。

在流量一定的情况下,可以选用不同管径的管道。如果选用较小管径的管道,则所用的材料较省,而且易于运输和安装,从而减少管道建设造价。但管径小就会使管路中流速增大,从而引起水头损失也增大,这就需要泵有较大的输出功率,增加了运行维护费用。如果选用较大管径的管道,则所用材料较多,运输安装也不方便,管道造价高。但管径大会使管内流速减小,从而水头损失也减小,所需泵的输出功率也小,则动力设备投资和运行维护费用较少。此外,流速过大会使管道加速磨损,并且在迅速关闭阀门时,容易产生较大的水击压强,引起管子破裂,油库内管线还可能由于流速过高引起静电发生爆炸事故等。反之,若流速过小,输油管容易出现结蜡现象等。

因此管径大小的确定,必须在进行全面经济分析以后才能确定,即选择初投资与运行费用、维修费用等总和为最小的方案,如图7-10所示。流体在管道流动中最经济的流动速度称为经济流速。通常根据给定的流量和经济流速初步决定所需的管径,然后按管子的规格选择相应的管径,并按此管径再进行阻力计算。根据经验,一般油田内部管线或库内管线流速以1~2m/s为宜,外输管线流速为1~3m/s。

2. 复杂管路的水力计算

(1)串联管路。

如图7-11示,对串联管路,由连续方程可知各简单管路内质量流量不变,若$\rho_1 = \rho_2 = \cdots =$

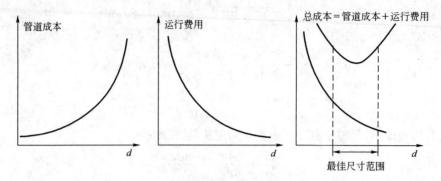

图 7 - 10 定经济管径原则

ρ,则有

$$Q_1 = Q_2 = \cdots = Q_i = Q \qquad (7-31)$$

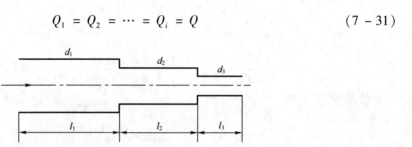

图 7 - 11 串联管路

根据水头损失叠加原理可知总的水头损失为各分段水头损失之和,即

$$h_{f_1} + h_{f_2} + \cdots + h_{f_n} = h_f \qquad (7-32)$$

串联管路与前面讲的简单管路没有实质区别,它们的计算方法也基本相同。

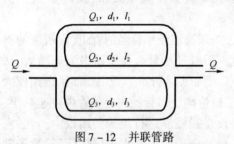

图 7 - 12 并联管路

(2)并联管路。

如图 7 - 12 所示,由连续方程可知,并联管路的总流量等于各并联管的流量之和,即

$$Q = \sum Q_i \qquad (7-33)$$

不同支管的水头损失都相同,即

$$h_{f_1} = h_{f_2} = \cdots = h_{f_n} = h_f \qquad (7-34)$$

并联管路涉及各条并联管中的流量分配问题。

对于某一确定的并联管路,总流量一般是已知的,但各支管的流量一般都是未知数,同时,水头损失也是未知数。如果有 n 条管线并联,就存在 $n+1$ 个未知数,求解这 $n+1$ 个未知数需要有 $n+1$ 个方程。例如,对于由三条管道组成的并联管路,为了求得各支管流量和水头损失,可列出以下四个方程:

$$h_f = 0.0827 \frac{\lambda_1 l_1 Q_1^2}{d_1^5}$$

$$h_f = 0.0827 \frac{\lambda_2 l_2 Q_2^2}{d_2^5}$$

$$h_f = 0.0827 \frac{\lambda_3 l_3 Q_3^2}{d_3^5}$$

$$Q = Q_1 + Q_2 + Q_3$$

因各支管的流量未知,所以各支管流态也未知,计算时,要先假定流态进行试算。一般方法是先假设各支管的流态,找出计算各沿程阻力系数 λ 的公式,然后以某一支管为准,求出与其他支管的流量比,再代入流量方程即可求解。然后根据求出的流速验算流态,看与假设是否相符,如不相符,则需要重新试算。

【**例 7 – 5**】 有一输送原油的并联管路,此并联管路由两条支管组成,两条支管的管径和管长分别为 $d_1 = 0.156\text{m}$、$d_2 = 0.203\text{m}$、$l_1 = 10\text{km}$、$l_2 = 8\text{km}$,已知原油密度 $\rho = 895\text{kg/m}^3$,运动黏度为 $\nu = 0.42\text{St}$,当总输送量为 50kg/s 时,求各支管的流量 Q_1、Q_2 及水头损失。

解 由于 Q_1、Q_2 都是未知数,暂时无法确定流态。先假设流动为水力光滑区,则可得到

$$\lambda_1 = \frac{0.3164}{Re_1^{0.25}} = 0.3164\left(\frac{\pi d_1 \nu}{4Q_1}\right)^{0.25}$$

$$\lambda_2 = \frac{0.3164}{Re_2^{0.25}} = 0.3164\left(\frac{\pi d_2 \nu}{4Q_2}\right)^{0.25}$$

把上两式代入式(7 – 30)得

$$h_{f_1} = 0.0246\frac{Q_1^{1.75}\nu^{0.25}l_1}{d_1^{4.75}}$$

$$h_{f_2} = 0.0246\frac{Q_2^{1.75}\nu^{0.25}l_2}{d_2^{4.75}}$$

因 $h_{f_1} = h_{f_2}$,则得

$$\left(\frac{Q_2}{Q_1}\right)^{1.75} = \left(\frac{d_2}{d_1}\right)^{4.75}\frac{l_1}{l_2}$$

整理上式得

$$Q_2 = \left[\frac{l_1}{l_2}\left(\frac{d_2}{d_1}\right)^{4.75}\right]^{0.571}Q_1 = \left[\frac{10000}{8000}\left(\frac{0.203}{0.156}\right)^{4.75}\right]^{0.571}Q_1$$
$$= 2.32Q_1$$

由

$$Q = Q_1 + Q_2 = 3.32Q_1$$

可得

$$Q_1 = \frac{Q}{3.32} = 0.017(\text{m}^3/\text{s})$$

$$Q_2 = 2.32Q_1 = 0.039(\text{m}^3/\text{s})$$

校核流态:

$$u_1 = \frac{4Q_1}{\pi d_1^2} = \frac{4 \times 0.017}{3.14 \times (0.156)^2} = 0.89(\text{m/s})$$

$$Re_1 = \frac{u_1 d_1}{\nu} = \frac{0.89 \times 0.156}{0.42} = 3300$$

$$u_2 = \frac{4Q_2}{\pi d_2^2} = \frac{4 \times 0.039}{3.14 \times (0.203)^2} = 1.21(\text{m/s})$$

$$Re_2 = \frac{u_2 d_2}{\nu} = \frac{1.21 \times 0.203}{0.42} = 5860$$

可以看出,计算得出的两支管流动均在层流向湍流过渡区或湍流水力光滑管区,过渡区通常按水力光滑管区处理,因此假设合理,流量均可用。下面求水头损失

$$h_f = 0.0246 \frac{Q_1^{1.75} \nu^{0.25} l_1}{d_1^{4.75}}$$

$$= \frac{0.0246 \times (0.017)^{1.75} \times (0.42 \times 10^{-4})^{0.25} \times 10^4}{(0.156)^{4.75}} = 108(\text{m})$$

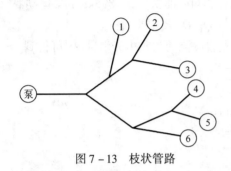

图 7-13　枝状管路

（3）枝状管路。

枝状管路相当于串联管路的复杂情况,如图 7-13 所示。所以它具有串联管路的两个特点:各节点处流入与流出的量相等;沿一条管线上总水头损失为各段水头损失的总和。

如果已知枝状管路各管段长 l_i,各出口端流量 Q_i 和各出口端的标高 z_i,求供液源所需要的总水头 H 和各支管段的管径 d_i,可按下列步骤进行计算:

①根据管线布置选定主干线,一般以起点到最远点为主干线;

②根据各终点流量要求,从末端向前推,确定各管段流量;

③根据流量按合理流速来确定各管段的直径 d_i;

④计算干线各段能量损失,确定干线上各节点处的压强,进而推算起点压强,以确定泵压或罐、塔高度;

⑤以算出的节点压强为准,确定各支管的能量损失,再根据设定的管径校核能量损失,如对比后相差过大,需重选各支管管径。

在工程实际中,油库装桶的灌油栓、油库的装卸油鹤管、一些冷却设备的淋水管和浴室淋浴管等都属于分支管路,其特点是沿流动方向每隔一定距离开有泄流孔或接出支管,液流沿程较均匀地泄出,这样的管路称为沿程均匀泄流管路。下面就两种典型情况进行分析。

a. 直接开孔泄流管路。

图 7-14 所示为一直接开孔泄流管路,支管路全长为 l,沿程泄流的总流量为 Q_P,在管线末端流出的流量为 Q_T。由于泄流孔间隔较密,可以近似地认为液流沿程以流量 $q = Q_P/l$ 均匀泄出。

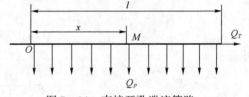

图 7-14　直接开孔泄流管路

由于沿程流量有变化,各断面的流量和流速也连续变化,所以沿程水头损失不能再用前面的公式直接计算。但是取一微小段管路,可以认为 Q 与 u 在这微小管段内没有变化。

在距管路起点 O 为 x 处的 M 点处支管内的流量为

$$Q_u = Q_T + Q_P - \frac{Q_P}{l}x \qquad (7-35)$$

假定距 M 点一微小管段 $\mathrm{d}x$ 内的水头损失为 $\mathrm{d}h_f$,由式(7-30)可得

$$\mathrm{d}h_f = 0.0827 \frac{\lambda \left(Q_T + Q_P - \frac{Q_P}{l}x\right)^2}{d^5}\mathrm{d}x$$

沿全长 l 积分得管段全长 l 上的水头损失：

$$h_f = \int_0^l \mathrm{d}h_f = \int_0^l 0.0827 \frac{\lambda \left(Q_T + Q_P - \dfrac{Q_P}{l}x\right)^2}{d^5} \mathrm{d}x$$

$$= 0.0827\lambda \frac{l}{d^5}\left(Q_T^2 + Q_T Q_P + \frac{Q_P^2}{3}\right) \tag{7-36}$$

其中

$$Q_T^2 + Q_T Q_P + \frac{Q_P^2}{3} \approx (Q_T + 0.55 Q_P)^2$$

取

$$Q_{\text{计}} = Q_T + 0.55 Q_P$$

则式(7-36)可变为

$$h_f = 0.0827\lambda \frac{l}{d^5} Q_{\text{计}}^2 \tag{7-37}$$

在连续分配的情况下，若 $Q_T = 0$，则式(7-37)为

$$h_f = 0.0827\lambda \frac{l}{d^5} \frac{Q_P^2}{3} \tag{7-38}$$

即相当于单管通过流量 Q_p 时的水头损失的 1/3。

b. 装卸油鹤管。

装卸油鹤管由集油管分出若干分支，设每个集油支管上有 n 个鹤管，集油支管直径为 D，两鹤管间距离为 L，则集油支管总长为 $(n-1/2)L$。鹤管直径为 d、管长为 l，鹤管流量分别为 $q_1, q_2, \cdots, q_n$，如图 7-15 所示。

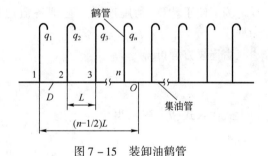

图 7-15 装卸油鹤管

装卸油过程仅是液流流向相反的两个过程，其原理相同。在 O 点压头一定的情况下，距 O 点最远处的鹤管流量最小，距 O 点最近处的鹤管流量最大，并且通过各鹤管流量之和等于集油支管总流量，即 $\sum\limits_{i=1}^{n} q_i = Q$。

由于鹤管出口的位置水头和压力水头都相同，它类似于并联管路，需要求解流量分配和水头损失。n 个鹤管就有 n 个流量、n 个鹤管损失和 n 段集油管损失为未知数。对此所要解决的问题就是如何求出这些未知数。

按照并联管路的原理，只要先求出流量，各段的损失就可以求出了。为了简化起见，开始可设流态相同，一般多为水力光滑状态。从末端开始，依序以节点 2, 3, $\cdots$, n 列等式，求出各流量 q_i 和 q_1 的比，再代入流量总和公式 $Q = \sum q_i$ 就可解出 q_1，然后由流量比的关系求解出流量 $q_2, q_3, \cdots, q_n$。求出流量后就可求出各段的水头损失了。

如近似估算，也可按沿程均匀泄流的方法设各管段流量相同，而集油支管的水头损失可类似地用式(7-36)确定。但由于鹤管间距较大，故精度要差一些。

三、短管水力计算

室内管线、装卸油管线等管路系统中，连接有较多的管件，有的管道直径沿程也有所变化。在这类管路系统中，流体沿管路流动时的局部阻力和速度水头与沿程阻力相比不可忽略，通常称这类管路为短管。短管系统可直接由伯努利方程计算，但计算起来比较烦琐。

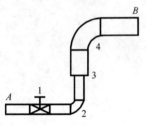

图 7 – 16 短管管路
1—阀门；2—小弯头；3—变径管；
4—大弯头

为了使计算简化，常先把所有的阻力系数综合在一起，再代入伯努利方程，这样就可以方便地求解各类问题。

如图 7 – 16 所示为由两种不同管径的直管和各种管件组成的管路。管路的总水头损失为所有沿程水头损失和所有局部水头损失的总和，即

$$h_w = \sum h_f + \sum h_j$$
$$= \lambda_1 \frac{l_1}{d_1} \frac{u_1^2}{2g} + \lambda_2 \frac{l_2}{d_2} \frac{u_2^2}{2g} + (\xi_1 + \xi_2) \frac{u_1^2}{2g} + (\xi_3 + \xi_4) \frac{u_2^2}{2g}$$

(7 – 39)

式中　u_1——小管流速；

　　　u_2——大管流速；

　　　$\xi_1, \xi_2, \xi_3, \xi_4$——各局部阻力系数；

　　　λ_1, λ_2——小管和大管的沿程阻力系数；

　　　L_1, L_2——直径 d_1 和 d_2 的管子总长。

为了便于计算，利用连续原理把各流速用一个相同的流速来表示，一般以出口处流速为准。

由连续方程可得

$$u_1 = \left(\frac{d_2}{d_1}\right)^2 u_2$$

将上式代入式(7 – 39)，得

$$h_w = \left[\left(\lambda_1 \frac{l_1}{d_1} + \xi_1 + \xi_2\right)\left(\frac{d_2}{d_1}\right)^4 + \left(\lambda_2 \frac{l_2}{d_2} + \xi_3 + \xi_4\right)\right]\frac{u_2^2}{2g}$$

(7 – 40)

令

$$h_w = \left(\lambda_1 \frac{l_1}{d_1} + \xi_1 + \xi_2\right)\left(\frac{d_2}{d_1}\right)^4 + \left(\lambda_2 \frac{l_2}{d_2} + \xi_3 + \xi_4\right) = \xi_c$$

式中　ξ_c——综合阻力系数。

将上式代入式(7 – 40)，得

$$h_w = \xi_c \frac{u_2^2}{2g}$$

(7 – 41)

对图 7 – 16 所示管路 AB 段列伯努利方程得

$$z_1 + \frac{p_1}{\rho g} + \frac{u_1^2}{2g} = z_2 + \frac{p_2}{\rho g} + \frac{u_2^2}{2g} + \xi_c \frac{u_2^2}{2g}$$

(7 – 42)

令

$$H = (z_1 - z_2) + \frac{p_1 - p_2}{\rho g} + \frac{u_1^2}{2g} = (1 + \xi_c) \frac{u_2^2}{2g}$$

(7 – 43)

式中 H——作用水头。

由式(7-43)可得

$$u_2 = \frac{1}{1 + \xi_c} \sqrt{2gH} \qquad (7-44)$$

在实际计算中一般直接用流量代替流速。则式(7-43)可变为

$$H = (1 + \xi_c) \frac{Q^2}{2gA^2} = \alpha Q^2 \qquad (7-45)$$

其中 $\alpha = (1 + \xi_c)/2gA^2$

由式(7-45)可得

$$Q = \frac{1}{\sqrt{1 + \xi_c}} A \sqrt{2gH} = \mu A \sqrt{2gH} \qquad (7-46)$$

式中,$\mu = 1/\sqrt{1 + \xi_c}$,称为流量系数。

式(7-44)和式(7-46)称为短管的实用计算公式。

【例7-6】 如图7-17所示,已知管道内径为 $d = 50mm$,流量为 $0.18m^3/min$。介质密度 $\rho = 850kg/m^3$,运动黏度 $\nu = 2 \times 10^{-6} m^2/s$,泵前管路总局部阻力系数 $\xi_1 = 3.6$,管长 $L_1 = 15m$,泵后管路总局部阻力系数 $\xi_2 = 4.5$,管长 $L_2 = 75m$,管内壁粗糙度 $\Delta = 0.19mm$。试求泵的扬程。

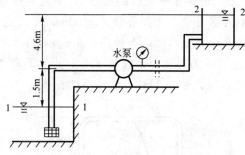

图7-17 例7-6图

解 以池中水面1—1面为基准面,列1—1、2—2断面的伯努利方程

$$z_1 + \frac{p_1}{\rho g} + \frac{u_1^2}{2g} + H = z_2 + \frac{p_2}{\rho g} + \frac{u_2^2}{2g} + h_w$$

式中,$z_1 = 0$、$u_1 = 0$、$z_2 = 6.1$、$u_2 = 0$、$p_1 = 0$、$p_2 = 0$。

1—1、2—2断面间的总水头损失为

$$h_w = \lambda \frac{L_1 + L_2}{d} \frac{u^2}{2g} + \xi_1 \frac{u^2}{2g} + \xi_2 \frac{u^2}{2g}$$

$$= (\lambda \frac{L_1 + L_2}{d} + \xi_1 + \xi_2) \frac{u^2}{2g} = \xi_c \frac{u^2}{2g} \qquad (a)$$

为确定 ξ_c,首先要确定流态。

$$u = \frac{Q}{A} = \frac{\frac{0.18}{60}}{\frac{1}{4} \times \pi \times 0.05^2} = 1.53 (m/s)$$

流动雷诺数

$$Re = \frac{ud}{\nu} = \frac{1.53 \times 0.05}{2 \times 10^{-6}} = 38250$$

$$4000 < Re < 26.98 \left(\frac{d}{\Delta}\right)^{8/7} = 42338$$

可知管内流动属湍流光滑管区,由该区的沿程阻力系数的计算公式得

$$\lambda = \frac{0.3164}{Re^{1/4}} = 0.025$$

把这些值代入式(a)得

$$h_w = \left(0.025 \times \frac{15+75}{0.05} + 3.6 + 4.5\right)\frac{1.53^2}{2g} = 6.34(\text{m})$$

把数据代入伯努利方程得

$$H = z_2 - z_1 + h_w = 6.1 + 6.34 = 12.44(\text{m})$$

泵的扬程为12.44m。

习题七

7-1 水头损失有哪几类?减小水头损失的措施主要有哪些?

7-2 什么是压力管路?怎样区别水力长管和水力短管?

7-3 如图所示,两水池水面具有一定的高度差 H,中间有一障碍物隔开。水温为20℃水从容器Ⅰ利用虹吸管引到容器Ⅱ中。已知管径 $d=100\text{mm}$,管道总长 $L=17\text{m}$,B 点以前的管道长 $L_1=6\text{m}$,虹吸管的最高点 B 至Ⅰ水池水面的高度 $h=4\text{m}$,两水池水位高度差 $H=5\text{m}$,沿程阻力系数 $\lambda=0.03$,虹吸管进口的局部阻力系数 $\xi_1=0.8$,出口局部阻力系数 $\xi_2=1$,弯头的局部阻力系数 $\xi_3=0.9$,试求引水的流量 Q 和最大吸水高度 h 值。

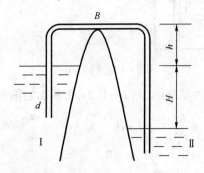

习题 7-3 图

7-4 输油管长 5km、直径为 150mm,当量粗糙度为 0.006,输量为 15500kg/h,油品密度为 860kg/m³,运动黏度为 $1.0 \times 10^{-5}\text{m}^2/\text{s}$,进口压力为 $5 \times 10^5\text{Pa}$,出口比进口高 10m,求出口压力。

7-5 通过一段长为 180m 的水平镀锌钢管的水流量为 85L/s,水头损失 9m,已知 $u=1.14\text{m/s}$,求钢管直径。

7-6 如图所示,水从深 $H=16\text{m}$ 的水箱中经水平短管排入大气,管道直径 $d_1=50\text{mm}$,$d_2=70\text{mm}$,阀门的局部阻力系数 $\zeta_{\text{阀门}}=4.0$,忽略沿程损失,试求通过该水平短管的流量。

7-7 如图所示泵抽水系统,已知泵前后压差为 1.9 个大气压,水的运动黏度为 $\nu=2 \times 10^{-6}\text{m}^2/\text{s}$,管道内径为 $d=50\text{mm}$,水管总长 $L=30\text{m}$,为普通镀锌钢管。试求水的流量(首先假设 $\lambda=0.03$)。

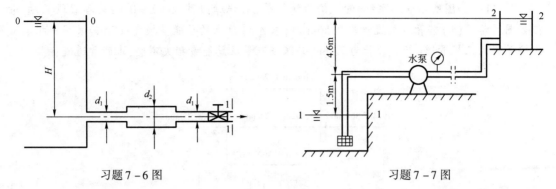

习题7-6图   习题7-7图

7-8 铁路油槽车卸油流程如图所示。水龙带长 $H_1 = 5m$,直径 $d_1 = 90mm$,管线直径 $d_2 = 75mm$,各段管长为 $l_1 = 3m$, $l_2 = 5m$, $H_2 = 6m$, $H_3 = 2m$,罐底到泄油口高 $H_4 = 3m$,管线上有三个弯头($R = 3d$)。当温度为20℃时,油品相对密度为0.75,运动黏度为1cSt,饱和蒸气压为3.8m油柱。试求卸油开始及终了的流量各为多少?(水龙带的沿程阻力系数 $\lambda_{胶} = \lambda + \dfrac{16\Delta^2}{d \ e}$,其中 λ 为钢管阻力系数,e 为钢丝间距。这里取 $e = 26mm$, $\Delta = 2mm$)

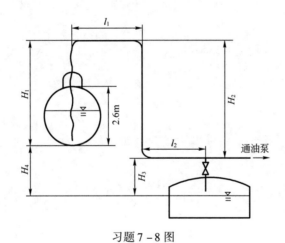

习题7-8图

7-9 某串并联管路如图所示,入口和出口的压差不变,若阀门的开启度减小,则总流量 Q 和其他两分支管流量将怎样变化?为什么?

7-10 有一串并联管路连接两个水池,如图所示,两水池的水面高差为5m,管路直径 $d_1 = 100mm$, $d_2 = d_3 = 50mm$,每段管长均为200m,沿程阻力系数 $\lambda_1 = 0.016$, $\lambda_2 = 0.01$, $\lambda_3 = 0.02$,忽略局部阻力,求 l_1 管段的流量 Q。

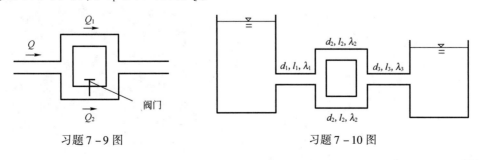

习题7-9图   习题7-10图

7-11　如图所示管路系统,管道均为铸铁管,沿程摩阻系数为λ=0.024,各管段长度、管径如图所示。(1)若管道总流量为0.56m³/s,求A到D点的总能量损失;(2)如果用一根新管代替并联的三根管道,新管管长为720m,若保证流量及总能量损失不变,求新管道直径。

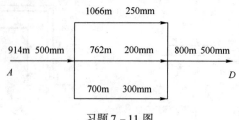

习题7-11 图

第八章　一维不稳定流动

在工程实际中,大部分流动都属于不稳定流动,流动参数或多或少地都随时间而变化。当这种变化相对来说不很大时,可以按稳定流动处理。但在有些情况下,对流动的不稳定性必须加以考虑,否则就会出现较大的误差。本章将对一些典型的一维不稳定流动进行讨论。

第一节　一维不稳定流动基本方程

在圆管内一维不稳定流动过程中,若不考虑流体的温度变化,其流动参量可由连续性方程和动量方程确定。

一、连续性方程

如图 8 - 1 所示,在圆管内取厚度为 $\mathrm{d}x$ 的控制体。取控制体 1—1 断面的面积为 A、流体密度为 ρ、流速为 u,2—2 断面 的 面 积 为 $\left(A + \dfrac{\partial A}{\partial x}\mathrm{d}x\right)$、流体密度为 $\left(\rho + \dfrac{\partial \rho}{\partial x}\mathrm{d}x\right)$、流 速 为 $\left(u + \dfrac{\partial u}{\partial x}\mathrm{d}x\right)$,根据连续方程可以得到 $\mathrm{d}t$ 时间内从控制面流入

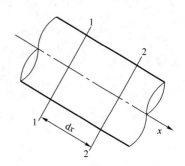

图 8 - 1　连续性方程控制体

流出控制体的净增质量:

$$\rho u A \mathrm{d}t - \left(\rho + \frac{\partial \rho}{\partial x}\mathrm{d}x\right)\left(u + \frac{\partial u}{\partial x}\mathrm{d}x\right)\left(A + \frac{\partial A}{\partial x}\mathrm{d}x\right)\mathrm{d}t = -\frac{\partial}{\partial x}(\rho u A)\,\mathrm{d}x\mathrm{d}t$$

$\mathrm{d}t$ 时间内控制体中的质量变化为

$$\frac{\partial}{\partial t}(\rho A \mathrm{d}x)\,\mathrm{d}t$$

由质量守恒定律可知,流入控制体的净增质量应等于控制体内质量的变化量,即

$$\frac{\partial}{\partial x}(\rho u A)\,\mathrm{d}x\mathrm{d}t = \frac{\partial}{\partial t}(\rho A)\,\mathrm{d}x\mathrm{d}t \tag{8 - 1}$$

整理可得到连续性方程:

$$\frac{\partial}{\partial t}(\rho A) + \frac{\partial}{\partial x}(\rho u A) = 0$$

或

$$\frac{\partial(\rho A)}{\partial t} + \rho A \frac{\partial u}{\partial x} + u \frac{\partial(\rho A)}{\partial x} = 0 \qquad (8-2)$$

由此可得

$$\frac{1}{\rho A}\frac{\mathrm{d}(\rho A)}{\mathrm{d}t} + \frac{\partial u}{\partial x} = 0$$

或

$$\frac{1}{\rho}\frac{\mathrm{d}\rho}{\mathrm{d}t} + \frac{1}{A}\frac{\mathrm{d}A}{\mathrm{d}t} + \frac{\partial u}{\partial x} = 0 \qquad (8-3)$$

式(8-3)即为一维不稳定流动的连续性方程。

由于密度和管道断面面积的相对变化率不方便确定,因而需对式(8-3)进行变形。据液体的压缩性可知,液体的体积弹性模量为

$$K = -\frac{\mathrm{d}p}{\mathrm{d}V/V} \qquad (8-4)$$

由于质量 $M = \rho V$,取 M 为常数,由微分定理得

$$0 = V\mathrm{d}\rho + \rho\mathrm{d}V$$

因此可得

$$\frac{\mathrm{d}V}{V} = -\frac{\mathrm{d}\rho}{\rho} \qquad (8-5)$$

由式(8-4)和式(8-5)可得

$$K = \rho \frac{\mathrm{d}p}{\mathrm{d}\rho} \qquad (8-6)$$

整理得

$$\frac{1}{\rho}\frac{\mathrm{d}\rho}{\mathrm{d}t} = \frac{1}{K}\frac{\mathrm{d}p}{\mathrm{d}t} \qquad (8-7)$$

从管道的弹性变形方面考虑,由虎克定律知,管材的弹性系数与应变之间的关系为

$$\frac{\mathrm{d}D}{D} = \frac{\mathrm{d}\sigma}{E} \qquad (8-8)$$

式中 D——管道直径;

$\mathrm{d}\sigma$——因 $\mathrm{d}p$ 而引起的管壁的拉伸应力增量;

E——管材的弹性系数。

设管子壁厚为 e,由薄壁筒拉力公式知

$$e = \frac{pD}{2\sigma} \qquad (8-9)$$

可得

$$\mathrm{d}\sigma = \frac{D}{2e}\mathrm{d}p \qquad (8-10)$$

把式(8-10)代入式(8-8)得

$$E = \frac{D}{\mathrm{d}D}\frac{D}{2e}\mathrm{d}p = \frac{D^2}{2\mathrm{d}D}\frac{\mathrm{d}p}{e} \qquad (8-11)$$

由上式可得

$$\frac{dA}{A} = \frac{dD^2}{D^2} = \frac{2dD}{D} = \frac{Ddp}{eE} \qquad (8-12)$$

整理得

$$\frac{1}{A}\frac{dA}{dt} = \frac{D}{eE}\frac{dp}{dt} \qquad (8-13)$$

将式(8-7)和式(8-13)代入式(8-3)得

$$\frac{D}{eE}\frac{dp}{dt} + \frac{1}{K}\frac{dp}{dt} + \frac{\partial u}{\partial x} = 0$$

或

$$\left(\frac{D}{eE} + \frac{1}{K}\right)\rho\frac{dp}{dt} + \rho\frac{\partial u}{\partial x} = 0 \qquad (8-14)$$

令

$$c = \sqrt{\frac{1}{\rho\left(\frac{1}{K} + \frac{D}{eE}\right)}}$$

则式(8-14)又可写成

$$\frac{dp}{dt} + \rho c^2\frac{\partial u}{\partial x} = 0$$

式中 c——考虑管壁变形时的压力波传递速度。

一般工业管道计算中,常用流量而不用流速,因而可把上式的速度用流量代替,可以得到

$$\frac{\partial p}{\partial t} + \frac{Q}{A}\frac{\partial p}{\partial x} + \frac{\rho c^2}{A}\frac{\partial Q}{\partial x} = 0 \qquad (8-15)$$

二、动量方程

在圆管内取厚度为 dx 的控制体,控制体内流体所受的力如图8-2所示,可以得出控制体内流体所受外力矢量和为

$$\sum F_i = -g\rho A\sin\alpha dx - \frac{\partial(pA)}{\partial x}dx - \pi D\tau dx$$

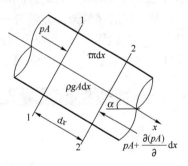

图8-2 动量方程控制体

由牛顿第二定律得

$$\rho A dx\frac{du}{dt} = -g\rho A\sin\alpha dx - \frac{\partial(pA)}{\partial x}dx - \pi D\tau dx \qquad (8-16)$$

对直径不变的水平放置管道 $\alpha = 0$,则上式变为

$$\rho A\frac{du}{dt} + A\frac{\partial p}{\partial x} + \pi D\tau = 0 \qquad (8-17)$$

把式(8-17)的速度用流量代替,利用下面各式

$$\left.\begin{array}{l} \dfrac{\mathrm{d}u}{\mathrm{d}t} = u\,\dfrac{\partial u}{\partial x} + \dfrac{\partial u}{\partial t} \\[3mm] \dfrac{\partial u}{\partial x} = \dfrac{1}{A}\,\dfrac{\partial Q}{\partial x} \\[3mm] \dfrac{\partial u}{\partial t} = \dfrac{1}{A}\,\dfrac{\partial Q}{\partial t} \end{array}\right\}$$

可得到

$$\frac{\partial p}{\partial x} + \frac{\rho Q}{A^2}\,\frac{\partial Q}{\partial x} + \frac{\rho}{A}\,\frac{\partial Q}{\partial t} + f(Q) = 0 \qquad\qquad (8-18)$$

式中 $f(Q)$——与流量 Q 有关的摩擦阻力项。

式(8-15)和式(8-18)即为管内一维不稳定流动的基本方程,又称波动方程。在一般的流体管道中,有 $\dfrac{\partial Q}{\partial t} \gg \dfrac{Q}{A}\,\dfrac{\partial Q}{\partial x}$,$\dfrac{\partial p}{\partial t} \gg \dfrac{Q}{A}\,\dfrac{\partial p}{\partial x}$,因此,式(8-15)和式(8-18)中的第二项均可舍去,波动方程可写为

$$\left.\begin{array}{l} \dfrac{\partial p}{\partial t} + \dfrac{\rho c^2}{A}\,\dfrac{\partial Q}{\partial x} = 0 \\[3mm] \dfrac{\rho}{A}\,\dfrac{\partial Q}{\partial t} + \dfrac{\partial p}{\partial x} + f(Q) = 0 \end{array}\right\} \qquad\qquad (8-19)$$

第二节   特 征 线 法

管道不稳定流基本方程式中压力 p 和流量 Q 是因变量,x 和 t 是自变量,$f(Q)$ 是非线性的摩擦项,而且方程中系数 Q/A、$\rho Q/A^2$ 均含有因变量 Q,即使线性化摩擦项,方程是拟线性的,求解还是比较困难。为此,可采用特征线法解决该类问题。

特征线法是偏微分方程的一种数值解法,它将偏微分方程变换成特殊的全微分方程,然后对全微分方程积分,得到便于数值处理的有限差分方程。下面介绍特征线法的数学原理,并将式(8-15)和式(8-18)变换成特征线方程。

一、 单变量的一阶拟线性偏微分方程

设方程为

$$a(x,t,u)\,\frac{\partial u}{\partial t} + b(x,t,u)\,\frac{\partial u}{\partial x} = g(x,t,u) \qquad\qquad (8-20)$$

式中,$u = u(x,t)$ 是因变量,x、t 为自变量。

由于系数 a、b、g 不仅与 x、t 有关,还与 u 有关,方程(8-20)是拟线性的。求解方程(8-20)的困难是它包含有两个方向 (x,t) 上的导数。如果在 x、t 平面上找到一个方向,使沿这个方向上方程(8-20)变为常微分方程,就可以沿这个方向积分求解。

式(8-20)可改写为

$$\frac{\partial u}{\partial t} + \frac{b}{a}\,\frac{\partial u}{\partial x} = \frac{g}{a}$$

若令

$$\frac{\mathrm{d}x}{\mathrm{d}t} = \frac{b}{a}$$

则可得

$$\frac{\partial u}{\partial t} + \frac{\partial u}{\partial x}\frac{\mathrm{d}x}{\mathrm{d}t} = \frac{g}{a}$$

上式等号左边是 u 的全导数,由上式得

$$\frac{\mathrm{d}u}{\mathrm{d}t} = \frac{g}{a} \tag{8-21}$$

即偏微分方程(8-20)在沿 $\mathrm{d}x/\mathrm{d}t = b/a$ 方向上就变为常微分方程 $\mathrm{d}u/\mathrm{d}t = g/a$,沿这个特征方向所确定的特征曲线,对式(8-21)积分就可得沿此特征曲线上 u 的变化情况。

这种方法只能求得沿特征曲线上 u 的变化情况,但不能给出 u 在特征曲线周围的变化情况,即能沿特征曲线唯一确定 u 的函数,但不能定出 $\frac{\partial u}{\partial x}$ 和 $\frac{\partial u}{\partial t}$。

由于沿特征方向可确定 u,则沿此方向 u 的全微分为

$$\left.\begin{array}{l} \dfrac{\partial u}{\partial t}\mathrm{d}t + \dfrac{\partial u}{\partial x}\mathrm{d}x = \mathrm{d}u \\[2mm] a\,\dfrac{\partial u}{\partial t} + b\,\dfrac{\partial u}{\partial x} = g \end{array}\right\} \tag{8-22}$$

因为沿特征方向 $\frac{\partial u}{\partial x}$ 和 $\frac{\partial u}{\partial t}$ 不是唯一的,则方程组(8-22)的系数行列式应为零

$$\Delta = \begin{vmatrix} \mathrm{d}t & \mathrm{d}x \\ a & b \end{vmatrix} = b\mathrm{d}t - a\mathrm{d}x = 0$$

即

$$\frac{\mathrm{d}x}{\mathrm{d}t} = \frac{b}{a}$$

又因在特征方向上 u 是唯一确定的,同时存在 $\frac{\partial u}{\partial t}$ 和 $\frac{\partial u}{\partial x}$,则有

$$\begin{vmatrix} \mathrm{d}t & \mathrm{d}u \\ a & g \end{vmatrix} = \begin{vmatrix} \mathrm{d}u & \mathrm{d}x \\ g & b \end{vmatrix} = 0$$

即

$$\left.\begin{array}{l} \dfrac{\mathrm{d}u}{\mathrm{d}t} = \dfrac{g}{a} \\[2mm] \dfrac{\mathrm{d}u}{\mathrm{d}x} = \dfrac{g}{b} \end{array}\right\} \tag{8-23}$$

式(8-23)称为特征关系式或相容方程。

二、 两个变量的一阶拟线性偏微分方程

设方程组为

$$\left.\begin{array}{l} a_{11}\dfrac{\partial u}{\partial t} + a_{12}\dfrac{\partial \nu}{\partial t} + b_{11}\dfrac{\partial u}{\partial x} + b_{12}\dfrac{\partial \nu}{\partial x} = g_1 \\[3mm] a_{21}\dfrac{\partial u}{\partial t} + a_{22}\dfrac{\partial \nu}{\partial t} + b_{21}\dfrac{\partial u}{\partial x} + b_{22}\dfrac{\partial \nu}{\partial x} = g_2 \end{array}\right\} \qquad (8-24)$$

式中,系数 a_{ij}、$b_{ij}(i=1,2;j=1,2)$ 都是 x、t、u 和 ν 的函数,且

$$\frac{a_{11}}{a_{21}} \neq \frac{a_{12}}{a_{22}} \neq \frac{b_{11}}{b_{21}} \neq \frac{b_{12}}{b_{22}} \neq \frac{g_1}{g_2}$$

采用前面相同处理方法,设沿特征方向可求得 u 及 ν,则有

$$\left.\begin{array}{l} \mathrm{d}u = \dfrac{\partial u}{\partial t}\mathrm{d}t + \dfrac{\partial u}{\partial x}\mathrm{d}x \\[3mm] \mathrm{d}v = \dfrac{\partial \nu}{\partial t}\mathrm{d}t + \dfrac{\partial \nu}{\partial x}\mathrm{d}x \end{array}\right\} \qquad (8-25)$$

联立式(8-24)和式(8-25),得方程组

$$\left.\begin{array}{l} a_{11}\dfrac{\partial u}{\partial t} + a_{12}\dfrac{\partial \nu}{\partial t} + b_{11}\dfrac{\partial u}{\partial x} + b_{12}\dfrac{\partial \nu}{\partial x} = g_1 \\[3mm] a_{21}\dfrac{\partial u}{\partial t} + a_{22}\dfrac{\partial \nu}{\partial t} + b_{21}\dfrac{\partial u}{\partial x} + b_{22}\dfrac{\partial \nu}{\partial x} = g_2 \\[3mm] \mathrm{d}t\,\dfrac{\partial u}{\partial t} + 0 + \mathrm{d}x\,\dfrac{\partial u}{\partial x} + 0 = \mathrm{d}u \\[3mm] 0 + \mathrm{d}t\,\dfrac{\partial \nu}{\partial t} + 0 + \mathrm{d}x\,\dfrac{\partial \nu}{\partial x} = \mathrm{d}\nu \end{array}\right\} \qquad (8-26)$$

由于沿特征方向 $\dfrac{\partial u}{\partial t}$,$\dfrac{\partial u}{\partial x}$,$\dfrac{\partial \nu}{\partial t}$ 及 $\dfrac{\partial \nu}{\partial x}$ 不能唯一确定,且对应系数的比不相等,所以方程组 (8-26)中偏导数的系数行列式应为 0,即

$$\Delta = \begin{vmatrix} a_{11} & a_{12} & b_{11} & b_{12} \\ a_{21} & a_{22} & b_{21} & _{22} \\ \mathrm{d}t & 0 & \mathrm{d}x & 0 \\ 0 & \mathrm{d}t & 0 & \mathrm{d}x \end{vmatrix} = 0$$

将第一列乘以 $\mathrm{d}x$,减去第三列乘以 $\mathrm{d}t$ 作为新的第一列,再将第二列乘以 $\mathrm{d}x$ 减去第四列乘以 $\mathrm{d}t$ 作为新的第二列,则得

$$\Delta = \begin{vmatrix} a_{11}\mathrm{d}x - b_{11}\mathrm{d}t & a_{12}\mathrm{d}x - b_{12}\mathrm{d}t & b_{11} & b_{12} \\ a_{21}\mathrm{d}x - b_{21}\mathrm{d}t & a_{22}\mathrm{d}x - b_{22}\mathrm{d}t & b_{21} & b_{22} \\ 0 & 0 & \mathrm{d}x & 0 \\ 0 & 0 & 0 & \mathrm{d}x \end{vmatrix}$$

$$= \begin{vmatrix} a_{11}\mathrm{d}x - b_{11}\mathrm{d}t & a_{12}\mathrm{d}x - b_{12}\mathrm{d}t \\ a_{21}\mathrm{d}x - b_{21}\mathrm{d}t & a_{22}\mathrm{d}x - b_{22}\mathrm{d}t \end{vmatrix} = 0$$

令特征方向为 $\dfrac{\mathrm{d}x}{\mathrm{d}t} = k$，则有

$$\Delta = \begin{vmatrix} a_{11}k - b_{11} & a_{12}k - b_{12} \\ a_{21}k - b_{21} & a_{22}k - b_{22} \end{vmatrix} = 0$$

展开后得

$$Hk^2 + Mk + N = 0 \qquad\qquad (8-27)$$

其中

$$H = \begin{vmatrix} a_{11} & a_{12} \\ a_{21} & a_{22} \end{vmatrix}$$

$$M = -\begin{vmatrix} a_{11} & a_{12} \\ b_{21} & b_{22} \end{vmatrix} - \begin{vmatrix} b_{11} & b_{12} \\ a_{21} & a_{22} \end{vmatrix}$$

$$N = \begin{vmatrix} b_{11} & b_{12} \\ b_{21} & b_{22} \end{vmatrix}$$

对于方程(8-27)，当 $M^2 = 4HN < 0$ 时 k 无实根，即无特征方向，方程为椭圆型；当 $M^2 = 4HN = 0$ 时 k 有一实根，即只有一个特征方向，方程为抛物型；当 $M^2 = 4HN > 0$ 时 k 有两个实根，即存在两个特征方向，方程为双曲型。

一阶拟线性双曲型偏微分方程组将存在两族特征线方向各为

$$\frac{\mathrm{d}x}{\mathrm{d}t} = k_1 \quad \text{及} \quad \frac{\mathrm{d}x}{\mathrm{d}t} = k_2$$

沿上述特征方向，函数 u 及 v 可以唯一确定，其偏导数存在，因而式(8-24)和式(8-25)组成的方程组的系数行列式 $\Delta_i = 0(i = 1,2,3,4)$，因为这四个系数行列式是等价的，可以任取，如取 $i = 3$，则

$$\Delta_3 = \begin{vmatrix} a_{11} & a_{12} & g_1 & b_{12} \\ a_{21} & a_{22} & g_2 & b_{22} \\ \mathrm{d}t & 0 & \mathrm{d}u & 0 \\ 0 & \mathrm{d}t & \mathrm{d}v & \mathrm{d}x \end{vmatrix} = 0$$

第一列乘以 $\mathrm{d}u$ 加上第二列乘以 $\mathrm{d}v$ 后减去第三列乘以 $\mathrm{d}t$ 作为新第一列，以第二列乘以 $\mathrm{d}x$ 减去第四列乘以 $\mathrm{d}t$ 作新的第二列得

$$\Delta_3 = \begin{vmatrix} a_{11}\mathrm{d}u + a_{12}\mathrm{d}v - g_1\mathrm{d}t & a_{12}\mathrm{d}x - b_{12}\mathrm{d}t \\ a_{21}\mathrm{d}u + a_{22}\mathrm{d}v - g_2\mathrm{d}t & a_{22}\mathrm{d}x - b_{22}\mathrm{d}t \end{vmatrix} = 0$$

展开得特征线上的特征关系式为

$$(k_i H + D)\mathrm{d}u + E\mathrm{d}v + F\mathrm{d}t + G\mathrm{d}x = 0 \qquad\qquad (8-28)$$

其中

$$H = \begin{vmatrix} a_{11} & a_{12} \\ a_{21} & a_{22} \end{vmatrix}$$

$$D = \begin{vmatrix} b_{12} & b_{11} \\ b_{22} & b_{21} \end{vmatrix}$$

$$E = \begin{vmatrix} b_{12} & a_{12} \\ b_{22} & a_{22} \end{vmatrix}$$

$$F = \begin{vmatrix} g_1 & b_{12} \\ g_2 & b_{22} \end{vmatrix}$$

$$G = \begin{vmatrix} a_{12} & g_1 \\ a_{22} & g_2 \end{vmatrix}$$

由此可得四个常微分方程：

$$\left. \begin{array}{l} \dfrac{\mathrm{d}x}{\mathrm{d}t} = k_i \, (i = 1,2) \\[2mm] (k_i H + D)\mathrm{d}u + E\mathrm{d}\nu + F\mathrm{d}t + G\mathrm{d}x = 0 \, (i = 1,2) \end{array} \right\} \qquad (8-29)$$

这样就将求解有两个变量的一阶拟线性双曲型偏微分方程问题归结为求解 x—t 平面上的两族特征方向 $\dfrac{\mathrm{d}x}{\mathrm{d}t} = k_i$ 及沿此方向的特征关系式的问题。

三、波动方程的特征线解法

将波动方程式(8-15)和式(8-18)改写成

$$\left. \begin{array}{l} \dfrac{\partial p}{\partial t} + 0 + \dfrac{Q}{A}\dfrac{\partial p}{\partial x} + \dfrac{\rho c^2}{A}\dfrac{\partial Q}{\partial x} = 0 \\[3mm] 0 + \dfrac{\rho}{A}\dfrac{\partial Q}{\partial t} + \dfrac{\partial p}{\partial x} + \dfrac{\rho Q}{A^2}\dfrac{\partial Q}{\partial x} = -f(Q) \end{array} \right\} \qquad (8-30)$$

将方程组(8-30)与式(8-24)对比可得 $u = p, v = Q, a_{11} = 1, a_{12} = 0, b_{11} = \dfrac{Q}{A}, b_{12} = \dfrac{\rho c^2}{A},$

$g_1 = 0, g_2 = -f(Q), a_{21} = 0, a_{22} = \dfrac{\rho}{A}, b_{21} = 1, b_{22} = \dfrac{\rho Q}{A^2}$。由此可以算得

$$H = \begin{vmatrix} a_{11} & a_{12} \\ a_{21} & a_{22} \end{vmatrix} = \begin{vmatrix} 1 & 0 \\ 0 & \dfrac{\rho}{A} \end{vmatrix} = \dfrac{\rho}{A}$$

$$M = -\begin{vmatrix} 1 & 0 \\ 1 & \dfrac{\rho Q}{A^2} \end{vmatrix} - \begin{vmatrix} \dfrac{Q}{A} & \dfrac{\rho c^2}{A} \\ 0 & \dfrac{\rho}{A} \end{vmatrix} = -2\dfrac{\rho}{A}u$$

$$N = \begin{vmatrix} \dfrac{Q}{A} & \dfrac{\rho c^2}{A} \\ 1 & \dfrac{\rho Q}{A^2} \end{vmatrix} = \dfrac{\rho}{A}(u^2 - c^2)$$

$$D = \begin{vmatrix} \dfrac{\rho c^2}{A} & -1 \\ \dfrac{\rho Q}{A^2} & 0 \end{vmatrix} = -\dfrac{\rho}{A}u$$

$$E = \begin{vmatrix} \dfrac{\rho c^2}{A} & 0 \\[2mm] \dfrac{\rho Q}{A^2} & \dfrac{\rho}{A} \end{vmatrix} = \dfrac{\rho^2 c^2}{A^2}$$

$$F = \begin{vmatrix} 0 & \dfrac{\rho c^2}{A} \\[2mm] -f(Q) & \dfrac{\rho Q}{A^2} \end{vmatrix} = \dfrac{\rho c^2}{A} f(Q)$$

$$G = \begin{vmatrix} 0 & 0 \\[2mm] \dfrac{\rho}{A} & -f(Q) \end{vmatrix} = 0$$

所以把数据代入式(8-27)可得

$$k_i = \frac{-M \pm \sqrt{M^2 - 4HN}}{2H} = u \pm c \qquad (8-31)$$

所以求得的两个特征方向为

$$\left.\begin{array}{l} C_L : \dfrac{\mathrm{d}x}{\mathrm{d}t} = k_1 = u + c \\[3mm] C_R : \dfrac{\mathrm{d}x}{\mathrm{d}t} = k_2 = u - c \end{array}\right\} \qquad (8-32)$$

根据式(8-29)可得波动方程特征关系式(相容方程)为

$$(k_i H + D)\mathrm{d}p + E\mathrm{d}Q + F\mathrm{d}t + G\mathrm{d}x = 0$$

将系数 H、D、E、F 及 G 代入上式得

$$\left[(u \pm c)\frac{\rho}{A} - \frac{\rho}{A}u\right]\mathrm{d}p + \frac{\rho^2 c^2}{A^2}\mathrm{d}Q + \frac{\rho c^2}{A}f(Q)\mathrm{d}t = 0$$

因为 $\rho c/A$ 为管道的无阻尼特征阻抗 Z_0，代入上式并整理得

$$Z_0 \frac{\mathrm{d}Q}{\mathrm{d}t} \pm \frac{\mathrm{d}p}{\mathrm{d}t} + cf(Q) = 0$$

因 $u \ll c$，整理得到波动方程经特征线解法变换的四个常微分方程：

$$C^+ : \left\{\begin{array}{l} Z_0 \dfrac{\mathrm{d}Q}{\mathrm{d}t} + \dfrac{\mathrm{d}p}{\mathrm{d}t} + cf(Q) = 0 \\[3mm] \dfrac{\mathrm{d}x}{\mathrm{d}t} = c \end{array}\right. \qquad (8-33)(8-34)$$

$$C^- : \left\{\begin{array}{l} Z_0 \dfrac{\mathrm{d}Q}{\mathrm{d}t} - \dfrac{\mathrm{d}p}{\mathrm{d}t} + cf(Q) = 0 \\[3mm] \dfrac{\mathrm{d}x}{\mathrm{d}t} = -c \end{array}\right. \qquad (8-35)(8-36)$$

式(8-33)、式(8-34)、式(8-35)和式(8-36)称为特征线方程，可用图8-3的平面表示。式(8-33)用于左特征线 C^+，式(8-35)则用于右特征线 C^-。两特征线的斜率分别为 c 和 $-c$，c 前的正负号表示入射波和反射波。式(8-34)和式(8-36)表明波的位置变化和时间变化，是用波的传递速度 c 联系起来的。

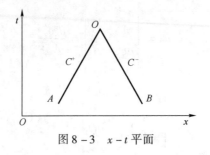

图 8-3 $x-t$ 平面

第三节   管路中的水击

在有压管路系统中,由于阀门突然关闭或开启(或其他原因)使管内流速发生突然变化,从而引起管内压力急剧交替升降的现象称为水击现象。当急剧升降的压力波通过管路时,产生一种声音,犹如用锤子敲击管壁时发出的噪声,故水击也称为水锤。在水击产生过程中的压力升降值称为水击压力。有压管路中有时会产生很大的水击压力,这种压力可能大到足以使管子破裂。因此,对水击影响绝不能忽视。

产生水击现象的主要原因是液体的惯性和压缩性。例如,由于突然关闭阀门使管路中流体的流速从某一值 u_0 突然降到零,由于惯性的作用,使液体压力突然升高,此时液体被压缩。反之,当管中流速突然由零增大到某一值 u_0 时,由于惯性的作用,使液体中压力突然降低,此时液体膨胀。

1. 水击压力波传播过程

下面分析一维管道流动产生水击压力波的过程。如图 8-4 所示,液体从容器流入管长为 l、管径为 d 的管道中,管道中液体的流速为 u_0,压力为 p_0,管路出口装有阀门,并直接通向大气。

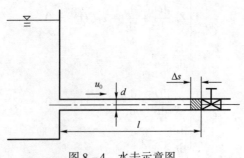

图 8-4   水击示意图

当关闭阀门后,管道内产生水击压力波,水击压力波传递可分为四个过程:

(1)当阀门突然关闭时,邻近阀门的一层厚度为 Δs 的液体立即停止流动并被压缩,此时这层流体的动能全部转变为压力能,压力由 p_0 增加到 $p_0 + \Delta p$,同时,该液体层周围的管壁受压膨胀。当第一层液体在一个无限小的时间 Δt 内停下来以后,接着与它紧挨着的另一薄层液体又停下来,也受到压缩,压力升高,同时它周围管壁也膨胀。这样逐层传递,实际上就是水击压力波 Δp 的传播,压力波的传播速度为 c。当阀门关闭后 $t_1 = l/c$ 时刻,水击压力波传至管路入口处,此时管路中液体全部受到压缩,并停止了流动,同时整个管壁受压膨胀。此过程称为减速增压过程。

(2)当 $t > l/c$ 时,由于管内压力高于容器中压力,因此被压缩流体要释放压力能 Δp,引起液体由管子流向容器。最初是在管道入口端一薄层液体开始,此时这层液体压力由 $p_0 + \Delta p$ 恢复到起始压力 p_0,并开始以 u_0 的速度流向容器,同时,周围管壁恢复原状。接着管内液体逐层释放压力能,在阀门关闭后 $t_2 = 2l/c$ 时,到达阀门处,此时管内压力全部恢复到起始压力 p_0,并且以 u_0 速度倒流,同时管壁全部恢复原状。

(3)当 $t > 2l/c$ 时,减压波传到阀门处以后,虽然此时水击压力已经消逝,但由于液体的惯性,使液体继续向容器流动。紧邻阀门的一薄层液体,由于惯性作用仍以速度 u_0 向容器方向流动,而此刻后面不再有液体补充,从而液体产生膨胀,这时要产生一个压力降 $\Delta p'$,同时周围管壁收缩。同样,第二层、第三层依次膨胀,形成的减压波仍以速度 c 向容器方向传递。当阀门关闭后 $t_3 = 3l/c$ 时,减压波传到管子入口处,全管内液体处于低压静止状态,管壁处于收缩状态。

(4)当 $t > 3l/c$ 时,由于管道中压力比容器中的压力低,液体又从容器中以速度 u_0 流入管道中,使紧邻管道入口的一薄层液体压力恢复到起始压力 p_0,周围管壁恢复原状。这种不平衡断面又依次以速度 c 向阀门方向传播,在 $t_4 = 4l/c$ 时,传到阀门处,而此时,正是第一个过程的开始。

由上述可知,在水击压力波传播过程中,管道中流速和压力皆随时间而变化,所以它是不稳定流动。阀门突然关闭后,在不考虑能量损失情况下,阀门处的压力随时间变化的波形如图 8-5 所示,这种波形将周而复始地重复下去。实际上,在压力波的传播过程中有能量损失,因此压力波将不断地衰减,以图 8-6 所示的趋势衰减下去。

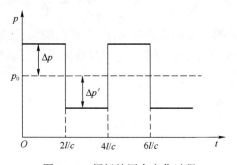

图 8-5 阀门处压力变化过程

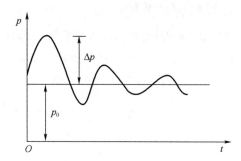

图 8-6 水击压力波的衰减

2. 相

从阀门关闭产生增压波到上游反射回来的减压波又传到阀门为止,所需时间为 $2l/c$,此时间称为水击的相或相长,用 t_c 表示,即

$$t_c = \frac{2l}{c} \qquad (8-37)$$

水击的相经常作为分析水击现象和计算水击压力的时间单位。

实际上,关闭阀门总需要一定的时间,不可能在瞬时完成。因此,可把整个关阀过程看成是一系列微小瞬时关闭的综合。这时,每一微小瞬时关闭都产生一个相应的水击压力波,每个水击压力波又依次按上述四个过程循环发展,如图8-7所示。它和瞬时关闭不同,不是一单个水击压力波,而是一系列发生在不同时刻的水击压力波传播和反射的过程。水击压力波前锋形状在流速随时间直线变化的条件下,可近似地表示为三角形和梯形。管道中任意断面在任意时刻的流动情况是一系列水击压力波在各自不同发展阶段的叠加结果。

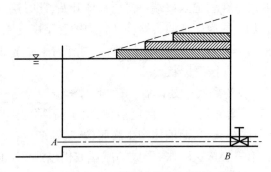

图8-7 弹性波的依次发展

设关闭阀门所需时间为T,当$T < t_c$时,最早由阀门处产生的水击压力波向上游传播,而又反射回来的减压波在阀门全部关闭时还未到达B处,则在B处产生可能最大的水击压力,称为直接水击压力;当$T > t_c$时,则在水击压力波发生时,由上游反射回来的减压波已到达B端,这就会部分抵消水击增压,使B处水击压力不致达到直接水击的增压值,这种情况称为间接水击。

二、水击压力计算

下面分几种不同情况来讨论水击压力的计算问题。

1. 阀门瞬时关闭

如图8-8所示,管路中紧靠阀门处厚度为ds的受压缩的液体薄层,当阀门瞬时关闭后,dt时间内停下来的ds段液体的质量为$\rho A ds$,其中A为管子截面积。此部分液体受阀门阻挡而被压缩,增大的总压力为$dp \cdot A$,根据动量定理可列出下式:

$$dp \cdot A = \frac{\rho A ds(u_0 - 0)}{dt}$$

整理得

$$dp = \rho u_0 \frac{ds}{dt} = \rho u_0 c \qquad (8-38)$$

式中,$c = ds/dt$称为水击压力波传播速度。

式(8-38)称为儒可夫斯基水击压力计算公式。

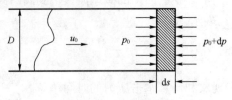

图8-8 近阀处液层

2. 阀门瞬时部分关闭

阀门瞬时部分关闭时，水击过程与瞬时完全关闭时相同，只是当部分关闭阀门后，在 $\mathrm{d}s$ 厚度层中的液体速度不是变为零而是变为某一速度 u，此时水击压力为

$$\mathrm{d}p = \rho(u_0 - u)c \tag{8-39}$$

3. 阀门逐渐关闭

间接水击时有 $T > t_c$，对于这种情况，因为阀门关闭时间较长，在阀门完全关闭以前，由上游反射回来的减压波已达到阀门处，它与阀门逐渐关闭过程中产生的高压波叠加。由于高、低压的相互干扰，使水击压力不能达到直接水击时可能达到的最大值，此时水击压力可近似地按下式计算：

$$\mathrm{d}p = \rho u_0 c \frac{t_c}{T} = \rho u_0 \frac{2l}{T} \tag{8-40}$$

从上面的计算公式看出，计算水击压力的问题归结到如何计算水击压力波传播速度的大小上来。如果管道流动参量已确定，只要求出压力波传播速度，就可求出水击压力的大小。

三、 水击压力波的传播速度

对于一维管道流动，在 $\mathrm{d}t$ 时间内，水击压力波传播距离为 $\mathrm{d}s = c\mathrm{d}t$。同时，由于管材具有弹性，在 $\mathrm{d}s$ 段管道断面面积由 A 增加到 $A + \mathrm{d}A$，液体密度由 ρ 增加到 $\rho + \mathrm{d}\rho$。可见，当液体及管材受到水击压力变形后，在 $\mathrm{d}s$ 段内液体质量增量为

$$\mathrm{d}m = (\rho + \mathrm{d}\rho)(A + \mathrm{d}A)c\mathrm{d}t - \rho Ac\mathrm{d}t = (\rho \mathrm{d}A + A\mathrm{d}\rho)c\mathrm{d}t$$

上式忽略了二阶无穷小量。

由流体的连续性原理可知，液体从尚未受到水击压力作用的管段中以 u_0 速度流入 $\mathrm{d}s$ 段，从而引起在 $\mathrm{d}s$ 段内液体的质量增加，即

$$(\rho \mathrm{d}A + A\mathrm{d}\rho)c\mathrm{d}t = \rho Au_0\mathrm{d}t$$

整理得

$$\frac{u_0}{c} = \left(\frac{\mathrm{d}\rho}{\rho} + \frac{\mathrm{d}A}{A}\right) \tag{8-41}$$

把式（8-7）和式（8-12）代入式（8-41）得

$$\frac{u_0}{c} = \left(\frac{1}{K} + \frac{D}{eE}\right)\mathrm{d}p \tag{8-42}$$

把式（8-38）代入上式得

$$\frac{u_0}{c} = \left(\frac{1}{K} + \frac{D}{eE}\right)\rho c u_0 \tag{8-43}$$

消去 u_0 得

$$c^2 = \cfrac{1}{\rho\left(\cfrac{1}{K} + \cfrac{D}{eE}\right)}$$

于是得

$$c = \sqrt{\frac{K}{\rho}} \, \cfrac{1}{\sqrt{1 + \cfrac{D}{e}\cfrac{K}{E}}} \tag{8-44}$$

令 $c_0 = \sqrt{\dfrac{K}{\rho}}$，它相当于液体内的音速，则得

$$c = \frac{c_0}{\sqrt{1 + \dfrac{D}{e}\dfrac{K}{E}}} \qquad\qquad (8-45)$$

式(8-45)即为水击压力波的传播速度计算公式。部分常用液体的体积模量与管材的弹性系数参见表8-1。

表8-1 部分常用液体的体积模量与管材的弹性系数　　　　　单位：Pa

名称	水	石油	钢管	铸铁管
数值	2.06×10^9	1.32×10^9	2.06×10^{11}	9.8×10^{10}

如果将管壁视为绝对刚性的，此时 $E = \infty$，则从式(8-45)可得

$$c = c_0$$

即在刚性管子中水击压力波传播速度等于音速，而声音在水中的传播速度为

$$c_0 = \sqrt{\frac{K}{\rho}} = \sqrt{\frac{2.06 \times 10^9}{1000}} = 1435(\text{m/s})$$

在有弹性的管壁中，水击压力波的速度要小于音速。

四、减小水击的措施

水击现象的出现将影响管路系统的正常运动和水泵的正常运转。水击现象所引起的压强突然上升及波动，轻微时只表现为管道中有噪声和振动；严重时压强变化甚至可超过管道内原有工作压强的几十倍甚至上百倍，造成管壁和管件的破裂。

水击现象的发生，对管路系统十分有害，因此必须防止它的发生或设法减弱它的影响，对水击现象产生的原因进行分析，可以根据具体情况采用以下措施减小水击：

(1)适当延长阀门开闭时间，使 $T > t_c$，这样可以避免直接水击的发生；

(2)缩短受水击影响的管道长度来降低水击压力；

(3)减小阀门关闭前的管道中流速 u_0 以减小水击压力；

(4)在管路适当位置上设置蓄能器，以吸收压能，减小水击压力；

(5)水击压力与水击波传播速度有关，减小水击波速度就能减小水击压力，当液体已确定的情况下，为了减小水击压力，尽量选管径大、管壁薄而又富于弹性的管道。

另外还有一些减弱水击的方法，在实际中具体采用什么方法要根据具体情况而定。

第四节　装卸液体所需时间的计算

在工程实际中，经常会遇到将液体充入容器或卸流的情况。当充满一个储液容器时，液面会逐渐上升；自流管路在泄流过程中，当高架罐、塔等无液体补充时，液面是逐渐下降的。对于上述两种情况，随着装卸流体液面的变化，流体的流速也会变化，因此都属于不稳定流动。一般情况下储液容器的面积比管路的面积要大得多，在一微小段时间内，液面高度变化并不大。因此，求解这类问题时，可以在一微小段时间内把流动当作稳定流动处理。

一、 充满容器所需时间的计算

如图 8-9 所示为液体由容器 1 流向容器 2 的过程,其中容器 2 是等截面容器,在充液过程中,容器 1 中的液面保持不变,两容器中的压力 p_1 和 p_2 也保持不变。

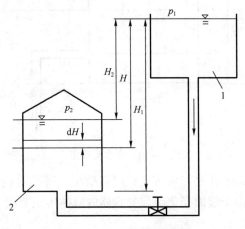

图 8-9 液体充注满容器

假设在任意微小时间段 $\mathrm{d}t$ 内流动是稳定流动。在 $\mathrm{d}t$ 时间段内容器 2 中液面上升了 $\mathrm{d}H$ 高度,令容器的断面积为 Ω,则有

$$\Omega \mathrm{d}H = Q\mathrm{d}t \tag{8-46}$$

从图 8-9 中可以看出这时作用水头为

$$H + \frac{p_1 - p_2}{\rho g}$$

代入式(8-46)则可得

$$\mathrm{d}t = \frac{\Omega}{Q}\mathrm{d}H = \frac{\Omega}{\mu A \sqrt{2g}} \cdot \frac{\mathrm{d}H}{\sqrt{H + \dfrac{p_1 - p_2}{\rho g}}}$$

式中 A——充液管道面积;

μ——流量系数,其大小根据实际情况来定。

对上式积分可得到液面由 H_1 到 H_2 所需的时间为

$$
\begin{aligned}
T &= \int_0^T \mathrm{d}t = \int_{H_1}^{H_2} \frac{\Omega}{\mu A \sqrt{2g}} \cdot \frac{\mathrm{d}H}{\sqrt{H + \dfrac{p_1 - p_2}{\rho g}}} \\
&= \frac{2\Omega}{\mu A \sqrt{2g}}\left(\sqrt{H_1 + \frac{p_1 - p_2}{\rho g}} - \sqrt{H_2 + \frac{p_1 - p_2}{\rho g}} \right) \tag{8-47}
\end{aligned}
$$

二、 变水头泄流及排空所需时间的计算

图 8-10 所示为一断面不变的柱状容器泄流过程,假定容器内压强和外界压强相同,当容器内液面位置不变时,泄流流量可按下式计算:

$$Q = \mu A \sqrt{2g(H + z)} \qquad\qquad (8-48)$$

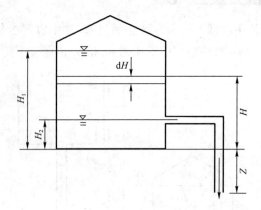

图 8-10 变水头泄流

在微小时间段内把流动看作是稳定流动。设在微小时间段 dt 内,液面下降了 dH 的高度,令容器的断面面积为 Ω。由于液面变化引起的容器内液体体积变化应等于同时间段内排出的液体体积,则有

$$-\Omega dH = Q dt \qquad\qquad (8-49)$$

式中负号是由于随着时间增加,水头 H 要降低,二者成反向变化的原因。

从图 8-10 可以看出,这时作用水头为 $H+z$,把式(8-48)代入式(8-49)则可得

$$dt = -\frac{\Omega}{Q}dH = \frac{-\Omega}{\mu A \sqrt{2g}} \cdot \frac{dH}{\sqrt{H+z}}$$

对上式进行积分可得到液面由 H_1 到 H_2 所需的时间:

$$T = \int_0^T dt = \int_{H_2}^{H_1} \frac{\Omega}{\mu A \sqrt{2g}} \cdot \frac{d(H+z)}{\sqrt{H+z}} = \frac{2\Omega}{\mu A \sqrt{2g}}\left(\sqrt{H_1 + z} - \sqrt{H_2 + z}\right) \quad (8-50)$$

前面在充满容器和泄流时间计算中选择的都是等截面容器。对于变截面容器,Ω 在泄流过程中不是常数,如能找出 Ω 与 H 间的函数关系,即 $\Omega = f(H)$,可将此函数代入式(8-47)或式(8-50)的积分中求解,如果不能找出 Ω 与 H 间的函数关系,则只能用作图法近似求解。

习题八

8-1 一供水管路长 1500m,水中音速为 1200m/s,求为避免产生直接水击,管道终端闸门关闭时间应不小于多少?

8-2 相对密度为 0.8 的原油,沿内径 300mm、壁厚 10mm 的钢管输送,输量为 300T/h。已知钢管弹性系数为 $2.06 \times 10^{11} N/m^2$,原油弹性系数为 $1.32 \times 10^9 N/m^2$,试计算原油中的声速和最大水击压力。

8-3 等截面敞口直管道盛水如图所示,A 处阀门突然打开,向大气喷水,设大气压力为 $1.013 \times 10^5 N/m^2$,求打开瞬时管内压力分布?

8-4 一引水钢管,长 $l = 600m$,直径 $D = 1m$,管壁厚 $e = 10mm$,管材弹性系数为 $2.06 \times 10^{11} N/m^2$,水的弹性系数为 $2.06 \times 10^9 N/m^2$,阀门关闭前管内流动为稳定流动,其流量为 $Q = 3.14 m^3/s$,若完全关闭阀门的时间为 1s,试判断管内所产生的水击是直接水击还是间接水击

并求阀门前最大水击压强。

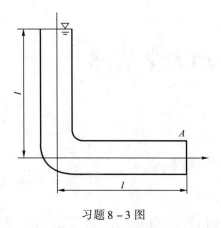

习题 8 - 3 图

8 - 5 由一高 20m 的水塔向一水池灌水,水池面积为 $50 \times 25m^2$,管路长 40m、内径 0.2m,沿程阻力系数 $\lambda = 0.03$,阀门的局部阻力系数 $\xi = 3$,求开始放水至水深达到 3m 所需的时间。

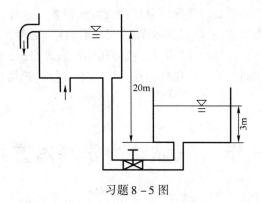

习题 8 - 5 图

8 - 6 一封闭水箱直径 $D = 800mm$,初始水深 $H = 900mm$,经过一直径 $d = 25mm$,长度为 100mm 的圆柱形管嘴向大气泄流,管嘴流量系数 $\mu = 0.82$,试求水面上保持多大的相对压力可比敞口水箱的泄空时间减少一半。

8 - 7 有半径 $R = 0.8m$ 的球形容器充满液体,试求从底部 $d_0 = 0.05m$ 的锐缘孔口(流量系数 $\mu = 0.62$)完全泄空的时间。在泄空过程中,液体自由表面始终保持大气压力。

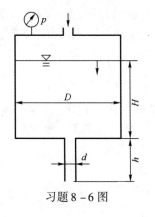

习题 8 - 6 图

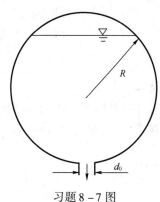

习题 8 - 7 图

第九章 气体动力学基础

在前面的章节中讨论流动问题时,假设流体是不可压缩的,即把流体的密度视为常数。这样做可以简化流动问题的分析和计算。一般情况下,这样的简化对于液体流动和流速不高、流动过程中压强变化不大的气体流动是合理的。但是,在流动过程中,当流体流速较高且压强变化较大时,这样简化计算的结果会与实际结果存在较大的偏差。这时,就必须考虑流体的压缩性,不能再把流体密度视为常数,而应把流体作为可压缩流体来处理。

当流速与声速可比,甚至超过声速的时候,流体压缩性表现突出。实际上这类流动通常发生在气体中,因此高速流体动力学常称作气体动力学。本章仅讨论可压缩气体的一维稳定流动及其在工程中的应用。

第一节 气体动力学基本方程

气体具有流体的共性:易流动性、黏性、可压缩性和导热性,同时也遵守质量守恒、动量守恒、能量守恒与热力学第一定律,但气体流动情况更为复杂。

一、气体动力学基本假设

描述流体流动的普遍方程组十分复杂、难以求解,故在流体力学的研究中,应能够抓住研究介质的主要问题,针对所考虑介质的具体情况做出合理的假设,使方程组得到相应的简化,并较好地描述实际问题。针对气体的具体情况,经典气体动力学通常做如下假设。

1. 气体是完全气体

完全气体满足状态方程(1-11)。

物质的比热容并不是固定不变的,它随温度、密度的变化而变化。为研究问题方便,将完全气体的比热容视为常数,即比定容热容 c_V 和比定压热容 c_p 为常数

$$c_V = \left(\frac{\partial e}{\partial T} \right)_V = C \tag{9-1}$$

$$c_p = \left(\frac{\partial h}{\partial T} \right)_p = C \tag{9-2}$$

$$c_p - c_V = R \tag{9-3}$$

式中　e——系统内能,J/kg;

　　　h——系统焓,J/kg;

完全气体的比定压热容与比定容热容之比称为绝热指数,常用符号 κ 表示:

$$\kappa = \frac{c_p}{c_V} \tag{9-4}$$

对于完全气体,内能只是温度的函数。假设内能与温度成正比,则把这种气体称作多方气体,其内能为

$$e = e(T) = c_V T \tag{9-5}$$

根据气体状态方程式(1-11)、式(9-3)、式(9-4)和式(9-5),可得内能的另一种表达形式:

$$e = \frac{1}{\kappa - 1}\frac{p}{\rho} \tag{9-6}$$

由焓的定义得

$$h = e + \frac{p}{\rho} = c_p T \tag{9-7}$$

对于多方气体,根据式(1-11)、式(9-3)、式(9-4)和式(9-5)及热力学第一定律可得

$$dQ = TdS = de + pdV = de + pd\left(\frac{1}{\rho}\right) \tag{9-8}$$

$$dS = c_V \frac{dT}{T} + \rho R d\left(\frac{1}{\rho}\right) = c_V\left(\frac{dT}{T} - \frac{R}{c_V}\frac{d\rho}{\rho}\right) = c_V d\ln\left(\frac{T}{\rho^{\kappa-1}}\right) \tag{9-9}$$

将上式积分得

$$S - S_0 = c_V\left(\ln\frac{T}{\rho^{\kappa-1}} - \ln\frac{T_0}{\rho_0^{\kappa-1}}\right) = c_V\left(\ln\frac{p}{\rho^{\kappa}} - \ln\frac{p_0}{\rho_0^{\kappa}}\right) \tag{9-10}$$

式中　S——气体的熵。

2. 质量力(重力)可以忽略

在气体流动中,由于质量力(重力)与运动方程和能量方程中的其他项相比较小,故可略去。

3. 黏性可以忽略

气体的黏度比较小,在研究一般的气体流动时可以不考虑,即认为其黏性力为零。

4. 过程绝热

假设没有外热传入系统,过程是绝热的。对于绝热和可逆的过程,则有 $dQ = TdS = 0$,对于多方气体,从式(9-9)可以得出等熵气流过程方程:

$$\frac{p}{\rho^{\kappa}} = C \tag{9-11}$$

二、气体动力学方程组

在前面假定的条件下,简化普遍形式的流体力学微分方程组,可得到封闭的气体动力学方程组:

$$\frac{\mathrm{d}\rho}{\mathrm{d}t} + \rho\left(\frac{\partial u_x}{\partial x} + \frac{\partial u_y}{\partial y} + \frac{\partial u_z}{\partial z}\right) = 0$$

$$\frac{\mathrm{d}u_x}{\mathrm{d}t} = -\frac{1}{\rho}\frac{\partial p}{\partial x}$$

$$\frac{\mathrm{d}u_y}{\mathrm{d}t} = -\frac{1}{\rho}\frac{\partial p}{\partial y} \qquad (9-12)$$

$$\frac{\mathrm{d}u_z}{\mathrm{d}t} = -\frac{1}{\rho}\frac{\partial p}{\partial z}$$

$$\frac{\mathrm{d}}{\mathrm{d}t}\left(\frac{p}{\rho^\kappa}\right) = 0$$

式 $(9-12)$ 由五个方程组成,方程中有五个未知函数 p、u_x、u_y、u_z、ρ,故方程组封闭。

第二节　气体动力学基本概念

一、声速

一般在直观上把声速理解成声音在介质(例如空气、水、油品等)中的传播速度。物体振动时要影响其周围的介质,使它们也相继发生振动。这种振动在介质中向四周传播的过程称为波。若某一物体在流体介质内振动,其结果是使物体周围流体介质的压强发生变化,这种压强变化在流体介质中的传播过程称为压力波,也就是说,压力波是扰动引起的压强变化在流体介质中的传播过程。当物体的振动很微弱,即扰动引起介质的压强和密度变化是微弱的,这种扰动称为微弱扰动。

声速就是微弱扰动在介质中的传播速度,一般以 c 表示。

声音实际上是声源的振动引起周围空气的压强微弱变化,这压强变化进而在空气中传播至耳膜,引起耳膜振动而被我们感知。这也是一种微弱扰动产生的压力波在流体介质中的传播。

如图 9-1 所示,在一等截面直长圆管中安装一活塞,开始时,管内流体静止不动。当活塞以微小速度 $\mathrm{d}u$ 向左运动时,紧贴活塞左侧的流体也随之以速度 $\mathrm{d}u$ 向左运动,并产生微小的压强增量 $\mathrm{d}p$,密度增加 $\mathrm{d}\rho$。向左运动流体又推动它左侧的流体也以速度 $\mathrm{d}u$ 向左运动,同时产生微小

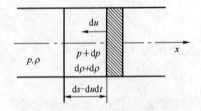

图 9-1　微弱扰动波的传播

的压强增量 $\mathrm{d}p$。如此自右向左传播下去,这就是微弱扰动的传播过程。当活塞以微小速度 $\mathrm{d}u$ 向左运动后,$\mathrm{d}t$ 时间微小扰动波传播的距离为 $\mathrm{d}s$。取管子断面积为 A,当活塞没有运动时,$\mathrm{d}s$ 段流体的质量为 $\rho A\mathrm{d}s$,活塞运动 $\mathrm{d}t$ 时间后这部分流体的密度变为 $\rho + \mathrm{d}\rho$,由于活塞的运动使其厚度变为 $\mathrm{d}s - \mathrm{d}u\mathrm{d}t$。

由质量守恒定律可得

$$\rho A\mathrm{d}s = (\rho + \mathrm{d}\rho)A(\mathrm{d}s - \mathrm{d}u\mathrm{d}t)$$

忽略二阶以上微小量后得

$$\mathrm{d}u = \frac{c}{\rho}\mathrm{d}\rho \qquad\qquad (9-13)$$

式中,$c = \mathrm{d}s/\mathrm{d}t$ 称为压力波传播速度,也就是声速。

根据动量定理可列出下式:

$$\mathrm{d}p \cdot A = \frac{\rho A \mathrm{d}s\mathrm{d}u}{\mathrm{d}t}$$

整理得

$$\mathrm{d}p = \rho\mathrm{d}u \frac{\mathrm{d}s}{\mathrm{d}t} = \rho\mathrm{d}uc$$

把式(9-13)代入上式得

$$c^2 = \frac{\mathrm{d}p}{\mathrm{d}\rho}$$

即可得到声速 c 的一般表达式为

$$c = \sqrt{\frac{\mathrm{d}p}{\mathrm{d}\rho}} \qquad\qquad (9-14)$$

从式(9-14)可以知,若流体为不可压缩流体,ρ 为常数,那么微弱扰动引起的密度微小变化 $\mathrm{d}\rho = 0$,而压强微小变化 $\mathrm{d}p$ 不会是零,于是有 $c \to \infty$。也就是说,在不可压缩流体中,声速为无穷大。在可压缩流体中,由于密度可以变化,所以 $\mathrm{d}\rho$ 不为零。此时,声速是个有限大小的数值。可以看出,流体的可压缩性越大,受微弱扰动后密度的变化 $\mathrm{d}\rho$ 越大,声速就越小。所以说,声速的大小也是一种判断流体可压缩性大小的重要标准。

假设气体是完全气体,微弱扰动产生的压力波在介质中的传播过程可以视作与外界绝热又可逆的过程,即等熵过程。这样,就可以应用工程热力学中的等熵过程方程式和状态方程式来求得气体中声速的计算公式。

对式(9-11)两边微分得

$$\mathrm{d}\left(\frac{p}{\rho^{\kappa}}\right) = 0$$

$$\frac{\mathrm{d}p}{\rho^{\kappa}} + p\mathrm{d}\left(\frac{1}{\rho^{\kappa}}\right) = 0$$

$$\frac{\mathrm{d}p}{\mathrm{d}\rho} = \kappa\frac{p}{\rho} \qquad\qquad (9-15)$$

把式(9-15)、式(1-11)代入式(9-14),得气体中的声速为

$$c = \sqrt{\kappa\frac{p}{\rho}} = \sqrt{\kappa RT} \qquad\qquad (9-16)$$

对于空气,其等熵指数 $\kappa = 1.4$,气体常数 $R = 287\mathrm{N} \cdot \mathrm{m}/(\mathrm{kg} \cdot \mathrm{K})$,则空气中声速计算公式可以简化为

$$c = 20.05\sqrt{T}(\mathrm{m/s}) \qquad\qquad (9-17)$$

由式(9-16)可知气体中的声速是气体压强、密度或温度的函数。若空间不同点上的压强、密度或温度不同,声速的大小也会不同。所以,声速指的是空间某一点的声速,即当地声速。

二、 马赫数

马赫数是空间某一点的气体速度 u 与该点的当地声速 c 之比,以 Ma 表示:

$$Ma = \frac{u}{c} \tag{9-18}$$

根据马赫数 Ma 的大小可以把流动分为亚声速流动、声速流动与超声速流动,即

$Ma < 1$、$u < c$ 时,流动称为亚声速流动;

$Ma = 1$、$u = c$ 时,流动称为声速流动;

$Ma > 1$、$u > c$ 时,流动称为超声速流动。

亚声速流动与超声速流动的运动规律有着很大的差别。

三、 微弱扰动波的传播

微弱扰动波即微弱扰动所产生的压力波。下面分扰动源静止不动和扰动源以速度 $u < c$、$u = c$、$u > c$ 运动四种情况来讨论扰动波的传播情况。扰动波在空间传播如图 9-2 所示。

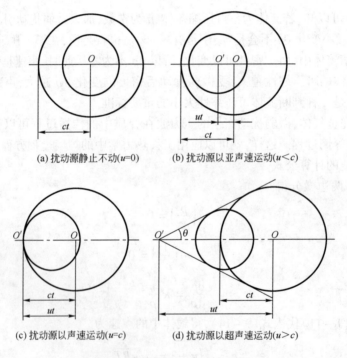

(a) 扰动源静止不动($u=0$)   (b) 扰动源以亚声速运动($u<c$)

(c) 扰动源以声速运动($u=c$)   (d) 扰动源以超声速运动($u>c$)

图 9-2　微弱扰动波在空间传播图形

1. 扰动源静止不动

图 9-2(a) 所示为扰动源静止不动时,微弱扰动所产生压力波的波面在空间传播时的图形。中心为扰动源所在位置。因为产生的是微弱扰动,所以扰动源被称为点扰源。点扰源的扰动所产生的压力波的波面以声速 c 向四周传播。可以看出,静止点扰源产生的微弱扰动波的图形是以点扰源为中心的同心球面。随着时间的推移,扰动波可以传播到空间介质中的任意点。

2.扰动源以亚声速运动

图9-2(b)所示为点扰源在静止流场中以亚声速($u<c$)从右向左作等速直线运动时,所产生压力波的波面在空间传播的图形。从图中可以看出,当$u<c$时,微弱扰动波的图形不再是同心的球形波面,因为$u<c$,扰动波的波面始终在点扰源的前面,随着时间的推移,扰动波还是可以传播到空间介质中的任何点。

随着点扰源的运动速度增大而接近声速c,扰动波图形的不对称性会越来越甚。在不可压缩流体中,因为声速$c \to \infty$,所以点扰源的有限运动速度与c相比可以小到忽略不计。这样,可以认为在不可压缩流体中,微弱扰动波的图形总是一簇同心的球形波面。扰动波的图形偏离同心球球形波面越远,表示流体介质的压缩性对流动的影响就越大。

3.扰动源以声速运动

图9-2(c)所示为点扰源从右向左的运动速度u与声速c相等时,点扰源产生的微弱扰动波的波面图形。从图中可以看到,点扰源产生的全部扰动波的波面都会在同一点相切,切点的位置是点扰源在当前时刻所处的位置。这样一来,过切点与点扰源运动方向垂直的平面就把空间分成了两个区域,扰动波只能在点扰源以右半空间内传播。

4.扰动源以超声速运动

图9-2(d)所示为点扰源以超声速($u>c$)从右向左运动时,点扰源产生的微弱扰动波传播图形。从图中可以看出,扰动源走在扰动波面之前,所有微弱扰动波的波面叠合成一个圆锥面,扰动波只能在圆锥面以内传播,此圆锥以外是不受扰动的区域。把以点扰源为顶点,所有微弱扰动波的波面叠加而成的圆锥称为马赫锥,马赫锥的表面称为马赫面。可以说,点扰源以超声速运动时,扰动波只能被局限在马赫锥内部传播。

马赫锥顶角的一半称为马赫角。若马赫角以θ表示,从图中几何关系可知

$$\sin\theta = \frac{c}{u} = \frac{1}{Ma} \tag{9-19}$$

对于以上讨论的后三种点扰源运动,按运动相对性原理,可以转换成点扰源静止不动,而气流从左向右分别以亚声速、声速、超声速流过点扰源的情形。所得的扰动波图形将与图9-2(b)、图9-2(c)和图9-2(d)完全一样。

【例9-1】 计算标准大气压下,15℃空气中的声速。

解 标准大气压下,15℃空气中的声速,$R = 286.9 \text{J}/(\text{kg} \cdot \text{K})$,$\kappa = 1.4$,由方程式(9-16)得

$$c = \sqrt{\kappa RT} = \sqrt{1.4 \times 286.9 \times (273+15)} = 340.1(\text{m/s})$$

第三节 一元等熵气流

一、一元等熵气流方程组

如图9-3所示为一个以x轴为对称轴、横截面$A(x)$随x缓慢变化的管道(拉伐尔管,

Laval nozzle)。假定气流沿管轴向作稳定流动,根据断面面积 $A(x)$ 随 x 缓慢变化这一特点,以及稳定流动假定,则有 $u_x = u(x)$、$\rho = \rho(x)$、$p = p(x)$、$\partial \phi / \partial t = 0$、$\mathrm{d}u_y / \mathrm{d}t \approx 0$、$\mathrm{d}u_z / \mathrm{d}t \approx 0$。

根据以上简化结果,方程组(9-12)可变为

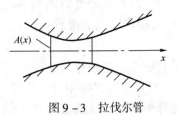

图 9-3 拉伐尔管

$$\left. \begin{aligned} u\frac{\mathrm{d}\rho}{\mathrm{d}x} + \rho\left(\frac{\partial u_x}{\partial x} + \frac{\partial u_y}{\partial y} + \frac{\partial u_z}{\partial z}\right) &= 0 \\ u\frac{\mathrm{d}u}{\mathrm{d}x} &= -\frac{1}{\rho}\frac{\mathrm{d}p}{\mathrm{d}x} \\ u\frac{\mathrm{d}}{\mathrm{d}x}\left(\frac{p}{\rho^\kappa}\right) &= 0 \end{aligned} \right\} \qquad (9-20)$$

在方程组(9-20)的第一式中 $\dfrac{\partial u_x}{\partial x} + \dfrac{\partial u_y}{\partial y} + \dfrac{\partial u_z}{\partial z} \neq \dfrac{\partial u_x}{\partial x} = \dfrac{\mathrm{d}u}{\mathrm{d}x}$,如果在连续方程中取 $\dfrac{\partial u_x}{\partial x} + \dfrac{\partial u_y}{\partial y} + \dfrac{\partial u_z}{\partial z} = \dfrac{\partial u_x}{\partial x} = \dfrac{\mathrm{d}u}{\mathrm{d}x}$,则问题就成了严格的一维流动,从而反映不出断面变化所造成的影响。

在式(9-20)中除了第一式外,其余二式很容易积分。为了避开这种微分形式的连续方程积分,采用积分形式的质量守恒方程或者直接对管流使用质量守恒规律。

由于流动为稳定流动,因而有

$$\rho u A = Q_m \qquad (9-21)$$

式中 Q_m——气流的质量流量,kg/s。

对于一元恒定等熵气流,由式(9-7)和式(9-8)可得

$$\mathrm{d}h = \mathrm{d}e + \frac{\mathrm{d}p}{\rho} + p\mathrm{d}\left(\frac{1}{\rho}\right) = \frac{\mathrm{d}p}{\rho}$$

将方程(9-20)的第二式代入上式后积分,得到一元等熵气流的能量方程:

$$\frac{u^2}{2} + h = C \qquad (9-22)$$

根据前面的定义,可把一元等熵气流的能量方程写成多种形式:

$$c_p T + \frac{u^2}{2} = C \qquad (9-23)$$

$$\frac{\kappa}{\kappa-1}\frac{p}{\rho} + \frac{u^2}{2} = C \qquad (9-24)$$

$$\frac{\kappa}{\kappa-1}RT + \frac{u^2}{2} = C \qquad (9-25)$$

$$\frac{c^2}{\kappa-1} + \frac{u^2}{2} = C \qquad (9-26)$$

因 $A = A(x)$ 已知,所以由连续方程、能量方程、等熵状态方程可构成一个封闭的方程组,有此方程组可求得任一断面上的 u、p、ρ 值。

二、流动的参考状态

研究可压缩气体流动时,若以某一断面流动状态作为参考状态,可以更方便地求得流动中其他断面上的气流状态。下面介绍的三个参考状态分别是滞止状态、临界状态和极限状态。

1. 滞止状态

可压缩气体在流动过程中,沿流动方向各处的状态都是不同的。某一个状态经历一个等

熵减速过程,使其流动速度达到零时的状态,即是该状态的滞止状态。

如在大容器中的气体通过喷管喷出,可以认为大容器内气体速度为零,即大容器内气体处于滞止状态。

滞止状态作为一种参考状态是与气流实际流动中所经历的过程无关的。实际流动中,气流沿流动途径可以与外界有热量交换或存在摩擦力等,但沿实际流动力向的每一个断面上,气流的状态都存在着上面定义的滞止状态。一般来说,滞止状态是每一断面上流动状态的函数。只有在气体作等熵流动时,滞止状态才是沿整个流动途径都不变的状态。

滞止状态相应的参数称为滞止参数,包括滞止焓、滞止压强、滞止密度、滞止温度和滞止声速等。

对于一元恒定等熵气流,其滞止焓、滞止压强、滞止密度、滞止温度和滞止声速常分别用 h_0、p_0、ρ_0、T_0、c_0 表示,任意断面上的焓、压强、密度、温度和声速分别用 h、p、ρ、T、c 表示,则有

$$h_0 = h + \frac{u^2}{2} \tag{9-27}$$

$$c_p T_0 = c_p T + \frac{u^2}{2} \tag{9-28}$$

$$\frac{\kappa}{\kappa-1} \frac{p_0}{\rho_0} = \frac{\kappa}{\kappa-1} \frac{p}{\rho} + \frac{u^2}{2} \tag{9-29}$$

$$\frac{\kappa}{\kappa-1} R T_0 = \frac{\kappa}{\kappa-1} R T + \frac{u^2}{2} \tag{9-30}$$

$$\frac{c_0^2}{\kappa-1} = \frac{c^2}{\kappa-1} + \frac{u^2}{2} \tag{9-31}$$

2. 临界状态

可压缩气体在流动过程中,其压强、密度、温度和流速等参数都会沿流动方向发生变化。若在某一断面上,气流的流速与该断面上气流的当地声速相等,则该断面为临界断面,该断面上气流所处的状态称为临界状态,该断面上的参数称为临界参数。在此断面上 $u = c$,$Ma = 1$。

由式(9-30)、式(9-18)和式(9-16)可得

$$\frac{T}{T_0} = \left(1 + \frac{\kappa-1}{2} Ma^2\right)^{-1} \tag{9-32}$$

由等熵气流过程方程(9-11)和气体状态方程(1-11)及上式得

$$\frac{p}{p_0} = \left(\frac{T}{T_0}\right)^{\frac{\kappa}{\kappa-1}} = \left(1 + \frac{\kappa-1}{2} Ma^2\right)^{-\frac{\kappa}{\kappa-1}} \tag{9-33}$$

$$\frac{\rho}{\rho_0} = \left(\frac{T}{T_0}\right)^{\frac{1}{\kappa-1}} = \left(1 + \frac{\kappa-1}{2} Ma^2\right)^{-\frac{1}{\kappa-1}} \tag{9-34}$$

将 $Ma = 1$ 代入上面三式后得到的 T、p、ρ 为临界状态的参数,分别表示为 T_*、p_*、ρ_*,可得到

$$\frac{T_*}{T_0} = \left(1 + \frac{\kappa-1}{2}\right)^{-1} = \left(\frac{2}{\kappa-1}\right)^1 \tag{9-35}$$

$$\frac{p_*}{p_0} = \left(1 + \frac{\kappa-1}{2}\right)^{-\frac{\kappa}{\kappa-1}} = \left(\frac{2}{\kappa+1}\right)^{\frac{\kappa}{\kappa-1}} \tag{9-36}$$

$$\frac{\rho_*}{\rho_0} = \left(1 + \frac{\kappa-1}{2}\right)^{-\frac{1}{\kappa-1}} = \left(\frac{2}{\kappa+1}\right)^{\frac{1}{\kappa-1}} \tag{9-37}$$

3. 极限状态

对于一元等熵气流在流动过程中,若流动某个断面处的绝对压强与热力学温度都等于零,声速也成了零,此时 $h = 0$,气流的能量全部转换成动能,气流速度将达到最大值 u_{max},由式 (9 – 31) 可得

$$u_{max} = \sqrt{\frac{2}{\kappa - 1}} c_0 \qquad (9 - 38)$$

此时气流的状态称为极限状态。

对于空气,$\kappa = 1.4$,则有

$$u_{max} = \sqrt{\frac{2}{1.4 - 1}} c_0 = \sqrt{5} c_0$$

最大速度 u_{max} 仅是理论上速度的极限值,因为绝对压强为零的绝对真空与热力学温度为零度的状态实际上是达不到的,而且早在绝对温度降至零度之前,气体早已液化了。

三、气流参数和通道面积的关系

将式 (9 – 21) 对 x 求微分,然后对所得式两边同除以 $u\rho A$,可以得到

$$\frac{dA}{A} = -\left(\frac{du}{u} + \frac{d\rho}{\rho}\right)$$

由方程 (9 – 20) 第二式可写出

$$\frac{du}{u} = -\frac{dp}{\rho u^2}$$

由上两式得

$$\frac{dA}{A} = \frac{dp}{\rho u^2} - \frac{d\rho}{\rho} = \left(1 - \frac{u^2}{dp/d\rho}\right)\frac{dp}{\rho u^2} = \left(1 - \frac{u^2}{c^2}\right)\frac{dp}{\rho u^2}$$

把式 (9 – 18) 代入上式得

$$\frac{dA}{A} = (1 - Ma^2)\frac{dp}{\rho u^2} = -(1 - Ma^2)\frac{du}{u} \qquad (9 - 39)$$

式 (9 – 39) 给出了通流面积变化、速度变化与压强变化之间的关系。下面分三种情况对气体流动进行讨论:

(1) 气流作亚声速($Ma < 1$)流动。此时 $(1 - Ma^2) > 0$,由式 (9 – 39) 可以看出,dA 与 dp 同号而与 du 符号相反,表明气流作亚声速流动时,随着通流面积 A 的不断增大,气流速度 u 不断减小而压强 p 不断增大;相反,随着通流面积 A 的不断减小,气流速度 u 不断增大而压强 p 不断减小。

从以上分析看出,在实际应用中,气流作亚声速流动时,若想达到气流加速的目的可以采用收缩型的管道;反之,可采用扩张型管道。一般把沿流向流速增大的管段叫喷管,把沿流向压强增大的管段叫扩压管。

(2) 气流作超声速($Ma > 1$)流动。此时 $(1 - Ma^2) < 0$,由式 (9 – 39) 可以看出,dA 与 dp 异号而与 du 符号相同,表明气流作超声速流动时,随着通流面积 A 的不断增大,气流速度 u 不断增加而压强 p 不断减小;相反,随着通流面积 A 的不断减小,气流速度 u 不断减小而压强 p 不断增大。由此可见,在气流作超声速流动时,要达到增加速度的目的,可采用扩张型管道;相反,可采用收缩型管道。

可以看出,亚声速流动时,压强和流速随通道面积变化的规律与不可压缩流动时的规律总体上是一致的,只是数量级上有所不同。在超声速情况下,随着通流面积的增大,流速也增大,这与不可压缩流动的情况正相反。这是因为在超声速情况下,随着通流面积的增大,流速增大,密度下降,而且密度的下降速度比速度的增大要快,即气体的膨胀非常明显,从而要求通道面积和流速都要增加。

(3)气流作声速($Ma=1$)流动。可以看出,气流作声速流动时 $dA=0$,此时通流面积 A 取极值,A 取最大或最小,即流动达到声速的地方只能出现在管道最大或最小断面处。

实际上,在连续的管流中,气流达到声速($Ma=1$)一般只出现在管道的最小断面处。因为,假若入口处气流为亚声速流动,只有通流面积逐渐减小,流速才能逐渐增加到声速;如果入口处气流是超声速的,也只有通流面积减小,才能达到减速的目的。这个流管的最小断面处通常称为喉部。

为了使亚声速气流逐渐地加速到超声速,喷管的形状应取成先收缩后扩张的形式,如图 9-3 所示,管道中间有一个喉部。这种带喉部的喷管称为拉伐尔管,它已在超声速风洞和火箭喷射技术中获得了广泛的应用。

【例 9-2】 由插入氩气流的毕托管测得此氩气流的总压为 1.58×10^5 Pa,静压为 1.04×10^5 Pa,温度为20℃。(1)在不计气体的压缩性条件下求气流速度;(2)按绝热气流计算气流速度。[氩气的气体常数为 $R=208.1$ J/(kg·K),绝热指数 $\kappa=1.67$]

解 (1)由气体的状态方程(1-11)可得

$$\rho = \frac{p}{RT} = \frac{1.04 \times 10^5}{208.1 \times 293} = 1.706 (\text{kg/m}^3)$$

不计气体的压缩性,由式(3-50)可得

$$p_0 = p + \frac{\rho u^2}{2}$$

则可求得气流速度为

$$u = \sqrt{\frac{2(p_0 - p)}{\rho}} = \sqrt{\frac{2(1.58 + 1.04) \times 10^5}{1.706}} = 251.6 (\text{m/s})$$

(2)对绝热气流,由式(9-33)

$$\frac{p_0}{p} = \left(1 + \frac{\kappa - 1}{2} Ma^2\right)^{\frac{\kappa}{\kappa - 1}}$$

可得

$$Ma = \sqrt{\frac{2}{\kappa - 1}\left[\left(\frac{p_0}{p}\right)^{\frac{\kappa - 1}{\kappa}} - 1\right]} = \sqrt{\frac{2}{0.67}\left[\left(\frac{1.58}{1.04}\right)^{0.4012} - 1\right]} = 0.7385$$

由方程式(9-16)得声速

$$c = \sqrt{\kappa RT} = \sqrt{1.67 \times 208.1 \times 293} = 319.1 (\text{m/s})$$

计算得到气流速度为

$$u = cMa = 319.1 \times 0.7385 = 235.66 (\text{m/s})$$

不计气体压缩性计算的流速相对误差为

$$\frac{251.6 - 235.66}{235.66} = 0.0676 = 6.76\%$$

【例 9-3】 管道中空气流速250m/s,由温度计测得气流温度350K,不计温度计散热损失,求气流的温度为多少?[空气的比定压热容 $c_p = 1004 \text{J}/(\text{kg} \cdot \text{k})$]

解 气流中安置的温度计测出的是驻点温度,由方程式(9-28)

$$C_p T + \frac{u^2}{2} = C_p T_0$$

可得

$$T = T_0 - \frac{u^2}{2C_p} = 350 - \frac{250^2}{2 \times 1004} = 318.9(\text{K})$$

第四节　实际气体的低速管流

在工程实际中,经常会遇到低速气体在管道中流动的情况,如天然气由气田或气体处理厂进入输气管线等。一般情况下,其流量和压力基本上是稳定的,属于稳定流动。

假设输气管道的环境温度变化不大,可近似认为整条管线的环境温度不变,计算时采用平均温度,这样可以去掉能量方程,简化问题。

稳定流动管道压降由三部分组成:消耗于摩擦阻力的压降,气体上升克服高差的压降和流速增大引起的压降,即稳定流动的管流基本方程为

$$-\frac{\mathrm{d}p}{\rho} = \lambda \frac{\mathrm{d}x}{d} \cdot \frac{u^2}{2} + g\mathrm{d}z + \frac{\mathrm{d}u^2}{2} \tag{9-40}$$

对于水平管道,$\mathrm{d}z = 0$,于是式(9-40)可写成

$$-\frac{\mathrm{d}p}{\rho} = \lambda \frac{\mathrm{d}x}{d} \frac{u^2}{2} + \frac{\mathrm{d}u^2}{2} \tag{9-41}$$

为研究流动特点,求解上述方程,需要用到连续性方程和实际气体状态方程。完全气体状态方程(1-11)不适用于实际气体流动。实际气体状态方程为

$$p = Z\rho RT \tag{9-42}$$

式中　Z——实际气体压缩系数。

将连续性方程(9-21)和式(9-42)代入式(9-41)中,整理可得

$$-p\mathrm{d}p = \frac{Q_m^2 ZRT}{2A^2}\left(\lambda \frac{\mathrm{d}x}{d} - 2\frac{\mathrm{d}p}{p}\right)$$

令 $x = 0$ 时,$p = p_Q$,$x = L$ 时,$p = p_z$,对上式积分可得

$$-\frac{p_z^2 - p_Q^2}{2} = \frac{Q_m^2 ZRT}{2A^2}\left(\frac{\lambda}{d}L - 2\ln\frac{p_z}{p_Q}\right)$$

整理可得管输气体质量流量为

$$Q_m = \frac{\pi}{4}\sqrt{\frac{(p_Q^2 - p_z^2)d^4}{ZRT\left(\lambda\dfrac{L}{d} + 2\ln\dfrac{p_Q}{p_z}\right)}} \tag{9-43}$$

在管道较长时,$2\ln P_Q / P_z$ 与 $\lambda L / d$ 相比很小,可以略去,简化上式可以得到长距离水平管道质量流量公式

$$Q_m = \frac{\pi}{4}\sqrt{\frac{(p_Q^2 - p_z^2)d^5}{\lambda ZRTL}} \tag{9-44}$$

在工程设计和生产上常采用在标准状况下的体积流量。将质量流量转化成标准状况下的体积流量得

$$Q = \frac{Q_m}{\rho_0} \qquad\qquad (9-45)$$

由标准状态下的状态方程可知

$$\rho_0 = \frac{p_0}{RT_0} \qquad\qquad (9-46)$$

为计算方便,用空气的气体常数 R_a 代替管输气体的气体常数:

$$\frac{R}{R_a} = \frac{\rho_a}{\rho} = \frac{1}{\Delta} \qquad\qquad (9-47)$$

将式(9-45)、式(9-46)与式(9-47)代入式(9-44)中,整理可得

$$Q = \frac{\pi}{4} \frac{\sqrt{R_a} T_0}{p_0} \sqrt{\frac{(p_Z^2 - p_Q^2)d^5}{\lambda Z \Delta T L}}$$

令 $C_0 = \frac{\pi}{4} \frac{T_0}{p_0} \sqrt{R_a}$,代入上式得

$$Q = C_0 \sqrt{\frac{(p_Q^2 - p_Z^2)d^5}{\lambda Z \Delta T L}} \qquad\qquad (9-48)$$

式(9-48)是长距离水平管道体积流量公式。

习题九

9-1　试比较一元不可压缩管流的连续性方程和一元可压缩管流的连续性方程有什么不同。

9-2　对于拉伐尔管,进流为亚声速或超声速,在喉部处是否一定能达到临界声速? 若在喉部处不能达到 $Ma=1$,则在拉伐尔管出口处是否能达到超声速或亚声速?

9-3　什么是滞止参数与临界参数?

9-4　对无热交换同时也不考虑流动摩擦损失的管内空气流动,已知其上游断面 1 处的速度 $u_1=190\text{m/s}$、温度 $T_1=400\text{k}$、压强 $p_1=300\text{kPa}$,在管出口处达到临界状态 $Ma=1$,试求:(1)断面 1 处的流体密度、声速、马赫数;(2)管出口断面上的压强、密度、温度和速度。

9-5　飞机在 20000m 高空以 1800km/h 的速度飞行,该处气温为 -50℃,问该机飞行的马赫数有多大?

9-6　氢气的绝热指数 $\kappa=1.405$,其气体常数 $R=4.142\text{kJ/(kg·K)}$,试求在 40℃ 氢气中的声速有多大?

9-7　等断面管中的气流以 $Ma_1=0.4$ 的速度流入,以 $Ma_1=0.8$ 的速度流出,管内流动可认为绝热流动,进、出两断面之间的距离为 10m,试求距 Ma_1 多远处的断面上能达到 $Ma=0.6$?

9-8　压强 $p_0 = 7at$,温度 $t_0 = 15℃$ 的气罐中储存有二氧化碳,已知其绝热指数 $\kappa = 1.3$,气体常数 $R = 189J/(kg \cdot K)$,大气压为 $1.013 \times 10^5 Pa$。试求经过直径 $d = 10mm$ 小孔出流时的速度和质量流量。

9-9　空气的超声速喷管质量流量 $m = 0.051kg/s$,出口马赫数 $Ma = 3$,滞止压强 $p_0 = 8.83 \times 10^5 Pa$,滞止温度 $t_0 = 25℃$。试求:(1)求喉部直径 d;(2)临界压强、临界密度与临界温度;(3)出口断面直径 D;(4)出口断面上的压强、密度和温度。

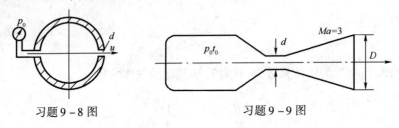

习题 9-8 图　　　　　　　　习题 9-9 图

第十章　湍流射流

　　流体从孔口或隙缝以一定的速度喷出后,不受固体边界的限制,在某一空间中扩张的流动称为射流。在涡轮机、锅炉、燃烧室、化工冶金设备等多种流体装置中,以及在给水排水、环境工程、暖通空调工程等领域,都涉及大量的流体射流流动问题。射流是流体力学研究的一个重要方面,其研究的主要内容是确定射流扩展的范围、射流中的速度分布、温度分布、浓度分布规律等。

第一节　淹没射流的结构

　　射流可根据不同的特征进行分类。按射流周围边界情况可分为自由射流(无限空间射流)和非自由射流(有限空间射流)。按射流与射流空间的流体是否相同分为淹没射流和非淹没射流。如果射流射入周围空间介质的温度与射流流体的温度相同,密度也相同,并且空间中介质是静止不动的,这种情况下的射流称为自由淹没射流。射流也分湍流射流和层流射流,判定射流是湍流射流或层流射流的标准是雷诺数。例如,气体自直径为 D 的喷口以初速度 u_0 喷出,其方向取 x 轴方向,流体运动黏度为 ν,则雷诺数 $Re = u_0 D/\nu$,当雷诺数超过临界值后,射流由层流射流过渡到湍流射流。工程上流动的雷诺数一般较高,所以遇到的射流多为湍流射流。

　　前面已介绍过,湍流流动有效断面上各点的速度除了靠近有效断面固体壁面的薄层以外都是近似均匀的。因此可以假设湍流射流自喷口射出时,在出口断面上的速度分布是均匀一致的。当射流射入某空间后,由于流体微团的不规则运动,特别是流体微团的横向脉动,会引起射流与射流周围介质的质量与动量交换,即射流的卷吸和掺混,使周围介质随射流一起运动。图 10-1 所示是由实验测定及观察得到的自由淹没湍流射流特性图。由此图可以看出,湍流淹没射流可划分为几个区段,下面分别说明自由淹没射流的特性。

一、转折断面

　　射流刚离开喷口时,其速度是均一的。沿 x 方向流动一段距离后,射流中混入了周围介质,使射流断面逐渐增大。从四周混入射流边层内的介质原来是不具有动量的,周围介质被射流带动后,射流的一部分动量传给了混入的介质,这样,就会引起射流主体的速度逐步降低,速度值等于初始速度的区域尺寸也会变小。通常把速度等于零的边界线称为射流外边界,流动速度还保持初始速度的边界称为射流内边界,射流内外边界之间的区域称为射流边界层。在射流内边界层里的部分仍维持射出速度 u_0,这部分称为核心区。边界层和核心区随着 x 方向的射出距离的增长而变化。边界层一边向外扩展,带动更多的周围介质进入边界层,一边向中心扩展,进一步销蚀核心区,核心区则逐渐减小。这样,沿 x 方向距离越大,射流边界层越宽,核心区越窄,至某一断面后,核心区将消失,此断面称为转折断面。

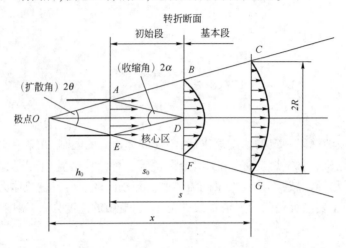

图 10 - 1   自由淹没射流速度分布图

二、 射流的初始段和基本段

在转折断面以前的射流段叫初始段,以后的射流段叫基本段。射流初始段的特点是射流中心区速度都等于初始速度;射流基本段中射流中心速度沿流动方向不断降低,可以看出,射流基本段完全为射流边界层所占据。

三、 射流极点、极角、极点深度

实验与理论都证明,边界层和核心区的边界线都是直线。射流外边界的交点称为射流极点。由图 10 - 1 可以看出,射流极点是在管嘴内部的一点。

外边界线之间的夹角称为射流角,也称为射流扩散角,射流角的一半称为射流极角,根据实验可知,射流极角 θ 的大小因射流断面形状及喷口上的速度不均匀程度而异,对于圆断面射流和平面射流,θ 常采用的数值列于表 10 - 1。

表 10 - 1   射流极角及湍流系数的数值表

端 面 形 状		极角 θ	湍流系数 a
圆断面射流	收缩极好的喷嘴	12°40′	0.066
	普通圆柱形喷嘴	14°30′	0.076
平面射流	收缩极好的平面喷嘴	14°40′	0.108
	平面壁上的锐缘狭缝	16°05′	0.118

由于 θ 是因射流断面形状与喷嘴速度的不均匀程度而异的,通常把 θ 表示成如下形式:

$$\tan\theta = a\phi \qquad (10 - 1)$$

式中 ϕ——出流断面系数,或称喷口形状因子,对于圆断面射流,$\phi = 3.4$,对于平面射流,

— 204 —

$\phi = 2.44$；

a——湍流系数，其大小与射流出口断面上的湍流强度有关，其数值见表 $10-1$。

极点深度是喷口断面到极点的距离，由式（$10-1$）可得

$$h_0 = \frac{R_0}{\tan\theta} = \frac{R_0}{a\phi} \qquad (10-2)$$

式中 h_0——极点深度；

R_0——喷口半径或半宽度。

令 x 为极点到任意断面的距离，s 为喷口到任意断面的距离，则有

$$x = s + \frac{R_0}{a\phi} \qquad (10-3)$$

四、基本段的速度分布

实验和理论分析都证明，自由淹没射流中任一断面上的横向速度 u_y 与轴向速度 u_x 比起来是很小的，可以忽略不计，而认为射流的速度就是 u_x，即 $u = u_x$，同时认为射流内部的静压强也等于周围介质的静压强。

在基本段，各横断面的速度分布都不相同。一方面在射流轴线上，流速沿流向递减；另一方面，横断面上的速度由内向外递减至零。图 $10-2$ 给出了特留彼尔测定的圆断面射流的速度分布曲线。它所使用的喷口半径为 $0.045\mathrm{m}$，射流的初始速度为 $87\mathrm{m/s}$，在 $x=0.6\mathrm{m}$、$0.8\mathrm{m}$、$1.0\mathrm{m}$、$1.2\mathrm{m}$ 和 $1.6\mathrm{m}$ 五个断面上测出了流体的流速分布。图中 r 表示射流的横向尺寸。由图 $10-2$ 可见射流的速度分布曲线是逐渐变化的，所取断面离出口越远，速度分布越平坦，射流的断面越大。取无量纲速度 u/u_m 为纵坐标，以无量纲横向距离 $r/R_{0.5}$ 为横坐标。其中 u_m 为射流轴心处的速度，u 为同一断面上射流轴心外某点处速度，r 为该点的横向位置，$R_{0.5}$ 是该断面处速度为轴心速度一半的位置，即为 $0.5u_\mathrm{m}$ 点的横向位置。把各横断面的速度分布实验结果画在这个无量纲坐标上，得到如图 $10-3$ 所示圆断面射流基本段无量纲速度分布曲线。可以看出，各个断面上的全部实验点都落在一条曲线上，这表明射流基本段中一切断面上的速度分布都是相似的。

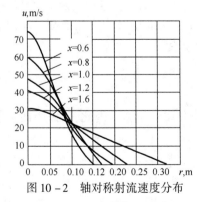

图 $10-2$　轴对称射流速度分布

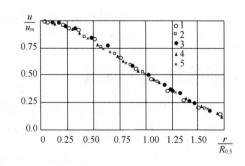

图 $10-3$　横截面的速度分布

射流各断面上速度分布的相似性，表明存在一个通用的数学表达式，可以综合表示射流不同断面的速度场。射流基本段的速度分布可用半经验公式表示为

$$\frac{u}{u_\mathrm{m}} = \left[1 - \left(\frac{r}{R_\mathrm{m}}\right)^{1.5}\right]^2 \qquad (10-4)$$

式中　　R_m——射流横断面的半宽度,即射流外边界线到射流轴心处的距离。

五、初始段的速度分布

初始段内包含两部分,即核心层和边界层。核心层内各点速度都等于喷射速度 u_0;在同一断面上边界层内速度由内向外递减至零。图 10－4 示出了阿勃拉莫维奇测定的实验结果,图中纵坐标中 u_0 是核心内速度,u 是测量点的速度值,横坐标中 $\Delta r_c = r - r_c$,此处 r_c 是速度为 $0.5u_0$ 处与 x 轴的距离,$\Delta r_b = r_{0.9} - r_{0.1}$,其中 $r_{0.9}$ 和 $r_{0.1}$ 是速度分别为 $0.9u_0$ 和 $0.1u_0$ 处与 x 轴的距离。由图 10－4 可以看出,距喷口不同距离的两组测定点都落在一条曲线上,具有相似性。对实验结果进行总结归纳,得到下面的半经验公式:

$$\frac{u}{u_0} = \left[1 - \left(\frac{r}{r_b} \right)^{1.5} \right]^2 \tag{10－5}$$

式中　　r_b——射流边界层的宽度。

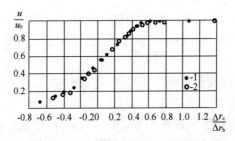

图 10－4　轴对称射流初始段无因次速度分布
1—$x = 250mm$　2—$x = 100mm$

因为式(10－4)和式(10－5)中的 u_m、r_b 和 R_m 沿 x 轴的变化规律尚不清楚,直接用上面二式进行计算还有困难,下一节将讨论这个问题。

第二节　圆断面射流的运动分析

圆断面射流是工程实际中经常遇到的一种射流,下面分析流体自圆断面喷口喷出后各参量沿 x 轴的变化规律,推导出必要的公式,以便工程计算使用。

一、基本段的轴心速度

实验证明,射流中各处压力都是相等的,等于周围介质的压力。因此,任一断面上射流的总动量应保持不变,应等于射流喷口处的动量,即

$$\int_A \rho u^2 \mathrm{d}A = \pi R_0^2 \rho u_0^2$$

或

$$\int_0^{R_m} \rho u^2 \cdot 2\pi r \mathrm{d}r = \pi R_0^2 \rho u_0^2$$

式中　　R_0——喷口半径;

　　　　R_m——射流断面半宽度,如果是圆断面,就为断面半径。

整理上式得

$$2 \int_0^{\frac{R_m}{R_0}} \left(\frac{u}{u_0} \right)^2 \frac{r}{R_0} \mathrm{d} \left(\frac{r}{R_0} \right) = 1$$

把 $\dfrac{u}{u_0} = \dfrac{u}{u_m} \cdot \dfrac{u_m}{u_0}$、$\dfrac{r}{R_0} = \dfrac{r}{R_m} \cdot \dfrac{R_m}{R_0}$ 代入上式得

$$2 \left(\frac{u_m}{u_0} \right)^2 \left(\frac{R_m}{R_0} \right)^2 \int_0^1 \left(\frac{u}{u_m} \right)^2 \frac{r}{R_m} \mathrm{d} \left(\frac{r}{R_m} \right) = 1$$

把式(10-4)代入上式得

$$\int_0^1 \left(\frac{u}{u_m} \right)^2 \frac{r}{R_m} \mathrm{d} \left(\frac{r}{R_m} \right) = \int_0^1 \left[1 - \left(\frac{r}{R_m} \right)^{1.5} \right]^4 \frac{r}{R_m} \mathrm{d} \left(\frac{r}{R_m} \right) = 0.0668$$

则有

$$2 \left(\frac{u_m}{u_0} \right)^2 \left(\frac{R_m}{R_0} \right)^2 \times 0.0668 = 1$$

整理得

$$\frac{R_m}{R_0} = 2.74 \frac{u_0}{u_m} \tag{10-6}$$

在转折断面上无因次半径恒为常数,则有

$$\frac{R_m}{R_0} = 2.74 \tag{10-7}$$

式(10-7)表明在转折断面处,射流直径等于喷口直径的 2.74 倍。式(10-7)的结果与实验结果有一些偏差,为使以下分析结果与实验结果更好地吻合,修改式(10-6)和式(10-7)分别为

$$\frac{R_m}{R_0} = 3.3 \frac{u_0}{u_m} \tag{10-8}$$

$$\frac{R_m}{R_0} = 3.3 \tag{10-9}$$

由式(10-1)可得

$$R_m = 3.4ax$$

把上式代入(10-8)式得

$$\frac{u_m}{u_0} = 3.3 \frac{R_0}{R_m} = 3.3 \frac{R_0}{3.4ax} = 0.97 \frac{R_0}{ax} \tag{10-10}$$

式(10-10)表明圆断面射流轴心速度与该断面到射流极点的距离成反比,在转折断面处 $u_m/u_0 = 1$,所以转折断面到射流极点的距离为

$$x_0 = 0.97 \frac{R_0}{a} \tag{10-11}$$

由式(10-3)可得

$$s = x - \frac{R_0}{a\phi} \tag{10-12}$$

一般工程计算中,习惯于从喷口出口断面的中心作为起点,则可把式(10-10)改写为

$$\frac{u_m}{u_0} = 0.97 \frac{R_0}{ax} = \frac{0.97}{as/R_0 + 0.29} \tag{10-13}$$

实验证明，这种半经验理论分析公式有足够的精度。可以看出，射流的射出能力是与射流自喷口射出的初速度 u_0、喷口半径 R_0 有关。这里所指的射出能力是指射流离开喷口后，在一定的距离内还保持较大的速度 u_m 的一种能力。出流速度 u_0 大，喷口半径 R_0 大，相应的 u_m 增大，会使射流的射出能力增加。

二、 基本段的流量

由于射流的卷吸和掺混作用，射流断面流量沿流向是逐渐增加的。下面对任意断面上的流量进行分析。

任意断面上的流量为

$$Q = \int_0^{R_m} 2\pi r u \mathrm{d}r = 2\pi u_m R_m^2 \int_0^1 \frac{u}{u_m} \frac{r}{R_m} \mathrm{d}\left(\frac{r}{R_m}\right)$$

喷口流出的最初流体流量 $Q_0 = \pi R_0^2 u_0$，把 Q_0 和式(10-4)代入上式得

$$Q = 2Q_0 \left(\frac{R_m}{R_0}\right)^2 \frac{u_m}{u_0} \int_0^1 \left[1 - \left(\frac{r}{R_m}\right)^{1.5}\right]^2 \frac{r}{R_m} \mathrm{d}\left(\frac{r}{R_m}\right) \qquad (10-14)$$

其中

$$\int_0^1 \left[1 - \left(\frac{r}{R_m}\right)^{1.5}\right]^2 \frac{r}{R_m} \mathrm{d}\left(\frac{r}{R_m}\right) = 0.1285 \qquad (10-15)$$

把式(10-8)、式(10-15)代入式(10-14)得

$$Q = 2Q_0 \times 3.3^2 \left(\frac{u_0}{u_m}\right)^2 \frac{u_m}{u_0} \times 0.1285 = 2.8 Q_0 \frac{u_0}{u_m}$$

整理得

$$\frac{Q}{Q_0} = 2.8 \frac{u_0}{u_m} \qquad (10-16)$$

因式(10-16)的结果未考虑黏性损失，与实验结果有些偏差，应修正为

$$\frac{Q}{Q_0} = 2.13 \frac{u_0}{u_m} \qquad (10-17)$$

实践证明，修正后的计算公式与实验结果吻合很好。

把式(10-13)代入式(10-17)得流量公式为

$$\frac{Q}{Q_0} = 2.20 \left(\frac{as}{R_0} + 0.29\right) \qquad (10-18)$$

在转折断面处，$u_0 = u_m$，由式(10-17)可得

$$\frac{Q}{Q_0} = 2.13 \qquad (10-19)$$

三、 基本段的断面平均流速

断面平均流速可由断面流量与断面面积的比值得到

$$\bar{u} = \frac{Q}{A}$$

上式两边都除以 u_0 得

$$\frac{\bar{u}}{u_0} = \frac{Q}{A} \frac{1}{u_0} = \frac{Q}{Q_0} \frac{A_0}{A} = \frac{Q}{Q_0} \left(\frac{R_0}{R_m}\right)^2 \qquad (a)$$

把式(10-8)、式(10-13)和式(10-18)代入上式得

$$\frac{\bar{u}}{u_0} = \frac{0.1915}{as/R_0 + 0.29} \qquad (10-20)$$

把式(10-8)和式(10-17)代入式(a)得

$$\frac{\bar{u}}{u_0} = \frac{Q}{Q_0} \cdot \left(\frac{R_0}{R_m}\right)^2 = 2.13 \frac{u_m}{3.3^2 u_0}$$

最后得

$$\bar{u} \approx 0.2 u_m \qquad (10-21)$$

可以看出,任意断面处的断面平均流速约为该处轴心速度的1/5。

四、基本段的质量平均流速

在通风和空调等工程技术上,通常使用的是轴心附近较高的速度区。为此,工程上除用到断面平均流速外,还需引进比断面平均流速大的质量平均流速 u_z。质量平均流速为单位时间通过某断面的流体所具有的动量与其质量流量的比值。因为射流各断面上动量相等,故有

$$\rho Q_0 u_0 = \rho Q u_z$$

两边都除以密度得

$$Q_0 u_0 = Q u_z$$

可以看出,断面质量平均流速与初始流速之比正好等于喷口射出流量与该断面上的流量之比,由式(10-18)可得

$$\frac{u_z}{u_0} = \frac{1}{2.20(as/R_0 + 0.29)} = \frac{0.455}{as/R_0 + 0.29} \qquad (10-22)$$

或

$$u_z = \frac{0.455}{as/R_0 + 0.29} u_0 \qquad (10-23)$$

从式(10-23)可以看出,断面质量平均流速也与断面到喷口的距离成反比,与喷出口处的流速成正比。

五、初始段的核心长度

初始段的核心长度为喷口到转折断面的距离。这个距离可以从分析基本段中心速度 u_m 得出来。

射流中心速度 u_m 是随 s 变化的,在转折断面上,中心速度 $u_m = u_0$,代入式(10-13)就可得到初始段的核心长度

$$s_0 = 0.68 \frac{R_0}{a} \qquad (10-24)$$

六、核心的收缩角

核心的收缩角为 α，由图 $10-1$ 可以看出 α 满足下式：

$$\tan\alpha = \frac{R_0}{s_0} = 1.47a \qquad (10-25)$$

七、初始段的流量

在初始段里，断面中心都处在核心里，所以中心速度都等于喷出速度 u_0，由图 $10-1$ 可以看出，初始段任意断面的核心半径为

$$r = R_0 - \tan\alpha \cdot s = R_0 - 1.47as$$

所以核心区的无量纲流量为

$$\frac{Q_R}{Q_0} = \frac{\pi r^2 u_0}{\pi R_0^2 u_0} = \left(\frac{r}{R_0}\right)^2 = \left(1 - 1.47\frac{as}{R_0}\right)^2 \qquad (10-26)$$

边界层的无量纲流量为

$$\frac{Q_n}{Q_0} = \frac{1}{\pi R_0^2 u_0}\int_r^{R_m} u \cdot 2\pi r dr$$

经过推导可得

$$\frac{Q_n}{Q_0} = 3.74\frac{as}{R_0} - 0.90\left(\frac{as}{R_0}\right)^2 \qquad (10-27)$$

八、初始段的断面平均流速

初始断面的无量纲平均流速为

$$\frac{\bar{u}}{u_0} = \frac{(Q_R + Q_n)/A}{Q_0/A_0} = \frac{Q_R + Q_n}{Q_0} \cdot \left(\frac{R_0^2}{R_m^2}\right)^2$$

将式($10-8$)、式($10-13$)、式($10-26$)及式($10-27$)代入上式得

$$\frac{\bar{u}}{u_0} = \frac{1 + 0.76\frac{as}{R_0} + 1.32\left(\frac{as}{R_0}\right)^2}{1 + 6.8\frac{as}{R_0} + 11.5\left(\frac{as}{R_0}\right)^2} \qquad (10-28)$$

【例 $10-1$】 有一体育馆的圆柱形送风口直径 $D_0 = 0.6\text{m}$，风口断面上风速较均匀，风口至比赛点的距离 $L = 60\text{m}$，现要求比赛点处的质量平均风速不得超过 0.3m/s，求送风口最大风量 q_0 不得超过多大？

解 对圆柱形送风口，取湍流射流特性系数 $a = 0.076$，由式($10-23$)得送风口最大风速为

$$u_0 = \frac{as/R_0 + 0.29}{0.455}u_z = \frac{0.076 \times 60/0.3 + 0.29}{0.455} \times 0.3 = 10.21(\text{m/s})$$

送风口的最大风量不应超过

$$Q_0 = u_0 \frac{\pi D_0^2}{4} = 10.21 \times \frac{\pi \times 0.6^2}{4} = 2.89 (\mathrm{m^3/s})$$

第三节　平面射流的运动分析

流体自狭缝喷出后的射流称为平面射流,平面射流与圆断面射流很相似,它们的不同之处只是有些常数不同,如对于圆断面射流喷口形状因子 $\phi = 3.4$,而对平面射流 $\phi = 2.44$;平面射流与圆断面射流的湍流系数 a 的数值也不同,参见表 10-1。

对平面射流的运动分析推导与圆断面射流基本相同。平面射流的速度分布表示为

$$\frac{u}{u_\mathrm{m}} = \left[1 - \left(\frac{y}{B} \right)^{1.5} \right]^2 \qquad (10-29)$$

式中只是将圆断射流中的 r 和 R 改成平面射流中的 y 和 B,B 为平面射流的半宽度。

下面给出当射流本身的温度、浓度与四周介质的温度、浓度相同时平面射流的一些运动参量的计算公式。

(1)基本段中心速度:

$$\frac{u_\mathrm{m}}{u_0} = \frac{1.2}{as/B_0 + 0.41} \qquad (10-30)$$

式中　B_0——喷口高度的一半。

(2)基本段的流量:

$$\frac{Q}{Q_0} = 1.2(as/B_0 + 0.41) \qquad (10-31)$$

(3)基本段的断面平均流速:

$$\frac{\bar{u}}{u_0} = \frac{0.492}{as/B_0 + 0.41} \qquad (10-32)$$

(4)基本段的质量平均流速:

$$\frac{u_z}{u_0} = \frac{0.833}{\dfrac{as}{B_0} + 0.41} \qquad (10-33)$$

(5)初始段的核心长度:

$$s_0 = 1.03 \frac{B_0}{a} \qquad (10-34)$$

(6)核心收缩角 α:

$$\tan\alpha = 0.97a \qquad (10-35)$$

(7)初始段的流量:

核心区　　　　$$\frac{Q_R}{Q_0} = 1 - 0.97 \frac{as}{B_0} \qquad (10-36)$$

边界层　　　　$$\frac{Q_n}{Q_0} = 1.40 \frac{as}{B_0} \qquad (10-37)$$

(8)初始段的断面平均流速:

$$\frac{\bar{u}}{u_0} = \frac{1 + 0.43as/B_0}{1 + 2.44as/B_0} \qquad (10-38)$$

与圆断面射流相关公式对比可以看出,平面射流射出能力大,射出距离远。但这并不是说平面射流要比圆断面射流好,要看它们适用于什么场合。例如,要射到炉膛深处,增加火焰内部的扰动,平面射流所起的作用好,如用在通风、空调工程中的送风等场合,圆断面射流的空间扩散要好些,送风也会均匀些。

第四节　温差射流和浓差射流

上两节我们研究了湍流淹没射流的运动,找出了各运动参量沿流向的变化规律。前面研究的射流与射流周围介质具有相同的温度和浓度,所以射流轴线是直线。在工程实际中,常常会遇到射流温度、浓度与周围介质的温度、浓度不同的自由射流,如在采暖工程和空调工程中,常采用冷风降温和热风采暖,这就会遇到温差射流;在通风工程中,将含有有害气体或工业粉尘的空气通过空气净化装置或除尘装置后排入大气,所排出的气体中含有一定浓度的有害气体或工业粉尘,这就会形成浓差射流。温度与浓度不同,则射流的重度就会与周围介质不同,对水平射流而言如果射流的重度小于周围介质的重度,则射流所受浮力大于重力,将会使射流向上弯曲;反之,如果射流的重度大于周围介质的重度,将会使射流向下弯曲。

假定这种射流的运动规律与上两节介绍的射流运动规律相同,在这里不再进行分析。下面分析这种射流的温度和浓度沿流向的变化规律。

根据速度在各横断面上分布的相似性,假定其他属性(如温度、混合物浓度等)在各断面上的分布也具有相似性,因为这些属性的分布是由于射流与周围介质掺混的结果。

根据阿勃拉摩维奇的实验,无量纲温差 $\Delta T/\Delta T_m$ 与无量纲距离的关系在各横断面上都是相同的,并且都等于 $\sqrt{u/u_m}$,即

$$\frac{\Delta T}{\Delta T_m} = \sqrt{\frac{u}{u_m}} = 1 - \left(\frac{r}{R_m}\right)^{1.5} \qquad (10-39)$$

其中
$$\Delta T = T - T_H$$
$$\Delta T_m = T_m - T_H$$

式中　ΔT——射流任意点的温差;

ΔT_m——射流中心温差;

T——射流任意点的温度;

T_H——射流周围介质的温度;

T_m——射流任意断面中心温度。

下面来分析流体自喷嘴喷出后温度和浓度沿 x 轴的变化规律。

一、基本段中心温差沿流向的变化

假定射流边界上的温度与周围介质的温度相同,所以可以认为射流被它的边界所包围,使射流内的气体与周围介质并无热交换,同时射流内各点的压强是相同的。由热力学规律可知,在没有能量交换的情况下,气体的焓是不变的,所以通过射流各断面的焓流率应该不变,可用

下式表示：

$$\rho u_0 c_p \Delta T_0 \pi R_0^2 = \int_0^{R_m} \rho u c_p \Delta T 2\pi r dr$$

其中

$$\Delta T_0 = T_0 - T_H$$

式中　ΔT_0——射流在喷口的温差；

　　　T_0——射流喷口的温度；

　　　C_p——比定压热容。

整理上式得

$$2\int_0^{\frac{R_m}{R}} \left(\frac{u}{u_0}\right)\left(\frac{\Delta T}{\Delta T_0}\right)\left(\frac{r}{R_0}\right)\rho u c_p d\left(\frac{r}{R_0}\right) = 1$$

把式（10 – 39）代入上式整理后得

$$2\frac{\Delta T_m}{\Delta T_0} \cdot \frac{u_m}{u_0} \cdot \left(\frac{R_m}{R_0}\right)^2 \int_0^1 \left(\frac{u}{u_m}\right)^{1.5} \frac{r}{R_m} d\left(\frac{r}{R_m}\right) = 1$$

把式（10 – 13）和式（10 – 6）代入上式并整理得

$$\frac{\Delta T_m}{\Delta T_0} = \frac{0.706}{as/R_0 + 0.294} \qquad (10 – 40)$$

二、基本段的流量平均温差

某一断面的焓流率与质量流率之比叫作这个断面的流量平均焓差，以 $c_p \Delta T_p$ 表示，其中 ΔT_p 叫流量平均温差。

由于射流任何横断面的焓流率都相等，都等于喷出口的焓流率 $\rho u_0 c_p \Delta T_0 \pi R_0^2$，则有

$$c_p \Delta T_p = \frac{\rho u_0 c_p \Delta T_0 \pi R_0^2}{\int_0^{R_m} \rho u \cdot 2\pi r dr} = \frac{c_p \Delta T_0 Q_0}{Q}$$

整理得

$$\frac{\Delta T_p}{\Delta T_0} = \frac{Q_0}{Q} = \frac{0.4545}{as/R_0 + 0.294} \qquad (10 – 41)$$

三、圆断面射流和平面射流有关公式

圆断面射流初始段温差和平面射流的温差都可以依照上面的方法求出，在这里不再分析，下面只给出它们的计算公式。

（1）圆断面射流初始段的中心温差沿流向的变化：

$$\frac{\Delta T_m}{\Delta T_0} = 1 \qquad (10 – 42)$$

（2）圆断面射流初始段的流量平均温差：

$$\frac{\Delta T_p}{\Delta T_0} = \frac{1}{1 + 0.76\frac{as}{R_0} + 1.32\left(\frac{as}{R_0}\right)^2} \qquad (10 – 43)$$

(3)平面射流初始段的中心温差：

$$\frac{\Delta T_m}{\Delta T_0} = 1 \tag{10-44}$$

(4)平面射流初始段的流量平均温差：

$$\frac{\Delta T_p}{\Delta T_0} = \frac{1}{1 + 0.43as/B_0} \tag{10-45}$$

(5)平面射流基本段的中心温差：

$$\frac{\Delta T_m}{\Delta T_0} = \frac{1.032}{\sqrt{as/B_0 + 0.41}} \tag{10-46}$$

(6)平面射流基本段的流量平均温差：

$$\frac{\Delta T_p}{\Delta T_0} = \frac{0.8333}{\sqrt{as/B_0 + 0.41}} \tag{10-47}$$

如果射流中混杂着某些悬浮物(如灰尘、其他气体等)，则悬浮物的浓度分布规律也和温度分布规律相似，所有结果中，只要用浓度 N 代替 T，用浓度差 ΔN 代替温差 ΔT 即可。

习题十

10-1 射流的质量流量沿流向是否保持常数？为什么？

10-2 绘制 $R_0 = 0.05\text{mm}, a = 0.06$ 的自由淹没射流的几何图形。

10-3 实验测得圆断面射流的 $u_0 = 50\text{m/s}$，在射流的某断面上 $u_m = 5\text{m/s}$，试求在该断面上气体流量是初始流量的多少倍？

10-4 有一圆断面射流，在距出口处 10m 的地方测得其中心速度为其出口速度的 50%。假定射流湍流系数 $a = 0.07$，试求喷口半径。

10-5 试求距 $R_0 = 0.5\text{m}$ 的圆断面射流喷口 20m，距轴心 $y = 1\text{m}$ 处的气体速度与喷出速度的比值。(假定射流湍流系数 $a = 0.07$)

10-6 射流距喷口中心 $x = 20\text{m}$、$y = 2\text{m}$ 处的流速为 $u = 5\text{m/s}$，初始段长度 $s_0 = 1\text{m}$。假定射流湍流系数 $a = 0.066$，试求喷口出口处的气体流量。

10-7 由 $R_0 = 0.05\text{m}$ 的喷口中喷射出温度 $T_0 = 400\text{K}$ 的气体，周围介质温度为 $T_1 = 350\text{K}$。假定湍流系数 $a = 0.066$，试求距喷口中心 $x = 5\text{m}, y = 0.8\text{m}$ 处的气体温度。

10-8 一射流直径 $d_0 = 0.3\text{m}$ 的管嘴出流，出口体积流量 $q_0 = 0.55\text{m}^3/\text{s}$，假定射流湍流系数 $a = 0.07$，试求距管嘴出口 2.1m 处的半宽度、轴心速度 $u_{\max}$ 以及断面的平均速度 u 和质量平均流速。

10-9 用一轴流风机水平送风，风机出口的直径 $d_0 = 0.5\text{m}$，风速 $u = 10\text{m/s}$。假定风机出口射流湍流系数 $a = 0.22$，试求距风机出口 10m 和 20m 处的轴心流速和风量。

10-10 采用压缩机—空气罐系统的压缩空气来清洁工件表面，压缩空气的密度为 3.1kg/m^3，由软管和圆形管嘴引出，喷嘴直径 $d_0 = 0.02\text{m}$，为达到好的清洁效果，要求工件表面处的射流半径为 0.03m，质量平均流速为 3m/s。假定喷嘴射流湍流系数 $a = 0.078$，试求喷嘴离工件表面的距离和压缩空气的消耗量。

10-11 用一平面射流将清洁空气喷有害气体浓度为 0.05mg/L 的环境中，工作地点允许轴线浓度为 0.02mg/L，并要求射流宽度不小于 1.5m，假定喷嘴射流湍流系数 $a = 0.118$，试求喷口宽度及喷口至工作地点的距离。(注：$\Delta x_m / \Delta x_0 = 0.833/\sqrt{as/B_0 + 0.41}$)

参 考 文 献

[1] 马贵阳.工程流体力学[M].北京:石油工业出版社,2009.

[2] 袁恩熙.工程流体力学[M].北京:石油工业出版社,1986.

[3] 潘文全.流体力学基础[M].北京:机械工业出版社,1988.

[4] 李伟锋,刘海峰,龚欣.工程流体力学[M].上海:华东理工大学出版社,2016.

[5] 陈小榆.工程流体力学[M].北京:石油工业出版社,2015.

[6] 孟凡英.流体力学与流体机械[M].北京:煤炭工业出版社,2011.

[7] 宋秋红,夏泰淳,王世明.工程流体力学[M].上海:上海交通大学出版社,2012.

[8] 丁祖荣.流体力学:下册[M].2版.北京:高等教育出版社,2013.

[9] 马庆元,郭继平.流体力学及输配管网[M].北京:冶金工业出版社,2011.

[10] 黄卫星,陈文梅.工程流体力学[M].北京:化学工业出版社,2006.

[11] 罗惕乾,程兆雪,谢永曜.流体力学[M].北京:机械工业出版社,2007.

[12] 陈懋章.粘性流体动力学基础[M].北京:高等教育出版社,2002.

[13] 陈礼,吴勇华.流体力学与热工基础[M].北京:清华大学出版社,2002.

附 录

附录一 水的黏度

温度 ℃	μ mg/(m·s)	ν mm²/s	温度 ℃	μ mg/(m·s)	ν mm²/s
0	1.792	1.792	40	0.656	0.661
5	1.519	1.519	45	0.599	0.605
10	1.308	1.308	50	0.549	0.556
15	1.140	1.141	60	0.469	0.477
20	1.005	1.007	70	0.406	0.415
25	0.894	0.897	80	0.357	0.367
30	0.801	0.804	90	0.317	0.328
35	0.723	0.727	100	0.284	0.296

附录二 空气的黏度

温度 ℃	μ mg/(m·s)	ν mm²/s	温度 ℃	μ mg/(m·s)	ν mm²/s
0	17.09	13.20	260	28.06	42.40
20	18.08	15.00	280	28.77	45.10
40	19.04	16.90	300	29.46	48.10
60	19.97	18.80	320	30.41	50.70
80	20.88	20.90	340	30.80	53.50
100	21.75	23.00	360	31.49	56.50
120	22.60	25.20	380	32.12	59.50
140	23.44	27.40	400	32.77	62.50
160	24.25	29.80	420	33.40	65.60
180	25.05	32.20	440	34.02	68.60
200	25.82	34.60	460	35.63	72.00
220	26.58	37.10	480	35.23	75.20
240	27.33	39.70	500	35.83	78.50

附录三　常见气体的黏度

经验公式

$$\mu = \mu_0 \frac{273 + c}{T + c} \left(\frac{T}{273}\right)^{3/2}$$

式中　μ_0——0℃时气体的动力黏度；

　　　c——随气体不同而定的常数。

气 体 名 称	μ_0,mg/(m·s)	ν_0,mm²/s	M(相对分子质量)	c
空气	17.09	13.20	28.96	111
氧	19.20	13.40	32.00	125
氮	16.60	13.30	28.02	104
氢	8.40	93.50	2.016	71
一氧化碳	16.80	13.50	28.01	100
二氧化碳	13.80	6.98	44.01	254
二氧化硫	11.60	3.97	64.06	306

附录四　几种常用油品的运动黏度

单位:mm²/s

温度,℃ 油品名称	-20	-12	0	10	20	30	40	50
70 号航空汽油	1.05	0.90	0.83	0.78	0.73	0.70	0.66	—
车用汽油	1.30	1.05	0.95	0.88	0.80	0.75	0.70	—
1 号喷气燃料	2.80	2.20	1.70	1.40	1.20	1.00	0.95	—
军用柴油	—	—	7.41	—	3.95	—	—	2.18
-20 号轻柴油	23.00	14.00	9.40	6.80	5.00	3.90	3.10	—
0 号轻柴油	—	30.00	18.00	12.00	8.20	6.00	4.00	—
20 号航空润滑油	—	—	—	3840	1700	660	350	182
45 号汽轮机油	—	—	1670	660	275	134	74	44
30 号汽轮机油	—	—	840	340	160	82	48	30
舰用防锈汽轮机油	—	—	1017	—	250.5	—	—	45.15
军舰用燃料油	—	—	—	—	505	210	115	71.3